国家重点研发计划（2017YFC0405400）和南京水利科学研究院专著出版基金资助

水沙物理模型
几何变态与时间变态研究

窦希萍　高祥宇 等　著

中国水利水电出版社
www.waterpub.com.cn
·北京·

内 容 提 要

物理模型是研究和解决水动力与泥沙冲淤问题的重要手段。然而，受试验场地和模型沙选择等条件限制，物理模型并不能完全满足水流泥沙运动的相似理论，存在水平比尺与垂直比尺不同的几何变态和泥沙冲淤时间比尺与水流时间比尺不同的时间变态问题。本书在阐述水流泥沙物理模型相似理论的基础上，进行了水动力和泥沙概化物理模型设计，采用物理模型和数学模型相结合的方法，开展了不同模型变率对流速、波高、河床冲淤、局部冲刷以及不同流量、输沙量控制方式对水位、流速、动床泥沙冲淤影响的模型试验和模拟计算。

本书研究较为系统，成果具有创新性，可供从事水利、水运、水电等工程规划设计和河流、河口、海岸水动力及泥沙运动研究的科技人员与研究生参考。

图书在版编目（CIP）数据

水沙物理模型几何变态与时间变态研究 / 窦希萍等著. -- 北京 : 中国水利水电出版社, 2018.11
ISBN 978-7-5170-7078-8

Ⅰ. ①水… Ⅱ. ①窦… Ⅲ. ①河流－含沙水流－物理模型－研究 Ⅳ. ①TV143

中国版本图书馆CIP数据核字(2018)第245506号

书　　名	**水沙物理模型几何变态与时间变态研究** SHUISHA WULI MOXING JIHE BIANTAI YU SHIJIAN BIANTAI YANJIU
作　　者	窦希萍　高祥宇　等 著
出版发行	中国水利水电出版社 （北京市海淀区玉渊潭南路1号D座　100038） 网址：www. waterpub. com. cn E-mail：sales@waterpub. com. cn 电话：(010) 68367658（营销中心）
经　　售	北京科水图书销售中心（零售） 电话：(010) 88383994、63202643、68545874 全国各地新华书店和相关出版物销售网点
排　　版	中国水利水电出版社微机排版中心
印　　刷	北京合众伟业印刷有限公司
规　　格	184mm×260mm　16开本　14.25印张　338千字
版　　次	2018年11月第1版　2018年11月第1次印刷
印　　数	0001—1000册
定　　价	**68.00**元

前言

FOREWORD

物理模型是研究和解决河流、河口、海岸工程水流泥沙问题的重要手段。我国几乎所有的大型水利、水运、水电工程的泥沙问题都采用物理模型进行研究，如长江葛洲坝工程、三峡工程、黄河小浪底工程、长江口深水航道工程、黄骅港、杭州湾跨海大桥等。

物理模型在空间上有正态和变态之分，正态模型的水平比尺与垂直比尺相等，变态模型的水平比尺与垂直比尺不等。一般根据所研究的问题来选择正态模型或变态模型。然而由于研究水域的平面尺寸（X、Y）和垂直尺寸（Z）相比往往相差较大，受试验条件和模型沙选择所限，进行正态（即几何变率等于1）或小变率的泥沙模型试验几乎是不现实的，河口海岸地区尤其如此。目前国内外已建的河口模型水平比尺一般在600～2000，垂直比尺为60～150，几何变率（水平比尺与垂直比尺之比，简称变率）为6～15。从理论上讲，几何变态模型并不完全满足相似理论的要求，这是由于模型水平比尺与垂直比尺的不同，导致水流运动的垂线分布和河床底坡的变化，从而引起泥沙运动特性与原型的偏差。同时几何变态模型还可能造成水流的流速比尺加大、与泥沙运动有关的底摩阻流速不相似，给模型的可靠性带来影响。

物理模型在时间上也存在变态问题，为了满足相似理论要求，需采用轻质模型沙进行试验，因此泥沙冲淤时间比尺往往是水流时间比尺的数倍甚至是数十倍，如用泥沙冲淤时间比尺控制试验时间，则会带来水流运动过程的不相似，时间变态对长河段非恒定流泥沙物理模型的影响更大。

物理模型几何变态和时间变态的影响问题一直为物理模型理论和试验研究所关注。近20年来，作者所在团队在国家重点研发项目、国家自然科学基金、交通运输部重大专项的资助下，在长江口航道管理局的支持下，针对水沙物理模型变态问题开展了较为系统的研究工作。本书共11章，分为两篇。第1篇是物理模型几何变率影响研究，根据窦国仁河口海岸物理模型相似理论，参照长江口北槽航道的具体条件，设计了几何变率分别为2.5、4、6、8.33和12.8的五个概化模型，模型中的潮流、波浪和地形等边界条件均模拟同一原型情况；在这五个模型中分别进行了无丁坝和有丁坝情况下潮流波浪作用时定床试验、动床试验和浑水动床试验，研究各模型的潮流速变化、波高变化、航道及其边坡冲淤变化以及丁坝头局部冲刷过程等，得到模型变率的影响程度；对流速、含沙量、泥沙起动流速和推移质输沙能力公式进行了理论分析，研究了模型变率对水流和泥沙运动的影响程度；采用数学模拟的方法对模型变率影响进行了研究，分别建立变率2.5、6和12.8的三个概化数学模型，得到了无丁坝和有丁坝情况下模型变率对潮流和泥沙冲淤的影响。第2篇是物理模型时间变态影响研究，从力的作用效果和水流总流量相似性出发，阐述了河床冲淤时间比尺与水流时间比尺的关系，在泥沙物理模型试验时，为满足泥沙冲淤时间比尺，需要将每一级流量的作用时间按比例减少，而所模拟的水流过程并不按冲淤时间比尺进行压缩；进行了模型边界恒定流量级（水位级）之间过渡段不同控制时间和方式的试验研究，提出可以有效减小水流波动影响的分段处理方法；进行了不同过渡段处理方式、不同河道槽蓄量、不同河道长度对水位、流速影响的试验研究，建立了河段综合因子与非恒定流影响时间的相关关系，可以通过调整流量级和河段长度来减小流量级过渡段的影响时间；分别按照流量过程线概化、输沙量过程线概化、逐日平均流量和输沙量过程线概化进行动床泥沙冲淤试验，比较了三种控制概化方式对河床冲淤试验结果的影响。

本书第1章由李禔来撰写；第2～5章由窦希萍、王向明、娄斌撰写；第6.1～6.4节和第10章由陈黎明撰写；第6.5节由张新周撰写；第7～9章和第11章由高祥宇撰写。

希望此书能对读者研究水沙物理模型有所裨益，不足之处，敬请指正。

窦希萍

2018年9月

目录

第2篇 物理模型时间变态影响研究

第 1 篇

物理模型几何变率影响研究

第1章

河口物理模型与变率影响研究现状

1.1 问题的提出

我国海岸线长 18000 多 km，有平原入海河流 150 余条。在河口治理和港口航道建设中，水动力及泥沙问题研究是工程建设的关键问题。目前主要研究手段有：水文泥沙、地形等现场资料测验和分析，水流泥沙数学模型计算，物理模型试验等。

水流泥沙数学模型是根据水流、泥沙运动规律，建立基本数学方程式，用数值方法求解这些方程式，得出水位（潮位）、流速和河床冲淤厚度的近似解，分析和预测工程实施前后水动力和河床变化情况。根据研究要求和条件，数学模型可采用一维、二维、三维模型。目前一维和二维水流、泥沙数学模型已较广泛应用于实际工程的研究中；三维水流和泥沙数学模型的研究日趋深入，已用于解决桥墩局部冲刷等问题。但是，由于水流（紊流）与泥沙之间的相互作用机理还不十分清楚，泥沙的运动规律还有待完善，因此，三维泥沙数学模型在工程应用上还需加强。

水流泥沙物理模型是将河道地形和水流、泥沙运动特征及冲淤时间等按相似原理缩小成模型，模拟特定时段内的水流泥沙运动，得出河床演变的相似情况，用来分析和预测河床的变化。

虽然数学模型具有节省人力、物力和时间等优点，但物理模型试验比较直观，特别涉及工程泥沙冲淤等复杂问题时，仍不失为研究河口治理问题的重要工具。

物理模型的理论基础是相似理论。根据相似理论的要求[1-5]，物理模型以正态为宜。然而由于河口海岸地区水域很大，进行正态或小变率（即模型水平比尺与垂直比尺接近）的泥沙模型试验几乎都不现实。目前国内已建的河口模型水平比尺一般在 600～2000，垂直比尺为 60～150，变率（水平比尺与垂直比尺之比）为 6～15。能否在这些变率的模型上开展泥沙研究，几何变态模型的适用范围和变率的限制，特别是何种比尺下才能进行波浪潮流共同作用下的泥沙物理模型试验，也就成为需要研究的重要课题。

1.2 河口模型试验研究综述

1.2.1 河口物理模型发展

1885 年雷诺首先利用潮汐河口模型试验，研究英国默尔西的潮汐水流[6]。早期的潮汐河口模型试验设备比较简陋，考虑的相似条件也比较简单。

20 世纪 20 年代，随着航运业的兴旺，各国相继通过模型试验来研究潮汐河口的治理问题[6]。其中比较著名的如法国费里哈哥特的塞纳河口模型试验[8]和英国吉普生教授的塞汶河口模型试验。但这些模型比尺都比较小，变率较大，虽可连续运转，但精度却较差。通过模型试验对河口水流情况的认识有所提高，对整治规划起到了一定的作用。

第二次世界大战后，随着电子工业的发展，模型试验中潮汐的发生装置已由简单的机械装置发展成为运用光电原理而设计的半自动控制装置，模型试验也由清水试验发展到浑水试验。无论在试验技术和相似条件的考虑方面都前进了一大步，同时现场测验技术也有显著的改进，因而自 20 世纪 50 年代以来各国河口的治理取得显著的进展，航道水深有了较大幅度的增加。各国河口拦门沙的自然水深一般都不足 6m，经治理后，都已达到 12.5m 以上，5 万 t 级海轮可随时进出。

目前的潮汐河口模型可以复演河床的冲淤演变，例如德国易北河口的动床模型已成功地复演了整治河床的演变过程。在物理模型中研究泥沙问题，模型变率不能大，因而，模型尺寸有向大发展的趋势，如已建的长江口模型[7-8]、珠江口模型[9]、杭州湾模型[10]以及在建的黄河口模型[11]。模型中潮汐的发生及潮位、流速、表面流场、地形等数据的量测均可全部实现自动化。在模型中可研究的问题也逐渐拓宽，除一般水力学问题外，物理模型试验已经成为河口海岸治理、航道整治、核（火）电厂温排水、污染扩散和泥沙冲淤等问题的重要研究手段。

1.2.2 国外河口研究概况

自 19 世纪中叶法国塞纳河口第一个开始整治以后，各国的河口都相继进行了治理，如美国哥伦比亚河口的整治工程始于 1882 年，法国卢瓦尔河口的整治始于 1834 年[12]。受当时研究水平的限制，对于一些河口都采用疏浚方法取得所需的水深，以易北河口为例[13-14]，1936 年直通汉堡的航道深度为 10m，1961 年浚深至 11m，1969 年浚深至 12m，1978 年疏浚达到 13.5m。拦门沙河段航道走向对航道的疏浚量影响很大，西德威悉河口口外的西支航道[15]，由于定线合理，经整治后航道中形成了有利的水流条件，从浅滩来的均匀侧向流在航道中造成落潮量的优势，运行半个世纪以来航道一直稳定。

随着船只吃水深度的不断增加，单靠疏浚难以增加较大的水深，故在 20 世纪初已对不少河口采取疏浚与整治相结合的治理原则。但制订整治工程的规划主要依靠经验，缺乏科学根据。自 20 世纪 20 年代，河工模型试验被广泛应用，对制订河口整治规划起了积极的作用。

1930 年荷兰公共工程部要求德尔夫特水工研究所进行莱茵河口物理模型试验。该所通过动床模拟，证实延长南导堤可以改变口外沙洲的部位、调整新水道口门流态和底沙输移路径。1965 年该所又建造了新模型用以研究鹿特丹新水道及哈林弗赖河口盐淡水异重流问题。

1940 年，美国陆军工程师兵团水道试验站建立了治理密西西比河口的物理模型，进行了西南水道航道水深规划研究。通过 21 个方案的比较，并考虑到各种洪水流量与潮汐组合情况下的航道淤积，最后确定了双导堤和丁坝整治方案，该方案于 1982 年完成，取得 12.2m 水深的预期效果，而航道维护费用与 10.67m 水深下的维护费用相当[16]。

法国塞纳河口为强潮河口，径流量终年变化不大，主要靠雨水与地下水补给。河口中的 3/4 淤泥来自海洋，在大风和强潮的作用下进入河口，造成严重淤积，影响法国第二大港哈佛尔港的发展。1848 年开始第一期治理工程。1950 年在进行塞纳河口治理的第三期工程时，通过模型试验研究了修建 10.5km 长南导堤以后航道增深的可能性。20 世纪 70 年代，法国纪龙德河口完成了口外航道的加深工程，使航道水深增加了 6m，达到 19.5m。该航道线路是根据夏都水工研究所的模型试验成果确定的，航道稳定，维护疏浚量小[17]。

英国默尔西河口潮差较大，径流不大，河口大片浅滩的泥沙由潮流从利物浦港湾带入。1890 年开始开挖航道，1923 年在修建第一期导堤工程前进行了模型试验，确定了导堤的布置形式和堤顶高程。1932 年又修建了第二期导堤工程。1945 年又进行了淡水和盐水试验，探明了修筑导堤后上河口造成严重淤积的原因[18]。

泰晤士河口为典型的钟型河口，口外浅滩罗列。为了整治航道的浅滩段，1909 年通过物理模型试验论证了采用人工导堤不能达到预期的效果，因而，决定采取全线疏浚的方案，开挖了 54km 长的深水航道[19]。模型试验还表明，抛到口外的疏浚土随潮流进入航道，造成回淤量增加；当改为抛泥上岸后，航道的疏浚量显著减少[20]。

1962 年美国在进行哥伦比亚河口航道整治前建立了哥伦比亚河口下游段模型，研究将航道由 121.9m 拓宽至 182.9m、由 10.7m 加深至 12.2m 的工程措施。模型水平比尺 500，垂直比尺 100，采用 0.35mm 的塑料沙，模拟了河口长 83.7km 的区域。河口南堤是顺堤，北堤是丁坝，采取整治工程与疏浚相结合的方针，改善了哥伦比亚河口的航行条件。

20 世纪 80 年代，德国进行了易北河口潮流动床物理模型，模型水平比尺 800，垂直比尺 100，模型沙采用聚苯乙烯，平均粒径 2mm。研究了航道由 12m 增深至 13.5m、宽度由 350m 拓宽至 500m 的工程措施，将已有导堤延长 3.2km。工程建设后的实测资料表明，基本可以不加维护疏浚就可保持 13.5m 航道水深[21-22]。

在河口航道治理方面，欧美国家和日本较多采用的措施是修建导堤。导堤一直延伸到所需的深水区。美国 58 个口门[23-24]，除封闭的 8 个口门外，建有双导堤的 26 个，建有单导堤的 5 个，共占总数的 62%。日本 139 个河口[25]，建有导堤的 72 个，约占总数的 52%。20 世纪 70 年代以来，陆续有一些河口在建设导堤，如荷兰鹿特丹港进入北海的河口[26]，原来只有北导堤，1974 年将北导堤延伸 3km，又新建 10.5km 长的南导堤，一直伸到 -18m 水深处。西德易北河口的疏浚工作始于 1834 年，1968 年建成一条长 9.25km 的单导堤[27]，后将其延长到 12.4km。表 1.1 列举了国外部分河口海港物理模型的情况。

表 1.1　　　　国外部分河口物理模型概况[28]

序号	名　称	单　位	水平比尺	垂直比尺	变率
1	东京湾模型	日本	2000	100	20
2	濑户内海	日本	2000	160	12.5
3	大村湾模型	日本	5000	292	17
4	圣劳伦斯河口魁北克河段模型	加拿大	10000	500	20
5	缅因—芬地湾模型	加拿大	2500	125	20
6	卡迪夫湾模型[28]	英国	1500	75	20
7	弗雷塞河口三叉工程模型	加拿大	600	70	8.57
8	查尔斯顿港入海航道模型	美国	200	100	2
9	哥伦比亚河口模型	美国	500	100	5
10	切萨皮克湾模型	美国	1000	100	10
11	塞纳河口模型	法国	1000	100	10
12	纪龙德河口口门地区模型	法国	1250	100	12.5
13	纪龙德河口整体模型	法国	2000	200	10
14	易北河口航道整治定床模型	西德水工研究所	500	100	5
15	易北河口航道整治动床模型	西德水工研究所	800	100	8
16	易北河口深水港定床模型	西德方修士研究所	500	100	5
17	泰晤士河口马普林深水港模型	英国	1000	100	10
18	湄南河口模型	泰国	500	100	5

1.2.3　国内河口研究概况

我国最早的河口治理为黄浦江的治理[29]。为了海运的需要，1876 年开始研究黄浦江的整治计划，1905 年起陆续修建了顺坝、丁坝和黄浦江口导堤等一系列建筑物，使整治前不足 5m 水深的航道逐步加深到 9m（低潮位下）。当时上海港入海航道为长江口南槽，其主要障碍是铜沙浅滩，滩顶最小水深仅 6m 左右，1935—1937 年曾对这段航道进行试挖，但以失败告终[30-31]。1916 年开始在辽河口修筑东西双导堤，以加大水深，导堤建成后虽对增加水深和改善航运条件起了一定作用，但后因年久失修而逐渐失效。1919—1929 年在闽江口北港修筑了 8 条顺坝和 16 条丁坝用以增加航道水深，但未达到预期效果。20 世纪 30 年代对海河口进行了疏浚和裁弯工程，并修建了丁坝，但收效不大。这些工程的进行，往往是凭着经验，有成功，也有失败。

我国第一个河口模型是 1953 年在天津大学进行的海河口模型试验，同年在南京水利科学研究所制造了钱塘江模型，试验了我国第一台潮汐控制仪的性能。1958 年进行海河口动床模型试验。1972 年南京水利科学研究所与华东水利学院合作，首次进行了长江口海门江心沙北泓的浑水淤积试验[32]。20 世纪 70 年代中期，南京水利科学研究所做了射阳河裁弯悬沙淤积局部冲淤试验[33]，将潮汐河口悬沙模型试验技术向前推进了一步。

近几十年来，随着波浪潮流作用下的泥沙运动基本规律的深入研究[34-58]，采用变态河工物理模型研究和解决了许多河流、河口、海岸治理以及港口航道开发建设中的泥沙问题，不但进行了潮流悬沙动床试验，而且进行了潮流波浪共同作用下的浑水动床模型试验，在模型的相似理论和试验技术方面取得了重要进展[59-65]。表 1.2 是国内部分河口海港物理模型的情况。

表 1.2　　国内部分河口海港物理模型概况

序号	名　称	单　位	水平比尺	垂直比尺	变率
1	射阳河闸模型（1954 年）	南京水利科学研究院	800	80	10
2	鸭绿江下游潮区模型（1955 年）	南京水利科学研究院	1200	150	8
3	长江口整体模型（1956 年）	南京水利科学研究院	2600	120	21.67
4	黄浦江河口整治（1957 年）	南京水利科学研究院	700	70	10
5	钱塘江河口模型（1960 年）	钱塘江工程局	1000	100	10
6	瓯江河口模型（1969 年）	南京水利科学研究院	1000	100	10
7	钱塘江河口整体模型（1972 年）	钱塘江工程局	3000	100	30
8	长江口航道整治模型（1975 年）	南京水利科学研究院	1600	120	13.33
9	闽江口航道整治（1975 年）	杭州大学	600	60	10
10	甬江口（1976）	天津水运工程科学研究所	350	50	7
11	黄埔新港区（1977 年）	广州水科所	400	80	5
12	镇海港区（1979 年）	天津水运工程科学研究所	350	50	7
13	长江口航道治理模型（1982 年）	南京水利科学研究院	2000	150	13.3
14	黄埔新沙港（1985 年）	珠江水利委员会	600	80	7.5
15	珠江口磨刀门河口（1989 年）	珠江水利委员会	500	50	10
16	汕头港河口拦门沙整治模型（1990 年）	南京水利科学研究院	500	80	6.25
17	洋山深水港（1993 年）	南京水利科学研究院	700	120	5.83
18	瓯江龙湾港航道整治（1993）	南京水利科学研究院	1000	100	10
19	温州浅滩围涂工程（1995 年）	南京水利科学研究院	1000	100	10
20	长江口近口段模型（1996 年）	南京水利科学研究院	900	120	7.5
21	黄骅港（1996 年）	南京水利科学研究院	625	100	6.25
22	长江口航道治理模型（1998 年）	上海河口海岸科学研究中心	1000	125	8
23	永定新河河口（2001）	南京水利科学研究院	640	80	8
24	厦门湾（2002 年）	南京水利科学研究院	550	60	9.17
25	宁波北仑港（2002 年）	南京水利科学研究院	750	125	6
26	吕泗港（2003 年）	南京水利科学研究院	900	100	9
27	厦门西海域整治工程（2003 年）	南京水利科学研究院	500	70	7.14
28	韩国光阳港（2003 年）	南京水利科学研究院	480	100	4.8
29	珠江三角洲模型（2005 年）	珠江水利委员会	700	70	10
30	洋山深水港（2009 年）	天津水运工程科学研究所	850	135	6.3
31	深圳大铲湾港区（2012）	南京水利科学研究院	540	81	6.67

1.2.4 已有几何变率影响研究

根据物理模型相似理论的要求[66-73]，物理模型以正态为宜。然而由于河口海岸地区水域很大，进行正态或小变率的泥沙模型试验几乎都不现实。从理论上讲，变态模型并不完全满足相似理论的要求，在流场和泥沙运动方面均会产生不同程度的误差[74-80]。以往有不少学者[81-86]从理论上研究模型变率对试验成果的影响，但通过系列模型试验研究变率影响的并不多，而且主要是研究恒定水流条件下顺直段和弯道段变率对水流和泥沙冲淤相似性的影响，尚未见通过系列模型研究潮流作用下变率对流场和泥沙场的影响。

佛里斯[87]指出当原型及模型内同类物理量的比值不是常数而随空间或时间变化时，则此模型有比尺影响存在。对于河口模型比尺问题，美国陆军工程兵团水道试验站[88]的经验是河口定床水工模型最适合的垂直比尺是100，大于150的比尺很少采用，很浅的河口则用80或60。这是因为模型水深太小时，现有流速仪不能应用，而且也不能保证在大部分潮汐周期中水流为紊流状态。德国方修士研究所[89]也认为，垂直比尺100较适当，这样模型上流速与潮位的测量精度大致与原体的测量误差相一致。英国环境局在介绍泰晤士河口口外部分模型试验[90]资料中认为，研究较小范围的问题时，用动床小比尺模型预测河口体系的泥沙运动可得出合理的成果。日本学者[91]则认为，河口是三维问题，条件复杂，最好采用动床试验。

1.2.4.1 理论分析研究

一般认为[92]，研究一维水流问题即只研究水位和平均流速的相似问题，这类模型的变率可取得大一些，这里控制模型变率大小的条件主要是模型的糙率，而不是水流的相似条件。至于平面二维水流的相似性还包含某种程度的二维流场相似问题，因此变率受到更多的限制。但究竟多大变率才能使平面二维水流的相似性不致受到过大的影响，目前尚无可靠的研究成果。以往文献往往根据在水槽试验中获得的平面二维水流的宽深关系来确定对变率的限制。

亚林将断面划分为具代表性的中间区和受边壁影响的两个岸边区。设河流的水面宽为B，平均水深为H，代表中间区的水面宽为C_2，受边壁影响的左右两个岸边区水面宽为C_1。假设中间区保持足够的宽度，无论在原型和模型中均能代表全断面的水力特性，则模型的允许变率η具有如下关系：

$$\eta \leqslant \frac{1-C_2}{2C_1}\left(\frac{B}{H}\right)$$

如两岸边壁区共有3～5倍水深的宽度即$2C_1=(3\sim5)H$，并要求中间区达到水面宽2/3或至少1/2即$C_2=(0.67\sim0.5)B$，则可得模型允许变率限制的近似式为

$$\eta \leqslant \frac{1}{10}\left(\frac{B}{H}\right)$$

洛西耶夫斯基根据水槽试验，当水槽宽深关系小于一定程度（如8）之后，断面内的环流方向和数目都可能发生变化。据此，认为保证变态模型断面内环流方向和数目不发生变化的限制条件[4]为

$$\eta \leqslant \frac{1}{8}\left(\frac{B}{H}\right)$$

根据沙巴涅夫和岗恰洛夫的研究，当水深宽深比大于10时，水流基本属于二维水流[2]。因此，宽深比的限制可规定为

$$\eta \leqslant \frac{1}{10}\left(\frac{B}{H}\right)$$

张瑞瑾等[75]提出凡是二度性（指纵剖面）及均匀性愈强烈的河道水流，所允许考虑的变率可以大些；反之，凡是三度性非均匀性强烈的河流，模型不宜做成变态，或者对它的变率必须严格控制。一般经验，限制变率在3以下[93]。张瑞瑾等还认为，以变态模型水力半径与正态模型水力半径的比值作为变率对水流影响的指标。朱鹏程[82]认为在变态动床河工模型中，还应考虑断面湿周对水流内部结构的影响。

张红武[94]认为，模型变率大小主要取决于原型河道的宽深比和河床糙率。宽深比越大和糙率越小，变率就可大一些，否则，变率就应小一些。由大量试验资料看出，只要适当选取变率，模型变态对流速分布的影响是有限的。同时也发现，即使是正态模型，当河床减糙后，其流速沿垂线的分布与原型也有明显出入。

吕秀贞[85]通过对变态模型有关相似比尺的分析，研究了模型变态对坡面上推移质泥沙输移相似性所造成的偏离，指出几何变态模型导致水流方向正坡床面的模型沙起动流速小于正确值，从而使模型沙趋于容易起动，模型输沙率大于原型应有值；同时几何变态又使水流方向负坡床面上模型沙的起动流速大于正确值，使泥沙在负坡床面难以起动，床面输沙率偏小。坡面上起动流速和输沙率相似性偏离的误差大小与模型的几何变率、床面坡度的正负和大小有关，也与泥沙粒径的粗细和模型沙水下休止角的相似性等因素有关[95-96]。

1.2.4.2 系列模型试验研究

早在1955年阿汉墨德将萨特莱河的一段塑造出比尺不同的7个变态模型，以研究模型变率对冲刷深度的影响。近40年来，通过系列模型试验进行变率影响研究的主要有窦国仁、张红武、颜国红、梁宾、毛世民、胡小保、廖志丹、虞邦义[97-103]等，他们分别研究了变率对恒定水流条件下丁坝回流、顺直河段、弯道段、汊道、单边突扩河道、凹入式港池水流形态和结构的影响，其中胡小保在单边突扩概化系列模型中、廖志丹在凹入式港池概化系列模型中研究了变率对悬沙淤积的影响。在进行三峡工程泥沙问题研究中，姚仕明对模型变率的影响做了较多的试验研究，除了研究变率对水流的影响外，还研究了变率对泥沙冲淤变化的影响。此外，还有些学者针对局部冲刷问题进行过系列模型试验[104-107]，其目的在于推求相当于正态模型时的试验值。现将已有的系列模型变率影响研究综述如下。

（1）模型变态对流场相似性的影响。

为了探讨变态模型的回流相似问题，窦国仁等设计了变率为2.5和5的2个模型与变率为1的原型进行对比。在模型与原型的对比组次中，有的同时满足重力相似和阻力相似，有的只满足阻力相似偏离重力相似，有的只满足重力相似偏离阻力相似。试验表明：如同时满足重力相似和阻力相似，当变率为2.5和5时，模型回流长度及宽度与正

态模型基本相似，误差一般都在10%以内；如满足阻力相似偏离重力相似，变率为2.5时，模型中的回流宽度虽然与原型相近，但回流长度与原型是不相似的，由于模型中的流速较按比尺计算的为大，所以模型中的回流长度较原型为大；如满足重力相似偏离阻力相似，变率为2.5的模型中回流长度与原型不相似，模型中的阻力均较按比尺计算的为小，而模型中的回流长度及宽度均较原型为大。

张红武设计了6个变率为1～8的概化天然弯道模型，宽深比3.8～22.9。试验表明：与正态模型相比，无论顺直段还是弯道段变态对水流动力轴线均无影响；顺直段当变率为2时纵向流速垂线分布与正态模型的相似性较好，变率3～4时稍有差别，变率6～8时明显失真；弯道段变率2对纵向流速垂线分布稍有影响，变率3以上失真严重；变率对环流有不同程度的影响。

颜国红设计了3个变率为1～3的矩形断面弯道模型，宽深比4～12。试验表明：变态对顺直段和弯道段的水流动力轴线均无影响；变率2的纵向流速垂线分布稍有偏差，变率3时有明显偏差；弯道段变率2的纵向流速垂线分布模型失真，变率3则严重失真；变率对环流影响严重。

梁宾设计了3个变率为3～10的概化复式横断面河道模型。试验表明：变态对顺直段的水流动力轴线无影响。

毛世民设计了4个变率为2.5～7的天然汊道模型，宽深比6.6～28.9。试验表明：变态对汊道水流动力轴线和分流比基本无影响。

胡小保设计了变率为1～8的单边突扩概化模型，回流区宽深比0.67～5.33。试验表明：变态使回流区范围缩小，回流强度增强，主流与回流交界面紊动增强。

廖志丹设计了3个变率为2.5～7的凹入式港池概化模型，宽深比2.14～6。试验表明：变态对回流范围没有影响，流场稍有偏离。

还有一些学者对变率的影响进行过研究，虞邦义在淮河干流模型试验中发现，变率加大到8～10后，纵向流速垂线分布指数关系从1/6～1/7变到1/3～1/4。段文忠等试验显示，模型变态后，弯道内水面形状、横向比降及弯道水流的流向都将偏离正态模型而且偏离的程度随变率增大而趋于明显。

在进行三峡工程泥沙问题研究中，对模型变率的影响做了较多的试验研究，设计了4个变率为1～7的长江微弯型汊道概化模型，试验表明：变态对汊道分流比、垂线平均纵向流速沿程和沿河宽分布以及水流动力轴线影响甚微。设计了3个变率为1～6的汉江河段弯道概化模型，并在下游设置一桥墩，试验表明：变率为3时弯道水流动力轴线与正态模型基本相似，变率为6时水流动力轴线明显偏离。设计了6个变率为1～10的梯形横断面弯道模型，下游设一丁坝，试验表明：对顺直河段，变态模型的垂线平均纵向流速、水流动力轴线与正态模型基本相似，垂线平均流速的相对误差一般小于10%，变态对纵向流速沿垂线分布的影响明显，表层流速较正态模型偏大，近底流速则偏小，其偏离值随变率的加大而增大；对弯道段，变率小于10时，弯道段的水流动力轴线、垂线平均纵向流速的横向分布和沿程分布与正态模型相似，变率大于2的模型纵向流速沿垂向分布明显偏离正态模型，但规律性不强。综上，弯道环流受模型变态影响最大，横向流速沿程分布在不同变率时与正态模型有不同程度的偏离。动床模型试验表明，变率大于 6 时，变率越大，弯道水流动力轴线的形态偏离越大。

在模型变率小于 10 且宽深比大于 2 时，只要满足重力相似与阻力相似，变态模型与正态模型比较，顺直段和弯道段的水流动力轴线及垂线平均纵向流速沿横向与沿程的分布基本一致，相对误差一般小于 10%；对于汊道两汊分流角不大、横断面面积相差不大，在汊道较小时，汊道分流比也基本一致；纵向流速沿垂线分布偏离程度随变率增大而增大，一般偏离 30%以内，横向流速沿垂线分布偏离达 70%以上。

(2) 模型变态对悬移质泥沙运动的影响。

胡小保在单边突扩概化系列模型中得到变态模型的相对淤积量增大。

廖志丹在凹入式港池概化系列模型中，变率为 2.5 的凹入式港池淤积量增加 40%，变率 5 的模型淤积量增加 280%，变率 7 的模型淤积量增加 480%。

(3) 模型变态对推移质泥沙运动的影响。

在变率 1～6 的汉江弯道系列模型中，当变率为 3、宽深比为 9 时，深泓线高程和位置与正态模型较相似；变率为 6、宽深比为 4.5 时，偏离较大。变率为 3 的模型其横断面冲淤情况与正态模型基本相似，但深槽宽度比正态模型宽约 5%～8%；变率为 6 的模型大部分横断面冲淤部位都有较大偏离。桥墩冲刷程度受变率影响较大，变率 3、宽深比 9 的模型与变率 6、宽深比 4.5 的模型最大冲刷深度分别较正态模型深 3%～10%，冲刷面积分别较正态模型大 10%～40%。

在变率 1～10 的 6 个系列模型中，变率 2、宽深比 10.8 和变率 4、宽深比 5.4 的模型其深泓线的形态和位置与正态模型基本相似；变率大于 6 的模型弯道上半段深泓线明显向凸岸偏离，并随变率增大而偏离更大，但顺直段与弯道下半段偏离较小。变率为 2、宽深比 10.8 的模型其横断面冲淤情况与正态模型基本相似；变率为 4、宽深比 5.4 的模型弯道深槽宽度比正态模型宽 5%～15%；变率大于 6 的模型，横断面冲淤部位已发生较大偏离，且弯道段较顺直段更大，还有随着变率增大而偏离程度增加的趋势。然而变率小于 10 的各模型深槽并没有明显冲深，这主要是垂线平均纵向流速没有增大的缘故。当变率为 2、宽深比为 10.8 的模型设置丁坝后，冲刷坑形态和体积与正态模型偏离约 20%；随着变率的增大，冲刷坑形态和体积的偏离程度增大，在变率 10 的模型中，冲刷坑体积偏离正态 263%。

(4) 模型变态对斜坡上泥沙起动的影响。

朱立俊等[108]在水槽试验的基础上，研究按平床泥沙起动相似设计时模型变率对边坡及水流纵向坡面上泥沙起动相似的偏离影响。试验结果显示，当变率为 4 且边坡较陡（边坡为 10～5）时，起动相似偏离较大；而当边坡较缓（边坡为 30～50）时，即使模型变率较大，如变率为 8，边坡泥沙起动相似偏离也不明显。当坡度一定时，变率越大，边坡泥沙起动相似偏离越大。同样坡比的河床，顺坡河床泥沙起动相似偏离的程度大于逆坡河床。

1.2.5 系列模型研究方法

1.2.5.1 动床模型延伸法

1939 年塞麦米[109]在水工建筑物模型试验中，为了解决建筑物下游原型可能达到的最大冲刷深度问题，曾经在一个1/20的模型中，用三种不同粒径的泥沙进行试验，然后，将各组沙的最大冲刷深度乘以模型比尺，换算到原型，得到不同粒径的最大冲刷深度，外延后得到泥沙粒径为零时的冲刷深度，认为这就是原型的冲刷深度。这种做法的物理意义十分模糊，加之曲线外延任意性大，会引起较大的误差。

1955年阿汉墨德将萨特莱河的一段塑造出比尺不同的7个变态模型[110]，在研究模型变率对冲刷深度影响的同时，还挑出2个模型，分别放入3种和5种不同粒径的模型沙，以探求模型变率、粒径比尺同冲刷深度比尺的关系。虽然这位研究者当时未提出"系列模型延伸"这一概念，可他的试验结果对后来延伸法的发展起到了启迪和推动作用。稍后，我国的沙玉清教授[111]和苏联的兹列洛夫[112]都采用类似的系列模型试验方法，提出过另一类的延伸方法，称为系列几何比尺模型延伸法。做一系列几何比尺不同的模型，在各个模型中均以原型沙进行动床试验，并将试验结果与几何比尺绘图，在对数坐标纸上连成直线，或做经验方程式，再延伸至垂直比尺为1的冲刷深度，即得到原型值。通过以原型沙作为模型沙，并按重力相似条件设计模型进行试验延伸，研究水库泥沙淤积问题。他们在模型设计和系列比尺选定上，除做了些概念性假设和经验处理外，均缺少理论性的阐明。

金德春在确定长江某大桥桥墩沉井局部冲刷深度时，采用了沥青、木屑轻质沙进行系列模型延伸试验，并从相似理论出发对沙玉清方法进行了分析论证。金德春提出，系列模型物理量存在偏差的一般表达式为

$$\Delta x = f\left(\frac{\lambda_{h_0}}{\lambda_h}\right) = \left(\frac{\lambda_{h_0}}{\lambda_h}\right)^n$$

式中：Δx 为水力因素或河床因素因模型比尺 $\lambda_{h_0} \neq \lambda_h$ 引起的偏差；λ_{h_0}、λ_h 分别为模型满足与不满足相似条件的几何比尺。

当用原型沙做模型沙时，把资料延伸到 $\lambda_h = \lambda_{h_0} = 1$ 而得原型所求值；当采用非原型沙做模型沙时，资料延伸终点是 $\lambda_h = \lambda_{h_0} \neq 1$ 而得原型所求值。这使沙玉清的延伸图式得到补充和发展，但在某些比尺关系处理上还值得商榷。

1.2.5.2 系列模型设计原理[113]

在动床模型试验中，由于模型沙运动状态很难与原型沙运动相似，试验结果必然产生一定偏差。偏差大小同模型尺寸大小有关，模型越大，偏差越小，模型大到同原型尺寸相同，偏差就变为零。根据这一逻辑概念，就可以同时塑造一系列大小不同的模型，使其尺寸从小向大逐步接近原型，把各个模型试验结果顺势延伸到原型，使偏差逐步缩小，最后消失，从而得出没有偏差的原型成果（延伸结果）。这就是系列模型延伸法的基本原理。

要想取得正确的试验成果，模型必须根据相似原理，按照相似准则设计。系列模型实际是由几个比尺不同的模型组成，它们之间的差别除表现在模型尺寸不同外，还表现在它们同原型的偏差也不同。要想利用这些模型取得同比尺相似模型近似的成果，系列模型应当按服从带有偏差因素的相似比尺条件式进行设计和试验，其中若干个成系列的具体模型比尺必须受所述条件式的控制，以便逐步消除偏差，实现模型试验成果最后与原型相似。否则，进行几何比尺不相似的系列模型就无章可循。

设完全符合相似条件的正态模型几何比尺为λ_{h_0}，系列模型拟选用的不相似模型几何比尺为λ_h，当模型完全满足正态模型相似条件时，$\lambda_{h_s}=\lambda_h=\lambda_{h_0}$（$\lambda_{hs}$为冲淤深度比尺）；当模型偏离正态模型相似条件时，$\lambda_{h_s}\neq\lambda_h\neq\lambda_{h_0}$，$\lambda_{hs}$之所以偏离$\lambda_h$是由于$\lambda_h$偏离$\lambda_{h_0}$造成的。$\lambda_{hs}$偏离$\lambda_h$的程度大小，取决于$\lambda_h$偏离$\lambda_{h_0}$的程度大小，如把这种关系用函数关系表示，则有

$$\frac{\lambda_{h_s}}{\lambda_h}=\left(\frac{\lambda_h}{\lambda_{h_0}}\right)^m$$

由于$\lambda_h/\lambda_{h_0}>1$，而$\lambda_{hs}$既可能大于$\lambda_h$，也可能小于$\lambda_h$，因此指数$m$值可正可负。将上式改写成

$$\lambda_{h_s}=\lambda_h\Delta_H$$

其中

$$\Delta_H=\left(\frac{\lambda_h}{\lambda_{h_0}}\right)^m$$

这里的Δ_H即为模型比尺λ_h偏离λ_{h_0}而产生的偏差。

1.2.5.3 丁坝冲刷系列模型应用

丁坝、桥墩等建筑物前由于水流发生变化而出现局部冲刷坑，为了保证工程的安全，需要研究冲刷坑的冲刷深度和冲刷范围[114-120]。在实测资料和试验资料的基础上，许多学者[121-133]建立了不少局部冲刷预报公式，但是这些公式的应用有一定的限制。也有不少学者从数学模型出发，去模拟局部冲刷坑的深度和大小[134-138]。还有学者用系列模型进行了桥墩、沉井、围堰等局部冲刷和防护试验，模型沙采用过原型沙、非原型天然沙和塑料轻质沙等。

下面介绍长江口深水航道工程丁坝冲刷系列模型研究的情况[139]。长江口深水航道位于长江口的南港至北槽河段，治理工程分别由长约50km的一对南导堤和北双导堤、分流嘴工程、丁坝工程以及疏浚工程组成。工程分三期实施，一期工程南北双导堤各长近20km，南北导堤各布置三条丁坝，航道浚深为10m。为了确定丁坝坝头的防护范围，采用系列模型对丁坝坝头局部冲刷进行了试验研究。

坝头附近北槽河床质为粉砂，$d50=0.16$mm。选择北导堤两条丁坝（N1和N3）和南导堤两条丁坝（S1和S3）的布置方案。试验分别采用长江口原型沙和沥青沙作为模型沙。当模型沙采用原型沙时，做3个正态模型，比尺分别为45、55和75。当模型沙采用沥青沙时，系列模型的比尺分别为100、150、200，沥青沙的中值粒径为0.35mm。

试验在长30m、宽6m的水槽中进行。丁坝头部局部冲刷试验动床范围长15m、宽6m。丁坝头部附近水下地形按1997年测图制作。在长江口整体模型上测量一期工程丁坝坝头流速，并作为局部模型的水流控制条件。选用上游大通流量30000m^3/s与大潮（中浚潮差4.0m）组合进行冲刷试验。模型测得N1、N3、S1和S3丁坝坝头落潮最大流速分别为2.5m/s、3.0m/s、2.75m/s和2.95m/s，对应潮位为1.0m。

将原型沙的试验结果换算到天然冲刷深度后，得到比尺分别为45、55和75的模型其对应的N1丁坝坝头最大冲刷坑为8.7m、8.8m、8.7m；N3丁坝坝头最大冲刷坑为

12.4m、12.7m、12.6m；S1 丁坝坝头最大冲刷坑为 9.5m、9.6m、9.5m；S3 丁坝坝头最大冲刷坑为 11.2m、11.4m、11.3m。将 N1 丁坝坝头沥青沙系列模型试验结果换算至原型值，得到对应比尺为 100、150、200 三个模型的原型最大冲刷深度分别为 10.1m、10.0m 和 10.2m。与 N1 丁坝坝头原型沙系列模型试验结果比较，两者最大冲刷深度接近。

第 2 章

潮流波浪泥沙模型相似理论

物理模型在空间上分为正态模型和（几何）变态模型，正态模型是指模型的水平长度比尺与垂直比尺相等，变态模型是指模型的水平长度比尺与垂直比尺不等，模型的水平长度比尺与垂直比尺之比称为模型的变率或几何变率。

模型试验研究是建立在相似理论基础上的，只有满足相似理论所规定的相似条件，模型才与原型相似，才能根据模型的试验结果推断原型中的情况。相似条件可以通过三种方法导出，一是方程分析法，二是根据相似定义的传统分析法，三是量纲分析法。由于传统分析法和量纲分析法在选择物理量上都带有任意性，可能会遗漏某些重要的物理量或添进不必要的物理量，导致不正确的结果，因此，方程分析法最为完善。

本章将从潮流运动基本方程、悬沙和底沙输沙方程及河床冲淤方程出发，给出进行潮流波浪作用下悬沙和底沙（全沙）物理模型需要遵循的相似条件[59]。

2.1 潮流的相似条件

在以 x、y、z 表示的直角坐标系中，流体运动基本方程具有如下形式：

$$\frac{\partial u}{\partial x}+\frac{\partial v}{\partial y}+\frac{\partial w}{\partial z}=0 \tag{2.1}$$

$$\frac{\partial u}{\partial t}+u\frac{\partial u}{\partial x}+v\frac{\partial u}{\partial y}+w\frac{\partial u}{\partial z}$$

$$=x-\frac{1}{\rho}\cdot\frac{\partial p}{\partial x}+\frac{\partial}{\partial x}\left(\nu\frac{\partial u}{\partial x}\right)+\frac{\partial}{\partial y}\left(\nu\frac{\partial u}{\partial y}\right)+\frac{\partial}{\partial z}\left(\nu\frac{\partial u}{\partial z}\right)-\frac{\partial\overline{u'u'}}{\partial x}-\frac{\partial\overline{u'v'}}{\partial y}-\frac{\partial\overline{u'w'}}{\partial z} \tag{2.2}$$

$$\frac{\partial v}{\partial t}+u\frac{\partial v}{\partial x}+v\frac{\partial v}{\partial y}+w\frac{\partial v}{\partial z}$$

$$=y-\frac{1}{\rho}\cdot\frac{\partial p}{\partial y}+\frac{\partial}{\partial x}\left(\nu\frac{\partial v}{\partial x}\right)+\frac{\partial}{\partial y}\left(\nu\frac{\partial v}{\partial y}\right)+\frac{\partial}{\partial z}\left(\nu\frac{\partial v}{\partial z}\right)-\frac{\partial\overline{u'v'}}{\partial x}-\frac{\partial\overline{v'v'}}{\partial y}-\frac{\partial\overline{v'w'}}{\partial z} \tag{2.3}$$

$$\frac{\partial w}{\partial t}+u\frac{\partial w}{\partial x}+v\frac{\partial w}{\partial y}+w\frac{\partial w}{\partial z}$$

$$=z-\frac{1}{\rho}\cdot\frac{\partial p}{\partial z}+\frac{\partial}{\partial x}\left(\nu\frac{\partial w}{\partial x}\right)+\frac{\partial}{\partial y}\left(\nu\frac{\partial w}{\partial y}\right)+\frac{\partial}{\partial z}\left(\nu\frac{\partial w}{\partial z}\right)-\frac{\partial\overline{u'w'}}{\partial x}-\frac{\partial\overline{v'w'}}{\partial y}-\frac{\partial\overline{w'w'}}{\partial z} \tag{2.4}$$

式中：u、v、w 分别为 x、y、z 方向上的时均流速分量；t 为时间；p 为压力；ρ 为水的密度；$-\overline{u'u'}$、$-\overline{u'v'}$、$-\overline{u'w'}$、$-\overline{v'v'}$、$-\overline{v'w'}$和$-\overline{w'w'}$等为紊动应力。

当 x 轴取河道纵向方向、y 轴取河道横向方向、z 轴以河底为原点并垂直向上，则上述方程组可写为

$$\frac{\partial u}{\partial x}+\frac{\partial v}{\partial y}+\frac{\partial w}{\partial z}=0 \tag{2.1a}$$

$$\begin{aligned}&\frac{\partial u}{\partial t}+u\frac{\partial u}{\partial x}+v\frac{\partial u}{\partial y}+w\frac{\partial u}{\partial z}\\&=gi_x-\frac{1}{\rho}\cdot\frac{\partial p}{\partial x}+\frac{\partial}{\partial x}\left(\nu\frac{\partial u}{\partial x}\right)+\frac{\partial}{\partial y}\left(\nu\frac{\partial u}{\partial y}\right)+\frac{\partial}{\partial z}\left(\nu\frac{\partial u}{\partial z}\right)-\frac{\partial\overline{u'u'}}{\partial x}-\frac{\partial\overline{u'v'}}{\partial y}-\frac{\partial\overline{u'w'}}{\partial z}\end{aligned} \tag{2.2a}$$

$$\begin{aligned}&\frac{\partial v}{\partial t}+u\frac{\partial v}{\partial x}+v\frac{\partial v}{\partial y}+w\frac{\partial v}{\partial z}\\&=gi_y-\frac{1}{\rho}\cdot\frac{\partial p}{\partial y}+\frac{\partial}{\partial x}\left(\nu\frac{\partial v}{\partial x}\right)+\frac{\partial}{\partial y}\left(\nu\frac{\partial v}{\partial y}\right)+\frac{\partial}{\partial z}\left(\nu\frac{\partial v}{\partial z}\right)-\frac{\partial\overline{u'v'}}{\partial x}-\frac{\partial\overline{v'v'}}{\partial y}-\frac{\partial\overline{v'w'}}{\partial z}\end{aligned} \tag{2.3a}$$

$$\begin{aligned}&\frac{\partial w}{\partial t}+u\frac{\partial w}{\partial x}+v\frac{\partial w}{\partial y}+w\frac{\partial w}{\partial z}\\&=-g-\frac{1}{\rho}\cdot\frac{\partial p}{\partial z}+\frac{\partial}{\partial x}\left(\nu\frac{\partial w}{\partial x}\right)+\frac{\partial}{\partial y}\left(\nu\frac{\partial w}{\partial y}\right)+\frac{\partial}{\partial z}\left(\nu\frac{\partial w}{\partial z}\right)-\frac{\partial\overline{u'w'}}{\partial x}-\frac{\partial\overline{v'w'}}{\partial y}-\frac{\partial\overline{w'w'}}{\partial z}\end{aligned} \tag{2.4a}$$

式中：g 为重力加速度；i_x 和 i_y 分别为纵向和横向水面比降。

对于一般河流、河口和海岸区的水流，其水面上的压力就是大气压力，沿 x 和 y 方向的变化均很小，一般可忽略不计，因而有

$$\frac{\partial p}{\partial x}\approx\frac{\partial p}{\partial y}\approx 0$$

除了紧靠建筑物的局部区域，压力随水深的变化一般均接近静水压力分布，即 $p=\rho g(h-z)$，因而有

$$-g-\frac{1}{\rho}\cdot\frac{\partial p}{\partial z}\approx 0$$

式（2.4a）中的$-\overline{w'w'}$基本上保持为常值[140]，则有

$$-\frac{\partial\overline{w'w'}}{\partial z}=0$$

而水平方向紊动切应力$-\overline{u'w'}$和$-\overline{v'w'}$均从水面向河底接近直线增大，因而可分别近似表示为

$$-\overline{u'w'}=\frac{1}{C_0^2}U\ \sqrt{U^2+V^2}\left(1-\frac{z}{h}\right)$$

$$-\overline{v'w'}=\frac{1}{C_0^2}V\ \sqrt{U^2+V^2}\left(1-\frac{z}{h}\right)$$

$$C_0=C/\sqrt{g}$$

式中：C_0 为无尺度谢才系数；C 为谢才系数；U 和 V 分别为垂线平均流速在 x 和 y 方向的分量；h 为水深。

考虑到上述各简化计算式并忽略水的黏滞阻力，可以得到潮流运动方程：

$$\frac{\partial u}{\partial x}+\frac{\partial v}{\partial y}+\frac{\partial w}{\partial z}=0 \tag{2.1b}$$

$$\frac{\partial u}{\partial t}+u\frac{\partial u}{\partial x}+v\frac{\partial u}{\partial y}+w\frac{\partial u}{\partial z}=gi_x-\frac{\partial\overline{u'u'}}{\partial x}-\frac{\partial\overline{u'v'}}{\partial y}-\frac{U\sqrt{U^2+V^2}}{C_0^2h} \tag{2.2b}$$

$$\frac{\partial v}{\partial t}+u\frac{\partial v}{\partial x}+v\frac{\partial v}{\partial y}+w\frac{\partial v}{\partial z}=gi_y-\frac{\partial\overline{u'v'}}{\partial x}-\frac{\partial\overline{v'v'}}{\partial y}-\frac{V\sqrt{U^2+V^2}}{C_0^2h} \tag{2.3b}$$

$$\frac{\partial w}{\partial t}+u\frac{\partial w}{\partial x}+v\frac{\partial w}{\partial y}+w\frac{\partial w}{\partial z}$$

$$=\frac{\partial}{\partial x}\left[\frac{1}{C_0^2}u\sqrt{u^2+v^2}\left(1-\frac{z}{h}\right)\right]+\frac{\partial}{\partial y}\left[\frac{1}{C_0^2}v\sqrt{u^2+v^2}\left(1-\frac{z}{h}\right)\right] \tag{2.4b}$$

如果上述方程组中的各项均能按相同的比例缩小，则模型中的水流就能与原型相似。将各模型量代入式（2.1b）～式（2.4b）中，得到下列方程，其中λ为比尺，表示原型量与模型量的比值，其下标m表示相应的模型量，下标p表示相应的原型量。

$$\frac{\lambda_u}{\lambda_x}\left(\frac{\partial u}{\partial x}\right)_m+\frac{\lambda_v}{\lambda_y}\left(\frac{\partial v}{\partial y}\right)_m+\frac{\lambda_w}{\lambda_z}\left(\frac{\partial w}{\partial z}\right)_m=0 \tag{2.5}$$

$$\frac{\lambda_u}{\lambda_t}\left(\frac{\partial u}{\partial t}\right)_m+\frac{\lambda_u^2}{\lambda_x}\left(u+\frac{\partial u}{\partial x}\right)_m+\frac{\lambda_u\lambda_v}{\lambda_y}\left(v\frac{\partial u}{\partial y}\right)_m+\frac{\lambda_u\lambda_w}{\lambda_z}\left(w\frac{\partial u}{\partial z}\right)_m$$

$$=\frac{\lambda_g\lambda_x}{\lambda_z}(gi_x)_m-\frac{\lambda_{\overline{u'u'}}}{\lambda_x}\left(\frac{\partial\overline{u'u'}}{\partial x}\right)_m-\frac{\lambda_{\overline{u'v'}}}{\lambda_y}\left(\frac{\partial\overline{u'v'}}{\partial y}\right)_m-\frac{\lambda_u^2}{\lambda_{C_0}^2\lambda_h}\left(\frac{U\sqrt{U^2+V^2}}{C_0^2h}\right)_m \tag{2.6}$$

$$\frac{\lambda_v}{\lambda_t}\left(\frac{\partial v}{\partial t}\right)_m+\frac{\lambda_u\lambda_v}{\lambda_x}\left(u\frac{\partial v}{\partial x}\right)_m+\frac{\lambda_v^2}{\lambda_y}\left(v\frac{\partial v}{\partial y}\right)_m+\frac{\lambda_w\lambda_v}{\lambda_z}\left(w\frac{\partial v}{\partial z}\right)_m$$

$$=\frac{\lambda_g\lambda_y}{\lambda_z}(gi_y)_m-\frac{\lambda_{\overline{u'v'}}}{\lambda_x}\left(\frac{\partial\overline{u'v'}}{\partial x}\right)_m-\frac{\lambda_{\overline{v'v'}}}{\lambda_y}\left(\frac{\partial\overline{v'v'}}{\partial y}\right)_m-\frac{\lambda_u^2}{\lambda_{C_0}^2\lambda_h}\left(\frac{V\sqrt{U^2+V^2}}{C_0^2h}\right)_m \tag{2.7}$$

$$\frac{\lambda_w}{\lambda_t}\left(\frac{\partial w}{\partial t}\right)_m+\frac{\lambda_u\lambda_w}{\lambda_x}\left(u\frac{\partial w}{\partial x}\right)_m+\frac{\lambda_v\lambda_w}{\lambda_y}\left(v\frac{\partial w}{\partial y}\right)_m+\frac{\lambda_w^2}{\lambda_z}\left(w\frac{\partial w}{\partial z}\right)_m$$

$$=\frac{\lambda_u^2}{\lambda_x\lambda_{C_0}^2}\left\{\frac{\partial}{\partial x}\left[\frac{1}{C_0^2}U\sqrt{U^2+V^2}\left(1-\frac{z}{h}\right)\right]\right\}_m+\frac{\lambda_v^2}{\lambda_y\lambda_{C_0}^2}\left\{\frac{\partial}{\partial y}\left[\frac{1}{C_0^2}V\sqrt{U^2+V^2}\left(1-\frac{z}{h}\right)\right]\right\}_m \tag{2.8}$$

若式（2.5）两边同除以$\frac{\lambda_u}{\lambda_x}$，可得到

$$\left(\frac{\partial u}{\partial x}\right)_m+\frac{\lambda_v}{\lambda_u}\cdot\frac{\lambda_x}{\lambda_y}\left(\frac{\partial v}{\partial y}\right)_m+\frac{\lambda_w}{\lambda_u}\cdot\frac{\lambda_x}{\lambda_z}\left(\frac{\partial w}{\partial z}\right)_m=0$$

若式（2.6）两边同除以$\frac{\lambda_u}{\lambda_t}$，可得到

$$\left(\frac{\partial u}{\partial t}\right)_m+\frac{\lambda_u\lambda_t}{\lambda_x}\left(u\frac{\partial u}{\partial x}\right)_m+\frac{\lambda_v\lambda_t}{\lambda_y}\left(v\frac{\partial u}{\partial y}\right)_m+\frac{\lambda_w\lambda_t}{\lambda_z}\left(w\frac{\partial u}{\partial z}\right)_m$$

$$=\frac{\lambda_g\lambda_x\lambda_t}{\lambda_z\lambda_u}(gi_x)_m-\frac{\lambda_{\overline{u'u'}}\lambda_t}{\lambda_u\lambda_x}\left(\frac{\partial\overline{u'u'}}{\partial x}\right)_m-\frac{\lambda_{\overline{u'v'}}\lambda_t}{\lambda_u\lambda_y}\left(\frac{\partial\overline{u'v'}}{\partial y}\right)_m-\frac{\lambda_u\lambda_t}{\lambda_{C_0}^2\lambda_h}\left(\frac{U\sqrt{U^2+V^2}}{C_0^2h}\right)_m$$

若式（2.7）两边同除以$\frac{\lambda_v}{\lambda_t}$，可得到

$$\left(\frac{\partial v}{\partial t}\right)_m+\frac{\lambda_u\lambda_t}{\lambda_x}\left(u\frac{\partial v}{\partial x}\right)_m+\frac{\lambda_v\lambda_t}{\lambda_y}\left(v\frac{\partial v}{\partial y}\right)_m+\frac{\lambda_w\lambda_t}{\lambda_z}\left(w\frac{\partial v}{\partial z}\right)_m$$

$$=\frac{\lambda_g\lambda_y\lambda_t}{\lambda_z\lambda_v}(gi_y)_m-\frac{\lambda_{\overline{uv}}\lambda_t}{\lambda_v\lambda_x}\left(\frac{\partial\overline{u'v'}}{\partial x}\right)_m-\frac{\lambda_{\overline{vv}}\lambda_t}{\lambda_v\lambda_y}\left(\frac{\partial\overline{v'^2}}{\partial y}\right)_m-\frac{\lambda_v\lambda_t}{\lambda_{C_0}^2\lambda_h}\left(\frac{V\sqrt{U^2+V^2}}{C_0^2h}\right)_m$$

若式（2.8）两边同除以$\frac{\lambda_w}{\lambda_t}$，可得到

$$\left(\frac{\partial w}{\partial t}\right)_m+\frac{\lambda_u\lambda_t}{\lambda_x}\left(u\frac{\partial w}{\partial x}\right)_m+\frac{\lambda_v\lambda_t}{\lambda_y}\left(v\frac{\partial w}{\partial y}\right)_m+\frac{\lambda_w\lambda_t}{\lambda_z}\left(w\frac{\partial w}{\partial z}\right)_w$$

$$=\frac{\lambda_u^2\lambda_t}{\lambda_w\lambda_x\lambda_{C_0}^2}\left\{\frac{\partial}{\partial x}\left[\frac{1}{C_0^2}U\sqrt{U^2+V^2}\left(1-\frac{z}{h}\right)\right]\right\}_m+\frac{\lambda_v^2\lambda_t}{\lambda_w\lambda_y\lambda_{C_0}^2}\left\{\frac{\partial}{\partial y}\left[\frac{1}{C_0^2}V\sqrt{U^2+V^2}\left(1-\frac{z}{h}\right)\right]\right\}_m$$

模型的水流运动满足连续方程和运动方程的条件是

$$\frac{\lambda_v}{\lambda_u}\cdot\frac{\lambda_x}{\lambda_y}=1,\ \frac{\lambda_w}{\lambda_u}\cdot\frac{\lambda_x}{\lambda_z}=1,$$

$$\frac{\lambda_u\lambda_t}{\lambda_x}=1,\ \frac{\lambda_v\lambda_t}{\lambda_y}=1,\ \frac{\lambda_w\lambda_t}{\lambda_z}=1,$$

$$\frac{\lambda_g\lambda_x\lambda_t}{\lambda_u\lambda_z}=1,\ \frac{\lambda_g\lambda_y\lambda_t}{\lambda_v\lambda_z}=1,$$

$$\frac{\lambda_{\overline{uu}}\lambda_t}{\lambda_u\lambda_x}=1,\ \frac{\lambda_{\overline{uv}}\lambda_t}{\lambda_u\lambda_y}=1,\ \frac{\lambda_u\lambda_t}{\lambda_{C_0}^2\lambda_h}=1,$$

$$\frac{\lambda_{\overline{uv}}\lambda_t}{\lambda_v\lambda_x}=1,\ \frac{\lambda_{\overline{vv}}\lambda_t}{\lambda_v\lambda_y}=1,\ \frac{\lambda_v\lambda_t}{\lambda_{C_0}^2\lambda_h}=1,$$

$$\frac{\lambda_u^2\lambda_t}{\lambda_w\lambda_x\lambda_{C_0}^2}=1,\ \frac{\lambda_v^2\lambda_t}{\lambda_w\lambda_x\lambda_{C_0}^2}=1$$

当水平比尺相同时，即$\lambda_x=\lambda_y=\lambda_l$时，得到模型水流与原型水流的相似条件为

$$\lambda_u=\lambda_v=\lambda_h^{1/2} \tag{2.9}$$

$$\lambda_w=\lambda_u\lambda_h/\lambda_l \tag{2.10}$$

$$\lambda_t=\lambda_l/\lambda_u=\lambda_h/\lambda_w=\lambda_l/\lambda_h^{1/2} \tag{2.11}$$

$$\lambda_{C_0}=(\lambda_l/\lambda_h)^{1/2} \tag{2.12}$$

式（2.9）～式（2.11）由惯性力与重力比尺相同而得，称其为重力相似条件；式（2.12）由惯性力与阻力比尺相同而得，故称之为阻力相似条件。上述相似条件既适用于正态模型，也适用于变态模型。

2.2 波浪的相似条件

2.2.1 波动速度相似

根据线性波理论，在有限水深条件下各层波动水质点速度在水平方向的分量U_w、垂直方向的分量W_w以及波速C_w和波周期T分别为

$$U_w=\frac{\pi H}{T}\cdot\frac{\cosh[2\pi(h+z)/L]}{\sinh(2\pi h/L)}\cos\left(2\pi\frac{x}{L}-2\pi\frac{t}{T}\right) \tag{2.13}$$

$$W_w=\frac{\pi H}{T}\cdot\frac{\cosh[2\pi(h+z)/L]}{\sinh(2\pi h/L)}\sin\left(2\pi\frac{x}{L}-2\pi\frac{t}{T}\right) \tag{2.14}$$

$$C_w=\sqrt{\frac{gL}{2\pi}\tanh\frac{2\pi h}{L}} \tag{2.15}$$

$$T=\frac{L}{C_w} \tag{2.16}$$

式中：H 为波高；L 为波长；h 为基面以下水深；z 为位于基面上的垂直坐标；x 和 t 分别为讨论点的位置和时间。

上述各式表明，只有当水深比尺与波长比尺相同时，模型与原型的波浪质点速度才能相似。波高比尺应按水深比尺选取，即波高比尺与波长比尺相同，波浪取成正态。因此有

$$\lambda_H=\lambda_L=\lambda_h \tag{2.17}$$

由式（2.13）～式（2.16）可以得出各量的相似比尺为

$$\lambda_{u_w}=\lambda_{w_w}=\lambda_h^{1/2} \tag{2.18}$$

$$\lambda_{C_w}=\lambda_h^{1/2} \tag{2.19}$$

$$\lambda_T=\lambda_h^{1/2} \tag{2.20}$$

上述相似比尺表明，波浪水平质点速度比尺不仅与垂直质点速度比尺相同，还与波速比尺和水流水平速度比尺相同；但波浪的垂直速度比尺与水流的垂直速度比尺不同，波周期比尺与水流时间比尺也不相同。

2.2.2 波浪传质速度相似

上述波浪中的水质点运动是封闭的，但事实上水还是有少量的传输。Stokes 二阶有限振幅理论能够描述这个问题。在有限水深条件下波浪传质速度 U_T 的计算公式为

$$U_T=\frac{1}{2}\pi^2\left(\frac{H}{L}\right)^2C_w\frac{\cosh[4\pi(h+z)/L]}{\sinh(2\pi h/L)} \tag{2.21}$$

当波高比尺与波长比尺相同并均为水深比尺时，由式（2.21）可得波浪传质速度比尺为

$$\lambda_{U_T}=\lambda_{C_w}=\lambda_h^{1/2} \tag{2.22}$$

即与波浪质点速度和水流平面速度的比尺相同。

2.2.3 波浪折射相似

波浪在由深水区向浅水区传播过程中将发生折射。当波浪斜向进入浅水区时，由于深水处的波速和波长较大，波浪逐渐转向，波峰线逐渐趋向于与等深线平行。在传播过程中，波周期变化较小，可以认为是常值，因而有

$$\frac{C_w}{C_{w_0}}=\frac{L}{L_0}=\tanh\left(2\pi\frac{h}{L}\right) \tag{2.23}$$

$$\frac{\sin\alpha}{\sin\alpha_0}=\frac{C_w}{C_{w_0}} \tag{2.24}$$

式中：α_0 和 α 分别为深水处的入射角和浅水处的折射角。

在折射过程中表述波高变化的关系式为

$$\frac{H}{H_0}=\left\{\frac{1-\sin^2\alpha_0\tanh^2(2\pi h/L)}{\cos^2\alpha_0}\right\}^{-\frac{1}{4}}\left\{\frac{2\cosh^2(2\pi h/L)}{4\pi h/L+\sinh(4\pi h/L)}\right\}^{\frac{1}{2}} \tag{2.25}$$

如取波高和波长比尺均为水深比尺，则从上述各式可得

$$\lambda_{C_w}=\lambda_{C_{w_0}}=\lambda_h^{1/2} \tag{2.26}$$

$$\lambda_{\sin\alpha}=\lambda_{\sin\alpha_0} \tag{2.27}$$

$$\lambda_L=\lambda_{L_0}=\lambda_h \tag{2.28}$$

$$\lambda_H=\lambda_{H_0}=\lambda_h \tag{2.29}$$

上述相似比尺表明，模型中的波浪折射情况与原型相似。

2.2.4 波浪绕射相似

波浪在传播过程中遇有建筑物时将发生绕射。如仍用 H_0 表示绕射前的深水波高，则经绕射后的波高 H 可由下式表述：

$$H=H_0K_r \tag{2.30}$$

其中，K_r 为绕射系数，其值为下述复变函数 $F(\gamma,\theta)$ 的模[141-142]

$$F(r,\theta)=f(u_1)\exp[-ikr\cos(\theta-\theta_0)]+f(u_2)\exp[-ikr\cos(\theta+\theta_0)] \tag{2.31}$$

式中：$f(u_1)=\frac{1+i}{2}\int_{-\infty}^{u_1}\exp(-i\pi u^2/2)\mathrm{d}u, f(u_2)=\frac{1+i}{2}\int_{-\infty}^{u_1}\exp(-i\pi u^2/2)\mathrm{d}u$

$$u_1=2\left(\frac{kr}{\pi}\right)^{1/2}\sin\left(\frac{\theta-\theta_0}{2}\right), u_2=-2\left(\frac{kr}{\pi}\right)^{1/2}\sin\left(\frac{\theta+\theta_0}{2}\right) \tag{2.32}$$

式中：(γ,θ) 为极坐标；k 为波数；θ_0 为入射波的波向（图 2.1）。

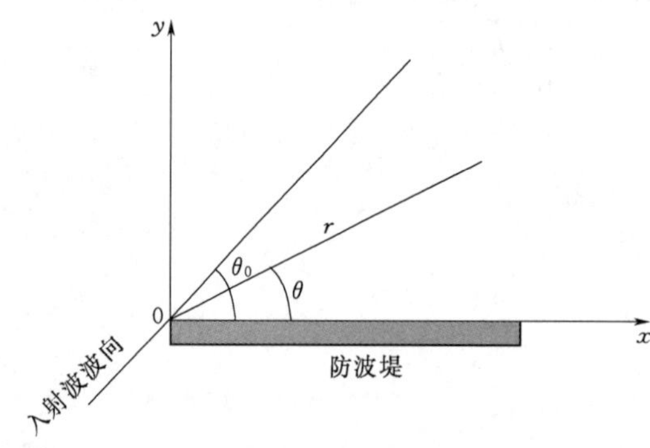

图 2.1 波浪绕射示意图

由于 $\exp[-ikr\cos(\theta-\theta_0)]$ 为无因次量，其比尺必须为 1，则有 $\lambda_k\lambda_r=1$。由极坐标 (γ,θ) 与直角坐标 (x,y) 的关系可知 $x=r\cos\theta$，$y=r\sin\theta$，则有比尺 $\lambda_x=\lambda_r$，$\lambda_y=\lambda_r$。因此，$\lambda_x=\lambda_y=1/\lambda_k$。

由波数 k 与波长 L 的关系 $k=2\pi/L$，可得 $\lambda_k=\frac{1}{\lambda_L}$，所以有 $\lambda_x=\lambda_y=\lambda_L$。

因为 $L=\frac{gT^2}{2\pi}\tanh kh$，由于 $\tanh kh$ 为无因次量，其比尺必须为 1，则有比尺 $\lambda_k\lambda_h=1$，结合波数 k 与波长 L 的关系，因此有 $\lambda_h=\lambda_L$。

上述比尺关系说明，如要满足绕射的相似条件，则要求模型是正态的。在变态模型波浪绕射情况不能与原型完全相似，只能允许其有一定偏离。至于多大变率引起的偏离才可以接受，只有依靠试验来明确。

2.2.5 波浪破碎相似

波浪传至岸边附近浅水区域时将发生破碎，其破碎水深 h_b（或破碎位置）与波高、波长和岸滩坡度等有关。日本《港口建筑物设计标准》依据大量试验资料，将 H_b/h_b 与 h_b/L_0 的关系绘制成以岸滩坡度 m 值为参数的曲线组[143]，H_b 为破碎波高，L_0 为深水波长。窦国仁将此曲线组概括为如下的表述式：

$$\frac{H_b}{h_b}=2.88m_0^{1/3}\exp\left[-11m_0^{1/2}\left(\frac{h_b}{L_0}\right)\right] \tag{2.33}$$

其中

$$m_0=\begin{cases} m, & \text{当 } m>\frac{1}{50}\text{且}\frac{h_b}{L_0}<0.2\text{ 时} \\ \frac{1}{50}, & \text{当 } m\leqslant\frac{1}{50}\text{且}\frac{h_b}{L_0}\geqslant 0.2\text{ 时} \end{cases} \tag{2.34}$$

这里 m 为岸滩坡度。式（2.33）表明，当岸滩坡度大于 1/50 时，破碎波高与破碎水深之比值与岸滩坡度有关；当岸滩坡度等于或小于 1/50 时，该比值则与岸滩坡度无关，仅只与 h_b/L_0 有关；当 h_b/L_0 很小时，H_b/h_b 值不再随 h_b/L_0 的减小而增大并趋于常值，对于 $m\leqslant 1/50$ 时，该极限值为

$$H_b/h_b=0.78,\quad h_b=1.28H_b$$

一般情况下，粉沙和淤泥质岸滩的坡度均远小于 1/50。因而对于这类岸滩波浪发生破碎的位置在变态模型中仍能与原型相似。由此得到模型的允许变率为

$$\frac{\lambda_l}{\lambda_h}\ll\frac{1}{50m_p} \tag{2.35}$$

式中：m_p 为原型岸滩坡度。

例如原型岸滩坡度为 1/500 时，模型的变率应远远小于 10。

在破波带中，破波类型主要取决于岸滩坡度和波陡，其判别数 I_r 为[35]

$$I_r=\frac{m}{\sqrt{H_1/L_1}} \tag{2.36}$$

式中：H_1 和 L_1 为波浪破碎前的波高和波长。

当 $I_r>3.3$ 时，破波为溃波型；当 $3.3>I_r>0.5$ 时，破波为卷波型；当 $I_r<0.5$ 时，破波为溅波型。对于岸滩波度较缓的粉沙淤泥质河口和海岸带，I_r 值一般远小于 0.5，故在变态模型中破波类型仍能与原型相似，即均属于溅波型破波。由此得模型的允许变率为

$$\frac{\lambda_l}{\lambda_h}\ll\frac{0.5\sqrt{H_1/L_1}}{m_p} \tag{2.37}$$

2.2.6 沿岸流相似

当波浪斜向传至浅水区时将发生破碎并产生沿岸流。表述沿岸流流速的公式较多，其中由科马尔修改后的朗吉特-希金斯公式为[34]

$$u_l = 0.675\sqrt{\left(\frac{H_b}{h_b}\right) g H_b \sinh 2\theta_b} \tag{2.38}$$

式中：u_l 为沿岸流的平均流速；θ_b 为破波波峰线与岸线间的夹角（锐角）。

由于变态模型中的折射与原型相似，因而模型中的 θ_b 与原型中的 θ_b 相同，故得

$$\lambda_{u_l} = \lambda_{H_b}^{1/2} = \lambda_h^{1/2} \tag{2.39}$$

即沿岸流的流速比尺与水流流速比尺相同。如采用伊格尔森的公式[144]，也可得到相同结果。

$$u_l = \sqrt{\frac{3}{8}\left(\frac{g H_b^2 n_b}{h_b}\right)\frac{m}{f_w}\sin\theta_b \sin 2\theta_b} \tag{2.40}$$

破波带波群速与波速的比值为

$$n_b = \frac{1}{2}\left[1 + \frac{4\pi h_b / L_b}{\sinh(4\pi h_b / L_b)}\right] \tag{2.41}$$

式中：f_w 为波浪摩阻系数。

由于波高与波长的比尺相同，故 n_b 的比尺等于 1。波浪阻力系数 f_w 与无尺度谢才系数 C_0 的平方成反比，而在阻力相似条件下由式（2.9）可知 C_0 的比尺等于变率的开方，故有

$$\lambda_{f_W} = \lambda_h / \lambda_l \tag{2.42}$$

而岸滩坡度 m 的比尺为

$$\lambda_m = \lambda_h / \lambda_l \tag{2.43}$$

故从式（2.40）也可得到 $\lambda_{u_l} = \lambda_h^{1/2}$，即与潮流流速比尺相同。由此可见，变态模型中的沿岸流与原型可以相似。

综上所述，在变态模型中，取波高比尺与波长比尺相同且均等于水深比尺时，对于坡度较缓的海岸和河口，可以达到波浪质点速度、传质速度、波速、波群速、波浪折射、波浪破碎的位置、类型和沿岸流等的相似，但在波浪绕射方面有一定的偏离。

2.3 悬沙的相似条件

窦国仁悬沙输沙方程式和河床冲淤方程式[36]为

$$\frac{\partial(hs)}{\partial t} + \frac{\partial(hsU)}{\partial x} + \frac{\partial(hsV)}{\partial y} + \alpha_s \beta_s \omega_s (s - s_*) = 0 \tag{2.44}$$

$$\gamma_0 \frac{\partial \eta_s}{\partial t} = \alpha_s \omega_s \beta_s (s - s_*) \tag{2.45}$$

式中：s 为含沙量，kg/m^3；α_s 为悬沙的沉降几率（或称沉降系数）；ω_s 为悬沙沉速（泥沙絮凝时则为絮凝沉速），m/s；$\alpha_s\omega_s$ 则为动水沉速，m/s；s_* 为潮流和波浪共同作用下的挟沙能力，kg/m^3；γ_0 为床面泥沙的干容重，t/m^3；$\partial \eta_s$ 为悬沙引起的床面高程变化，m；t 为冲淤时间，s；β_s 为考虑泥沙起动的系数，其值为

$$\beta_s = \begin{cases} 1, & \text{当 } s \geqslant s_* \text{ 时} \\ 1, & \text{当 } s < s_* \text{ 且 } U > U_c \text{ 时} \\ 0, & \text{当 } s < s_* \text{ 且 } U < U_c \text{ 时} \end{cases} \tag{2.46}$$

式中：U_c 为水流和波浪共同作用下的底床泥沙起动流速。

窦国仁潮流和波浪共同作用下的挟沙能力公式[145]为

$$s_*=\alpha_0\frac{\gamma\gamma_s}{\gamma_s-\gamma}\left[\frac{(u^2+v^2)^{3/2}}{C^2H_{\omega_s}}+\beta_0\frac{H_w^2}{HT_{\omega_s}}\right] \tag{2.47}$$

式中：γ 和 γ_s 分别为水和泥沙颗粒容重；H_w 和 T 分别为波高和波周期，对于不规则波则为平均波高和平均波周期。

根据多处海域资料求得 $\alpha_0=0.023$，$\beta_0=0.04f_w$，f_w 为波浪摩阻系数；谢才系数用曼宁公式确定，即 $C=\frac{1}{n}H^{1/6}$，n 为床面糙率系数。

波浪摩阻系数与水流摩阻比降具有相同的性质，因此可以认为 f_w 也与 C_0^2 成反比，即

$$f_w=\alpha_f/C_0^2$$

当床面泥沙处于可动状态时，波浪阻力也基本上处于粗糙区，并依据实测资料可取 $\alpha_f\approx12.5$。例如当无尺度谢才系数 $C_0\approx35$ 时，$f_w\approx0.01$。

将模型值代入式（2.44）和式（2.45）有

$$\frac{\lambda_h\lambda_s}{\lambda_t}\left[\frac{\partial(hs)}{\partial t}\right]_m+\frac{\lambda_h\lambda_s\lambda_u}{\lambda_x}\left[\frac{\partial(hsU)}{\partial x}\right]_m+\frac{\lambda_h\lambda_s\lambda_v}{\lambda_y}\left[\frac{\partial(hsV)}{\partial y}\right]_m+\alpha_s\beta_s\lambda_{\omega_s}(\omega_s)_m(\lambda_s s_m-\lambda_{s_*}s_*)=0$$

$$\lambda_{\gamma_0}\frac{\lambda_h}{\lambda_t}\left(\gamma_0\frac{\partial\eta_s}{\partial t}\right)_m=\alpha_s\beta_s\lambda_{\omega_s}(\omega_s)_m(\lambda_s s_m-\lambda_{s_*}s_*)$$

将上两式写成无量纲形式，可得到悬沙的基本相似条件为

$$\lambda_{\omega_s}=\lambda_h/\lambda_t=\lambda_h^{3/2}/\lambda_l \tag{2.48}$$

$$\lambda_s=\lambda_{s_*} \tag{2.49}$$

由式（2.48）可以确定悬沙沉速比尺，这是选择模型沙的基本依据，必须得到满足。式（2.48）还表明，在变态模型中沉速比尺与水流垂直速度比尺一致。式（2.49）说明含沙量比尺应按挟沙能力比尺确定，否则模型中的悬沙运动规律就不能与原型相似，其引起的冲淤部位和数量也不能与原型相似。

从式（2.47）可以得到水流挟沙能力的相似比尺

$$\lambda_{s_*}=\frac{\lambda_{\gamma_s}}{\lambda_{(\rho_s-\rho)}}\cdot\frac{\lambda_u^3}{\lambda_{c_0}^2\lambda_h\lambda_\omega}=\frac{\lambda_{\gamma_s}}{\lambda_{(\rho_s-\rho)}} \tag{2.50}$$

波浪挟沙能力的相似比尺为

$$\lambda_{s_*}=\frac{\lambda_{\gamma_s}}{\lambda_{(\rho_s-\rho)}}\cdot\frac{\lambda_{f_w}\lambda_H^2}{\lambda_h\lambda_T\lambda_\omega}=\frac{\lambda_{\gamma_s}}{\lambda_{(\rho_s-\rho)}} \tag{2.51}$$

由式（2.50）和式（2.51）可知，潮流与波浪作用下的挟沙能力比尺相同。因此，按该两式可确定悬沙的含沙量比尺为

$$\lambda_s=\frac{\lambda_{\gamma_s}}{\lambda_{(\rho_s-\rho)}} \tag{2.52}$$

悬沙引起的床面冲淤变化由式（2.45）表述，由该式可得悬沙的冲淤时间比尺为

$$\lambda_{t_s}=\lambda_{\gamma_0}\frac{\lambda_{(\rho_s-\rho)}}{\lambda_{\gamma_s}}\cdot\frac{\lambda_l}{\lambda_h^{1/2}} \tag{2.53}$$

将式（2.42）代入式（2.53），可写出

$$\lambda_{t_s}=\lambda_{\gamma_0}\frac{\lambda_{(\rho_s-\rho)}}{\lambda_{\gamma_s}}\lambda_t \tag{2.54}$$

式中：λ_t 为水流时间比尺。

如令

$$\delta_s=\lambda_{\gamma_0}\frac{\lambda_{(\rho_s-\rho)}}{\lambda_{\gamma_s}} \tag{2.55}$$

则式（2.54）又可写为

$$\lambda_{t_s}=\delta_s\lambda_t \tag{2.56}$$

式中：δ_s 为悬沙冲淤时间比尺与水流时间比尺的倍数，亦可称为悬沙冲淤时间比尺的变率系数。由式（2.56）可知，当模型试验的模型沙为天然沙时，$\delta_s=1$；当模型沙为轻质沙时，$\delta_s>1$；模型沙的相对密度越小，δ_s 值越大。

挟沙能力公式（2.47）是在动态冲淤平衡条件下导出的，即从水流中落淤的泥沙数量与从底部冲起的泥沙数量相等这个前提下导出的。因此，在悬沙运动及其冲淤的相似要求中还应附加一个相似条件

$$\lambda_U=\lambda_{U_c} \tag{2.57}$$

即还要求落淤在床面的泥沙能够满足起动相似。

2.4 底沙的相似条件

窦国仁水流作用下的底沙输沙方程式和底床冲淤方程式为

$$\frac{\partial(hN)}{\partial t}+\frac{\partial(hNU)}{\partial x}+\frac{\partial(hNV)}{\partial y}+\alpha_b\omega_b(N-N_*)=0 \tag{2.58}$$

$$\gamma_0\frac{\partial\eta_b}{\partial t}=\alpha_b\omega_b(N-N_*) \tag{2.59}$$

式中：N 和 N_* 分别为讨论点的底沙输沙量和底沙输沙能力折算成全水深的泥沙浓度；α_b 为底沙沉降系数；ω_b 为底沙沉速；γ_0 为床面泥沙干容重，$\partial\eta_b$ 为由底沙引起的冲淤变化。

按照 N 和 N_* 的定义，应有

$$N=q_b/q \tag{2.60}$$

$$N_*=q_{b*}/q \tag{2.61}$$

其中：单宽流量 $q=h\sqrt{U^2+V^2}$。

式（2.60）中用底沙单宽输沙重量表示的水流作用下的单宽输沙能力为

$$q_{b*}=\frac{k_F}{C_0^2}\frac{\rho}{\rho_s-\rho}\gamma_s\frac{U^3}{g\omega}(U-U_c) \tag{2.62}$$

式中：k_F 是系数。

由式（2.57）和式（2.58）可得下述比尺关系

$$\frac{\lambda_N\lambda_h}{\lambda_t}=\frac{\lambda_h\lambda_N\lambda_u}{\lambda_l} \tag{2.63}$$

$$\lambda_N=\lambda_{N*} \tag{2.64}$$

$$\frac{\lambda_h \lambda_N \lambda_u}{\lambda_\ell} = \lambda_{\omega_b} \lambda_N \tag{2.65}$$

$$\lambda_{\gamma_0} \frac{\lambda_h}{\lambda_{t_b}} = \lambda_{\omega_b} \lambda_N \tag{2.66}$$

由式（2.63）得底沙沉速比尺为

$$\lambda_{\omega_b} = \lambda_u \lambda_h / \lambda_\ell = \lambda_h^{\frac{3}{2}} / \lambda_\ell \tag{2.67}$$

即底沙的沉速比尺与悬沙的沉速比尺式（2.48）完全相同，且均与水流的垂直流速比尺式（2.41）相同。式（2.64）要求以全水深表示的底沙浓度比尺应等于其输沙能力比尺。由式（2.60）和式（2.61）可知，这就是要求底沙输沙量比尺与底沙输沙能力比尺相同，即

$$\lambda_{q_b} = \lambda_{q_{b*}} \tag{2.68}$$

由式（2.63）可知，在满足前述水流相似条件时，可得出

$$\lambda_{q_{b*}} = \frac{\lambda_{\gamma_s}}{\lambda_{(\rho_s - \rho)}} \lambda_h^{\frac{3}{2}} \tag{2.69}$$

$$\lambda_u = \lambda_{u_c} \tag{2.70}$$

为满足式（2.70）的要求，必须同时做到水流和波浪作用下的泥沙起动相似，即

$$\lambda_u = \lambda_{u_c} \tag{2.71}$$

$$\lambda_{u_0} = \lambda_{u_{0c}} \tag{2.72}$$

窦国仁水流作用下的泥沙起动流速为[146]

$$u_c = k' \left(\ln 11 \frac{h}{\Delta} \right) \left(\frac{\Delta}{\Delta_*} \right)^{1/6} \sqrt{3.6 \frac{\rho_s - \rho}{\rho} g d + \beta \frac{\varepsilon_0 + g h \delta (\delta / d)^{1/2}}{d}} \tag{2.73}$$

式中：k'为系数（将动未动时，$k'=0.26$；少量动时，$k'=0.32$；普遍动时，$k'=0.41$）；Δ为糙率高度（当中值粒径$d \leqslant 0.5$mm时，$\Delta=1$mm；当$d>0.5$mm时，$\Delta=2d$）；$\Delta_*=20$mm；ρ_s和ρ分别为泥沙颗粒和水的密度；d为中值粒径；β为密实度系数（表述床面泥沙处于非稳定密实状态下黏结力和静水附加压力较稳定密实状态下减小的事实）；ε_0为黏结力参数（与泥沙颗粒材料的物理化学性质有关，对于一般自由淤积的泥沙，$\varepsilon_0=1.75\text{cm}^3/\text{s}^2$，对于电木粉，$\varepsilon_0=0.15\text{cm}^3/\text{s}^2$，对于塑料沙，$\varepsilon_0=0.1\text{cm}^3/\text{s}^2$）；$\delta$为薄膜水厚度参考数（对于各种材料其值不变，$\delta=2.31\times10^{-5}$cm）。

窦国仁波浪作用下的起动流速具有下述形式[37]

$$u_{0c} = \sqrt{\alpha \left(\frac{L}{\Delta} \right)^{1/2} \left[3.6 \frac{\rho_s - \rho}{\rho} g d + \beta_w \beta \frac{\varepsilon_0 + g h \delta (\delta / d)^{1/2}}{d} \right] + \left(0.03 \frac{\pi L}{T} \right)^2} - \left(0.03 \frac{\pi L}{T} \right) \tag{2.74}$$

式中：α为系数（少量动时，$\alpha=0.051$；普通动时，$\alpha=0.079$）；β_w为考虑波浪振动作用使泥沙黏结力和静水附加压力减小的参数；L为波长；其余符号同前。

波长可根据已知波周期和水深，通过试算由下式确定

$$L = \frac{g T^2}{2\pi} \tanh \left(\frac{2\pi h}{L} \right) \tag{2.75}$$

式（2.74）中的β和β_w分别为

$$\beta=\left(\frac{\rho_0}{\rho_{0*}}\right)^{2.5}=\left(\frac{\rho'-\rho}{\rho'_*-\rho}\right)^{2.5}$$

$$\beta_w=\left(\frac{d}{d_1}\right)^{\frac{3}{4}}$$

式中：ρ_0 和 ρ_{0*} 分别为泥沙的干密度和稳定干密度；ρ'和 ρ'_* 分别为泥沙的湿密度和稳定湿密度；d_1 为受波浪振动影响的临界粒径（$d_1=0.15$mm，当 $d\geqslant d_1$ 时，$\beta_w=1$）。

根据式（2.68）的要求，式（2.69）也是底沙输沙量的比尺 λ_{q_b}。将式（2.69）代入式（2.64），得

$$\lambda_{N*}=\frac{\lambda_{q_b*}}{\lambda_q}=\frac{\lambda_{\gamma_s}}{\lambda_{(\rho_s-\rho)}} \tag{2.76}$$

它与式（2.52）表述的含沙量比尺完全相同。

由式（2.63）可以得出输移底沙的水流时间比尺为

$$\lambda_t=\lambda_\ell/\lambda_h^{1/2} \tag{2.77}$$

即与潮流时间比尺式（2.42）相同，也与输移悬沙的水流时间比尺一致。

由式（2.66）可以写出由底沙引起的冲淤时间比尺 λ_{t_b} 为

$$\lambda_{t_b}=\lambda_{\gamma_0}\frac{\lambda_h}{\lambda_N\lambda_{\omega_b}}=\lambda_{\gamma_0}\frac{\lambda_{(\rho_s-\rho)}}{\lambda_{\gamma_s}}\lambda_t \tag{2.78}$$

即与由悬沙引起的时间比尺式（2.64）完全相同，因而可以在一个模型中同时进行悬沙和底沙的综合试验，即全沙试验。

第3章

系列几何变态模型设计与验证

3.1 系列几何变态模型设计

3.1.1 模拟的原型条件

系列变态模型中模拟的河段是在长江口北槽航道的基础上加以概化而给出的。它实际上是个虚拟的原型。此原型河段长约10km，双导堤段长6km，导堤出口为放宽段，其纵向坡降参照北槽纵坡降0.027‰选取。双导堤间距2km，下游放宽段最宽处为3km。双导堤顶部不过水。双导堤内有一条底标高为-10m的航道，航道底宽为160m，边坡1∶50，航道两侧边滩的底标高均为-6m。航道中心线距北导堤1.3km，距南导堤0.7km。五个系列模型均以此概化地形为模拟的原型地形。

长江口深水航道治理工程中有双导堤和南、北丁坝。为了研究模型变率在无丁坝和有丁坝时对潮流、波浪和泥沙冲淤的影响，系列模型模拟了原型无丁坝和有丁坝的情况。有丁坝的情况分别是，只有北1丁坝（N1）和南2丁坝（S2）时，反映南北丁坝相距较远时的情况，称其为“斜对丁坝（错口丁坝）”；只有南1丁坝（S1）和北1丁坝（N1）时，反映南北丁坝相对时的情况，称其为“对丁坝（对口丁坝）”；有南1丁坝（S1）、南2丁坝（S2）、北1丁坝（N1）、北2丁坝（N2）四条丁坝时，反映丁坝群的情况，称其为“四丁坝（双对口丁坝）”。

在选用原型的动力和泥沙条件时，也都以北槽的实际情况为基础。原型的潮位分别采用1996年3月9—10日和9月13—14日北槽中潮位站的潮位过程线，前者平均潮位2.05m，潮差3.76m，简称“大潮”；后者平均潮位2.55m，潮差3.60m，为与前者区分，简称“中潮”。

为了更清楚地反映波浪的作用与影响，原型的波浪分别采用波高为3m、波周期为5.7s和波高为2.0m、波周期为4.3s的大浪。前者相当于北槽25年一遇的1/10大波，后者为北槽中几乎每年都会出现的大波。为区分这两种浪，前者简称为“大浪”，后者简称为“中浪”。浪向取正东，即与北槽涨潮流流向（110°）的夹角为20°。

在进行浑水“大潮”试验时，取原型含沙量为0.92kg/m^3；在进行浑水“中潮”试验时，取原型含沙量为0.54kg/m³。原型底床泥沙中值粒径取为0.05mm，悬沙的絮凝沉速取为0.05cm/s，由此得原型底床泥沙的沉速0.225cm/s，絮凝后的悬沙当量粒径为0.0235mm。

3.1.2 系列模型比尺

为了研究模型变率的影响，设计了5个不同变率的模型，依据模型由小到大编号，这五个模型分别称作1#模型、2#模型、3#模型、4#模型和5#模型，其水平比尺λ_l分别为200、400、660、1000和1600，其垂直比尺λ_h分别为80、100、110、120和125，其变率分别为2.5、4、6、8.33和12.8。

在设计这5个模型时，潮流方面同时考虑了重力相似式（2.9）～式（2.11）和阻力相似式（2.12）；波浪方面按式（2.17）的要求，取波高比尺和波长比尺均等于水深比尺；悬沙和底沙方面都是按同时满足水流作用下和波浪作用下的挟沙能力相似式（2.50）和式（2.51）、底沙输沙能力相似式（2.68）、含沙量相似式（2.71）、底沙输沙量相似式（2.69）、沉降相似式（2.48）和式（2.67）以及泥沙起动相似式（2.71）和式（2.72）的要求进行的。

为满足上述泥沙比尺要求，选择了密度为1.48t/m³的电木粉作为模型沙。电木粉外形为多角形，与天然沙现状接近，水下休止角较大，具有起动流速小、化学性质稳定、不易变质、可长期使用的优点。但过细的电木粉会发生轻度板结，对起动流速有一定的影响。根据南京水利科学研究院试验结果，电木粉粒径大于0.6mm，沉积10天的起动流速与沉积3天的基本一致；粒径为0.4mm，沉积3天的起动流速比沉积1天的大12%；粒径为0.2mm，沉积3天的起动流速比沉积1天的大12%。

长江口北槽河床泥沙的湿容重约为1.8t/m³，相当于其干容重为1.285t/m³。根据模型中测得的电木粉的干容重约为0.53～0.57t/m³，颗粒越细，干容重越小。由此可得干容重比尺为2.42～2.25。根据上述要求，分别得出了5个变态模型的水流、波浪、悬沙、底沙等比尺数值（表3.1）。

表3.1 河口泥沙系列模型比尺表

参　数	1#模型	2#模型	3#模型	4#模型	5#模型
模型变率	2.5	4.0	6.0	8.33	12.8
水平比尺λ_l	200	400	660	1000	1600
水深比尺λ_h	80	100	110	120	125
潮流速比尺λ_u	8.94	10.0	10.49	10.95	11.18
谢才系数比尺λ_{C_0}	1.58	2.00	2.45	2.89	3.58
潮流糙率比尺λ_n	1.31	1.08	0.89	0.77	0.625
潮流时间比尺λ_t	22.36	40	62.93	91.28	143.1
波高比尺λ_H	80	100	110	120	125
波长比尺λ_L	80	100	110	120	125
波质点速度比尺λ_{u_0}	8.94	10.0	10.49	10.95	11.18

续表

参　数	1# 模型	2# 模型	3# 模型	4# 模型	5# 模型
波速比尺 λ_{C_w}	8.94	10.0	10.49	10.95	11.18
波周期比尺 λ_T	8.94	10.0	10.49	10.95	11.18
波阻系数比尺 λ_{f_w}	0.40	0.25	0.167	0.120	0.078
悬沙沉速比尺 λ_{ω_s}	3.58	2.50	1.75	1.32	0.87
挟沙能力比尺 λ_{s_*}	0.52	0.52	0.52	0.52	0.52
含沙量比尺 λ_s	0.52	0.52	0.52	0.52	0.52
泥沙干容重比尺 λ_{γ_0}	2.42	2.38	2.34	2.29	2.25
悬沙冲淤时间比尺 λ_{t_s}	104	183	283	402	619
泥沙沉速比尺 λ_{ω_b}	3.58	2.50	1.75	1.32	0.87
泥沙粒径比尺 λ_d	1.02	0.85	0.713	0.619	0.504
底沙输沙能力比尺 $\lambda_{q_{b*}}$	372	520	600	684	727
底沙输沙量比尺 λ_{q_b}	372	520	600	684	727
底沙冲淤时间比尺 λ_{t_b}	104	183	283	402	619
潮流起动速度比尺 λ_{u_c}	8.94	10.0	10.49	10.95	11.18
波浪起动速度比尺 $\lambda_{u_{0c}}$	8.94	10.0	10.49	10.95	11.18

根据表 3.1 中所列比尺值，在已知原型有关数值条件下即可得出模型中有关值，详见表 3.2。

表 3.2　　各模型试验值汇总表

潮流、波浪、泥沙特征值	采用的原型值	1# 模型	2# 模型	3# 模型	4# 模型	5# 模型
潮周期（一涨一落）	12h	32min	18min	11.5min	8min	5min
糙率系数	0.013	0.010	0.012	0.015	0.017	0.021
大浪波高	3.0m	3.75cm	3.0cm	2.73cm	2.5cm	2.4cm
大浪波周期	5.7s	0.64s	0.57s	0.54s	0.52s	0.51s
中浪波高	2.0m	2.5cm	2.0cm	1.82cm	1.67cm	1.60cm
中浪波周期	4.3s	0.48s	0.43s	0.41s	0.39s	0.38s
河床泥沙沉速	0.225cm/s	0.063cm/s	0.090cm/s	0.128cm/s	0.170cm/s	0.259cm/s
河床泥沙粒径	0.05mm	0.05mm	0.06mm	0.07mm	0.08mm	0.10mm
悬沙絮凝沉速	0.05cm/s	0.014cm/s	0.020cm/s	0.029cm/s	0.038cm/s	0.057cm/s
悬沙絮凝粒径	0.0235mm	0.023mm	0.028mm	0.033mm	0.038mm	0.047mm
大潮含沙量	0.92kg/m^3	1.77kg/m^3	1.77kg/m^3	1.77kg/m^3	1.77kg/m^3	1.77kg/m^3
中潮含沙量	0.54kg/m^3	1.04kg/m^3	1.04kg/m^3	1.04kg/m^3	1.04kg/m^3	1.04kg/m^3
悬沙冲淤时间（半年）	182d	42h	24h	15h	11h	7h
底沙冲淤时间（半年）	182d	42h	24h	15h	11h	7h

3.1.3 模型布置和控制

图 3.1 为 1# 模型的平面布置图，其他模型布置图均与此相同。模型下游设有尾门生潮，并有造波机产生波浪；上游设有双向泵调节上游流量。模型采用水库加沙和上下游加沙相结合的方式控制要求的含沙量和粒径级配。

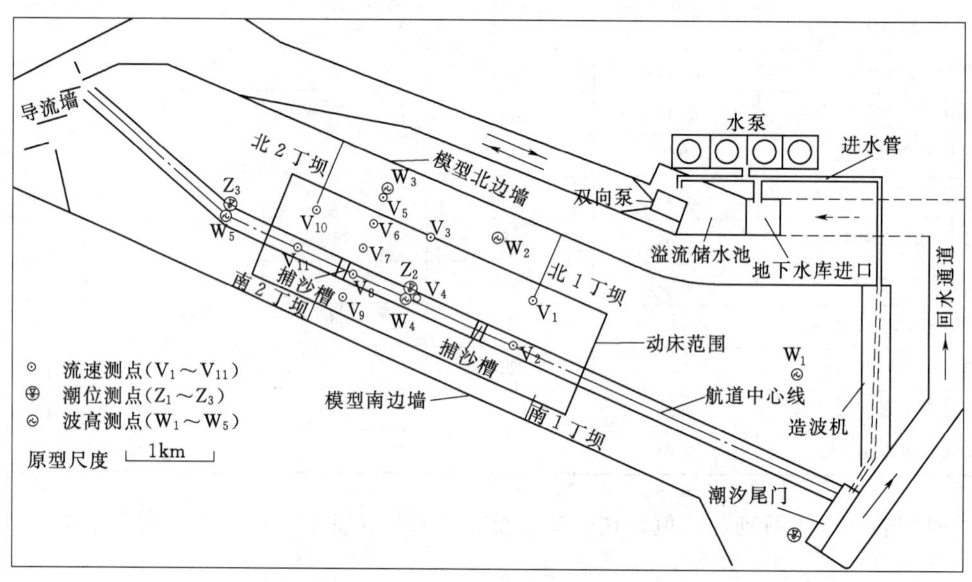

图 3.1 模型布置

各模型均设水位仪 3 台、流速仪 11 台以及波高仪 5 台。水位仪分别设在尾门和航道中心线的中部和上游；流速仪分别设在各丁坝坝头以及北 1 丁坝和北 2 丁坝之间的断面上；含沙量测量位于堤头位置和航道上下口处，波高仪分别设在造波机前、北 1 丁坝和北 2 丁坝之间以及航道中心线的中部和上游。

各个模型均由计算机按给定潮型控制尾门、按给定流量过程线控制双向泵、按率定的波高控制造波机，潮位仪、流速仪、波高仪由计算机控制定时采集数据，含沙量由人工定时采集，通过比重瓶法确定。试验开始和试验结束时测航道边坡以及航道部位丁坝头部位地形，第 15 小时时加测同上区域的地形变化。每 3 小时监测一次丁坝头冲刷坑深度变化。试验开始和结束按常规测泥沙干容重 γ_0 和中值粒径 d_{50}。潮位仪、流速仪和波高仪均采用南京水利科学研究院研制的产品。潮位仪的分辨率为 0.1mm，精度在 0.2mm 内。流速仪的分辨率为 1 个脉冲，在本试验流速范围内，精度在 0.1cm 内。波高仪的精度在 2mm 内。采用测针测量地形，测针的分辨率为 0.1mm。

3.1.4 系列模型泥沙起动流速

泥沙起动相似是悬沙和底沙运动相似的必要条件。在潮流和波浪共同作用时，为满足泥沙起动流速相似，必须同时满足水流作用下的泥沙起动相似和波浪作用下的泥沙起动相似，即需要同时满足式（2.71）和式（2.72）的要求。

按沉速相似条件已经得出了五个系列模型中用电木粉作底沙和悬沙模型沙时的泥沙粒径（表3.2）。针对这些电木粉的粒径，利用式（2.73）和式（2.74）可以分别计算出它们在水流作用下和在波浪作用下的起动流速值。由于五个模型所模拟的原型，最高潮位约为+4.0m，最低潮位约为0.0m，边滩高程为−6m，航道底高程为−10m，故原型中最小水深约为6m，最大水深约为14m。因此在起动流速计算中取原型水深为6～14m。按式（2.73）计算得到的水流作用下各模型底床泥沙起动流速值列于表3.3。将得到的模型起动流速值再乘以各模型的流速比尺即可换算成相应的原型起动流速值，此值也列于表3.3。由表3.3可见，五个模型的起动流速按各自的流速比尺换算成的原型值基本相同。五个模型的起动流速换算成原型值后，原型水深6m时均在0.76m/s左右（0.75～0.77m/s）；8m时均在0.80m/s左右（0.79～0.81m/s）；10m时均在0.83m/s左右（0.82～0.84m/s）；12m时均在0.86m/s左右（0.85～0.87m/s）；14m时均在0.88m/s左右（0.87～0.89m/s）。这说明五个模型在水流作用下底床泥沙起动方面彼此非常相似。

在波浪作用下底床泥沙的起动流速，即用波浪底部最大质点速度表示的起动流速，可由式（2.74）得出。在波浪起动流速式（2.74）中含有波长，在相同波周期下波长仅与水深有关。可由式（2.75）求得不同周期不同水深时的波长。由此求出的五个模型中波浪作用下底床泥沙起动流速值列于表3.4中。将按式（2.74）求得的起动流速值乘以各模型的流速比尺，即可得到各模型相当于原型的波浪作用下的起动流速值，这些值也列于表3.4中。由表3.4可知，波浪作用下的泥沙起动流速与水深的关系远较水流作用下起动流速与水深的关系小，在水深6～14m范围波浪起动流速接近常值。将各模型的波浪起动流速换算成原型值后，五个模型的底床泥沙的波浪起动流速值基本上都为0.13～0.18m/s，差别不大，基本上满足了五个模型波浪起动流速彼此相近的要求。

与计算底床泥沙起动流速的方法相同，也分别按式（2.73）和式（2.74）计算各模型的悬沙在6～14m水深之间水流作用下和波浪作用下的悬沙起动流速，然后再按各模型的流速比尺值，分别换算成原型值。各模型水流作用下的悬沙起动流速值列于表3.5，波浪作用下的悬沙起动流速值列于表3.6。

由表3.5可知，各模型换算成原型的起动流速值在6m水深时变化于1.02～0.89m/s，8m水深时变化于1.08～0.93m/s，10m水深时变化于1.13～0.94m/s，12m水深时变化于1.08～1.01m/s，14m水深时变化于1.22～1.04m/s，相互之间都比较接近。各模型悬沙在波浪作用下的起动流速值列于表3.6。由表3.6可见，水深为6～14m时，五个模型中的悬沙在波浪作用下的起动流速值换算成原型值后均为0.13～0.15m/s，彼此非常接近。

上述表明，五个模型中底床泥沙和悬沙的粒径都是依据沉降相似确定的，但又同时都满足了水流作用下的起动相似和波浪作用下的起动相似，从而也就保证了水流和波浪共同作用下的起动相似。

表 3.3 水流作用下五个模型的底床泥沙起动流速

原型 $d=0.05$mm	1# 模型 $d=0.05$mm			2# 模型 $d=0.06$mm			3# 模型 $d=0.07$mm			4# 模型 $d=0.08$mm			5# 模型 $d=0.10$mm			备注
h /m	h /cm	U_c/(cm/s) 模型值	U_c/(cm/s) 换算成原型值	h /cm	U_c/(cm/s) 模型值	U_c/(cm/s) 换算成原型值	h /cm	U_c/(cm/s) 模型值	U_c/(cm/s) 换算成原型值	h /cm	U_c/(cm/s) 模型值	U_c/(cm/s) 换算成原型值	h /cm	U_c/(cm/s) 模型值	U_c/(cm/s) 换算成原型值	
6	7.5	8.33	74.5	6	7.63	76.3	5.45	7.29	76.5	5	7.05	77.2	4.8	6.92	77.4	模型沙为电木粉，$\gamma_s=1.48\text{t/m}^3$，自然密实 $\beta=1$，$\varepsilon_0=0.15\text{cm}^3/\text{s}^2$，按少量动计算
8	10	8.78	78.5	8	8.02	80.2	7.27	7.64	80.1	6.67	7.39	81.0	6.4	7.28	81.4	
10	12.5	9.12	81.6	10	8.33	83.3	9.09	7.93	83.2	8.33	7.67	84.0	8	7.56	84.5	
12	15	9.45	84.5	12	8.60	86.0	10.9	8.19	85.9	10	7.91	86.6	9.6	7.77	86.9	
14	17.5	9.73	87.0	14	8.84	88.4	12.7	8.46	88.2	11.7	8.11	88.8	11.2	7.97	89.1	

表 3.4 波浪作用下五个模型的底床泥沙起动流速

原型 $d=0.05$mm $T=4.2$s	1# 模型 $d=0.05$mm $T=0.47$s			2# 模型 $d=0.06$mm $T=0.42$s			3# 模型 $d=0.07$mm $T=0.40$s			4# 模型 $d=0.08$mm $T=0.38$s			5# 模型 $d=0.10$mm $T=0.38$s			备注
h /m	h /cm	U_c/(cm/s) 模型值	U_c/(cm/s) 换算成原型值	h /cm	U_c/(cm/s) 模型值	U_c/(cm/s) 换算成原型值	h /cm	U_c/(cm/s) 模型值	U_c/(cm/s) 换算成原型值	h /cm	U_c/(cm/s) 模型值	U_c/(cm/s) 换算成原型值	h /cm	U_c/(cm/s) 模型值	U_c/(cm/s) 换算成原型值	
6	7.5	1.46	13.06	6	1.47	14.8	5.45	1.53	16.06	5	1.58	17.33	4.8	1.64	18.45	模型沙为电木粉，$\gamma_s=1.48\text{t/m}^3$，自然密实 $\beta=1$，$\varepsilon_0=0.15\text{cm}^3/\text{s}^2$，按少量动计算
8	10	1.45	12.97	8	1.47	14.73	7.27	1.53	16.01	6.67	1.58	17.30	6.4	1.64	18.45	
10	12.5	1.46	13.03	10	1.48	14.75	9.09	1.52	15.97	8.33	1.58	17.28	8	1.64	18.39	
12	15	1.47	13.15	12	1.48	14.82	10.9	1.53	16.03	10	1.58	17.27	9.6	1.65	18.37	
14	17.5	1.49	13.30	14	1.49	14.91	12.7	1.54	16.09	11.7	1.58	17.34	11.2	1.65	18.42	

表 3.5　水流作用下五个模型的悬沙起动流速

原型 d=mm	1[#]模型 d=0.023mm			2[#]模型 d=0.028mm			3[#]模型 d=0.033mm			4[#]模型 d=0.038mm			5[#]模型 d=0.045mm			备　注
h /m	h /cm	U_c/(cm/s)		h /cm	U_c/(cm/s)		h /cm	U_c/(cm/s)		h /cm	U_c/(cm/s)		h /cm	U_c/(cm/s)		
		模型值	换算成原型值		模型值	换算成原型值		模型值	换算成原型值		模型值	换算成原型值		模型值	换算成原型值	
6	7.5	11.41	102.04	6	9.99	99.86	5.45	9.14	95.90	5	8.51	93.24	4.8	7.96	88.94	模型沙为电木粉，γ_s=1.48t/m^3，自然密实β=1，ε_0=0.15cm^3/s^2，按少量动计算
8	10	12.09	108.12	8	10.55	105.50	7.27	9.65	101.18	6.67	8.97	98.28	6.4	8.38	93.50	
10	12.5	12.67	113.29	10	11.02	110.22	9.09	10.06	105.55	8.33	9.35	102.38	8	8.72	97.48	
12	15	13.18	117.89	12	11.43	114.34	10.9	10.43	109.34	10	9.67	105.94	9.6	9.01	100.76	
14	17.5	13.65	122.10	14	11.81	118.10	12.7	10.75	112.73	11.7	9.96	109.11	11.2	9.27	103.65	

表 3.6　波浪作用下五个模型的悬沙起动流速

原型 d=mm	1[#]模型 d=0.023mm T=0.47s			2[#]模型 d=0.028mm T=0.42s			3[#]模型 d=0.033mm T=0.40s			4[#]模型 d=0.038mm T=0.38s			5[#]模型 d=0.045mm T=0.38s			备　注
h /m	h /cm	U_c/(cm/s)		h /cm	U_c/(cm/s)		h /cm	U_c/(cm/s)		h /cm	U_c/(cm/s)		h /cm	U_c/(cm/s)		
		模型值	换算成原型值		模型值	换算成原型值		模型值	换算成原型值		模型值	换算成原型值		模型值	换算成原型值	
6	7.5	1.40	12.56	6	1.35	13.52	5.45	1.34	14.10	5	1.34	14.69	4.8	1.37	15.26	模型沙为电木粉，γ_s=1.48t/m^3，自然密实β=1，ε_0=0.15cm^3/s^2，按少量动计算
8	10	1.41	12.62	8	1.36	13.58	7.27	1.35	14.15	6.67	1.35	14.74	6.4	1.37	15.34	
10	12.5	1.43	12.82	10	1.37	13.70	9.09	1.35	14.20	8.33	1.35	14.81	8	1.37	15.36	
12	15	1.46	13.07	12	1.39	13.88	10.9	1.37	14.35	10	1.36	14.89	9.6	1.38	15.41	
14	17.5	1.49	13.36	14	1.41	14.08	12.7	1.38	14.51	11.7	1.37	15.03	11.2	1.39	15.53	

3.2 系列模型验证

虽然 5 个不同变率的模型都是按相同的相似理论设计的，但它们彼此之间是否真正相似还需进行试验论证。首先需要了解在只有航道工程条件下这五个模型测得的潮位和流速按各自的比尺换算成原型值时是否彼此相似。为此在各模型中按相同位置布设了潮位站、测流垂线、测波仪，具体位置见图 3.1。

3.2.1 潮位验证

在 5 个模型上进行大潮和中潮验证。图 3.2～图 3.4 中分别给出了 5 个模型在 Z_1、Z_2 和 Z_3 潮位站的大潮潮位过程线，模型中的 Z_1 站位于下游，Z_2 站相当于北槽中潮位站的位置，Z_3 站位于上游。图 3.3 中的曲线为北槽中潮位站的实测潮位过程线，点据为各模型的潮位过程值，5 个模型在此站的潮位与原型基本相似。图 3.2 和图 3.4 中的曲线分别为 Z_1 站和 Z_3 站 5 个模型潮位平均值过程线，图中点据为各模型的潮位值。潮位验证表明，5 个模型中的大潮潮位基本相同。在图 3.5～图 3.6 中又分别对中潮潮位过程进行了验证，也得到了 5 个模型的 Z_2 站潮位与原型基本相似、5 个模型各部位的潮位过程的彼此基本相同的结果。

3.2.2 潮流验证

为了全面了解 5 个模型大潮和中潮时的流场，在每个模型中均布置了 11 条测流垂线（图 3.1），其编号从下游开始的，其中 2、4、8、11 号测点位于航道中；5、6、7、8、9 号测点位于同一横断面上；1、3、6、10 号测点位于航道北侧的滩地。在图 3.8～图 3.18 和图 3.19～图 3.29 中分别给出了 5 个模型大潮和中潮各垂线涨、落潮流速（0.6m 水深处）变化及对比。各图中曲线为 5 个模型某点流速的平均值，点据为各个模型该点的流速值。由各图可以看到，只有少量点据与平均曲线有偏差，且差值较小，总体上各个模型中的流速与五个模型的平均流速是一致的。这说明不论大潮还是中潮，五个模型的流场彼此均基本相似。

上述表明，不同比尺、不同变率的五个模型在没有丁坝布置条件下已达到模型相互间潮流场的基本相似。潮流是泥沙模型中的主要动力条件，只有潮流场相似才能真实显示出模型变率对试验成果的影响。

3.2.3 潮流和波浪共同作用下波浪场验证

根据模型设计，5 个不同变率模型的“大浪”波高和“中浪”波高换算到原型分别是 3m 和 2m，相应的波周期分别为 5.7s 和 4.3s。在各个模型的深水区设有波高仪，测量各个模型的波高，使得与原型相似。各模型大浪和中浪的波高和波周期见表 3.7。

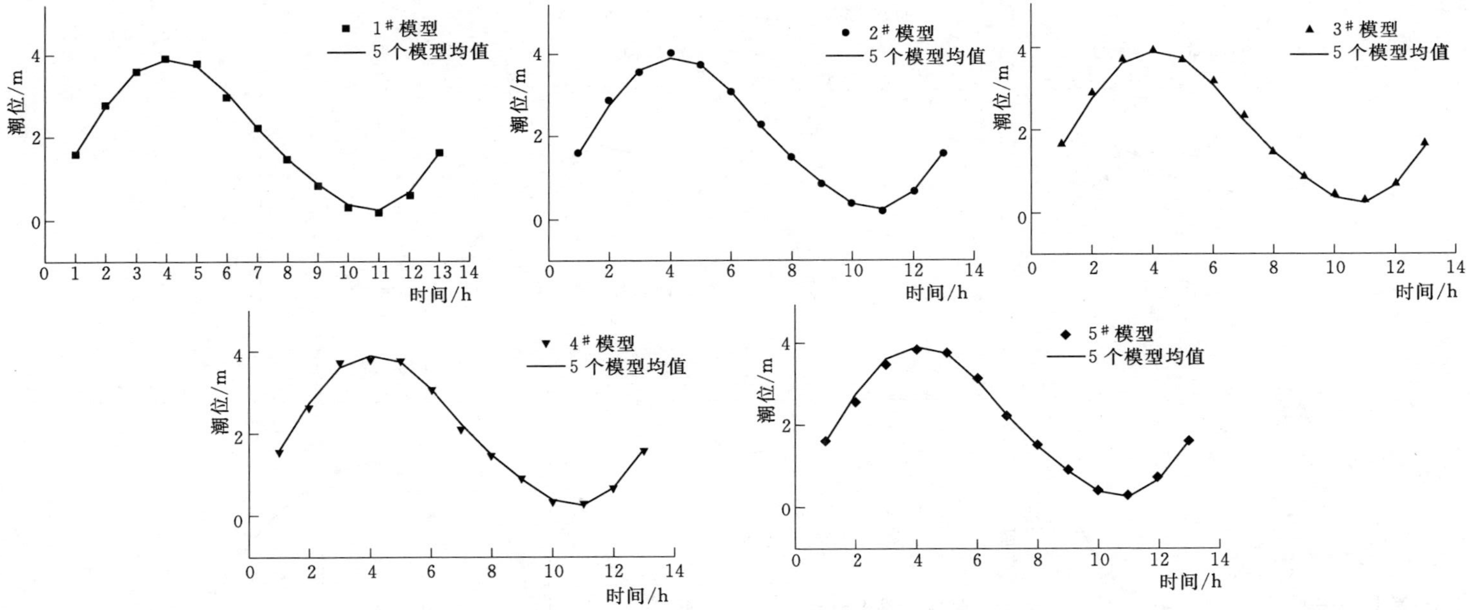

图 3.2　大潮 Z_1 站潮位过程线验证

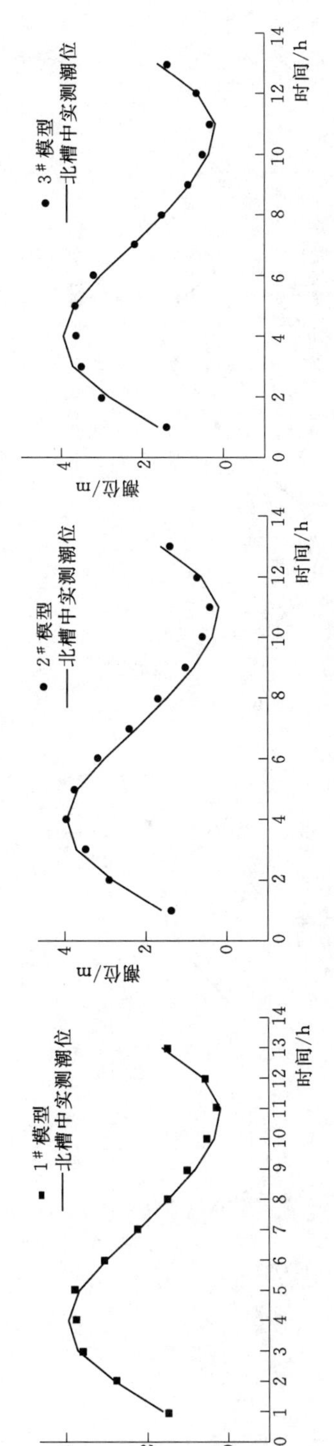

图 3.3（一）　大潮 Z_2 站潮位过程线验证

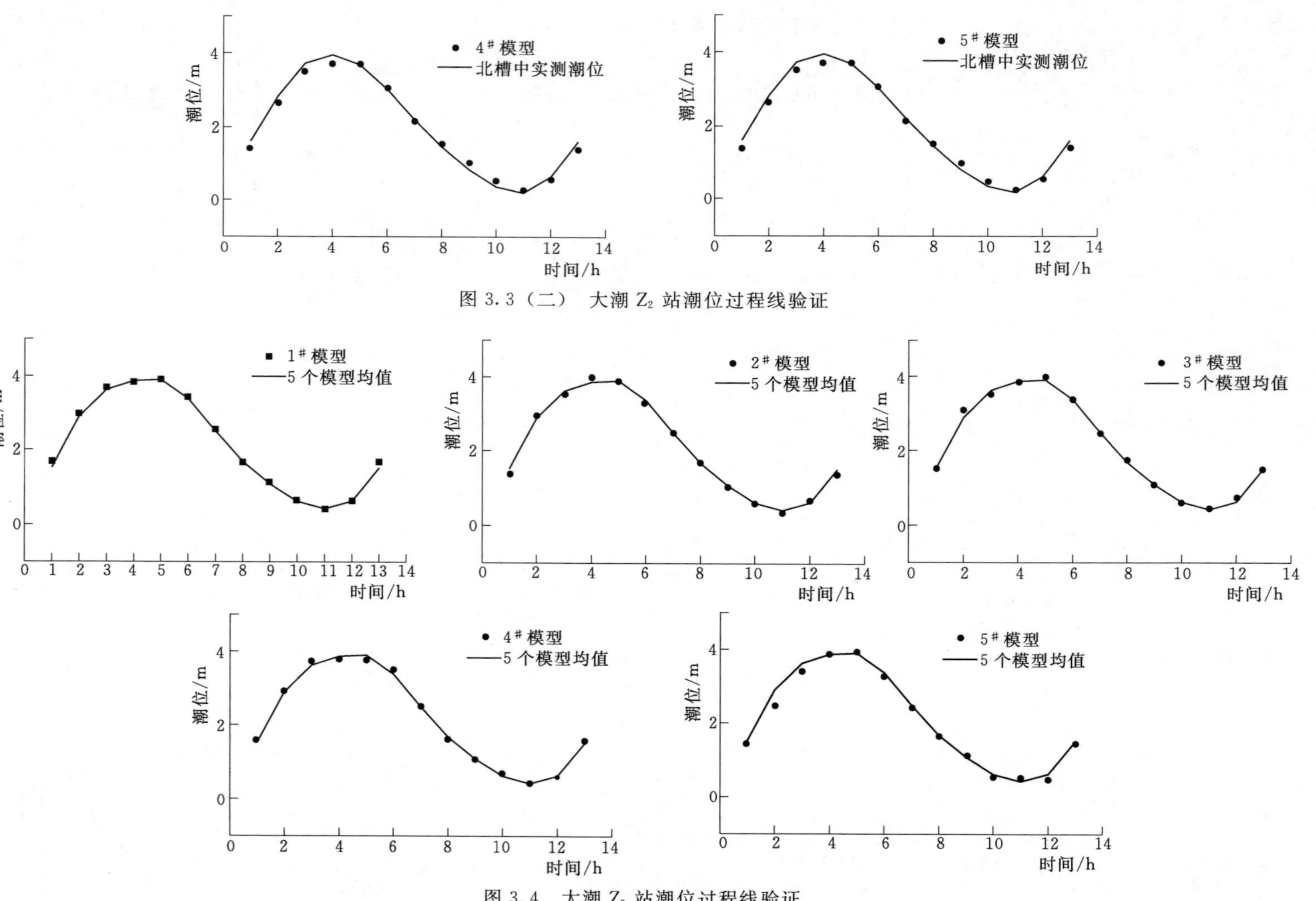

图 3.3（二） 大潮 Z_2 站潮位过程线验证

图 3.4 大潮 Z_3 站潮位过程线验证

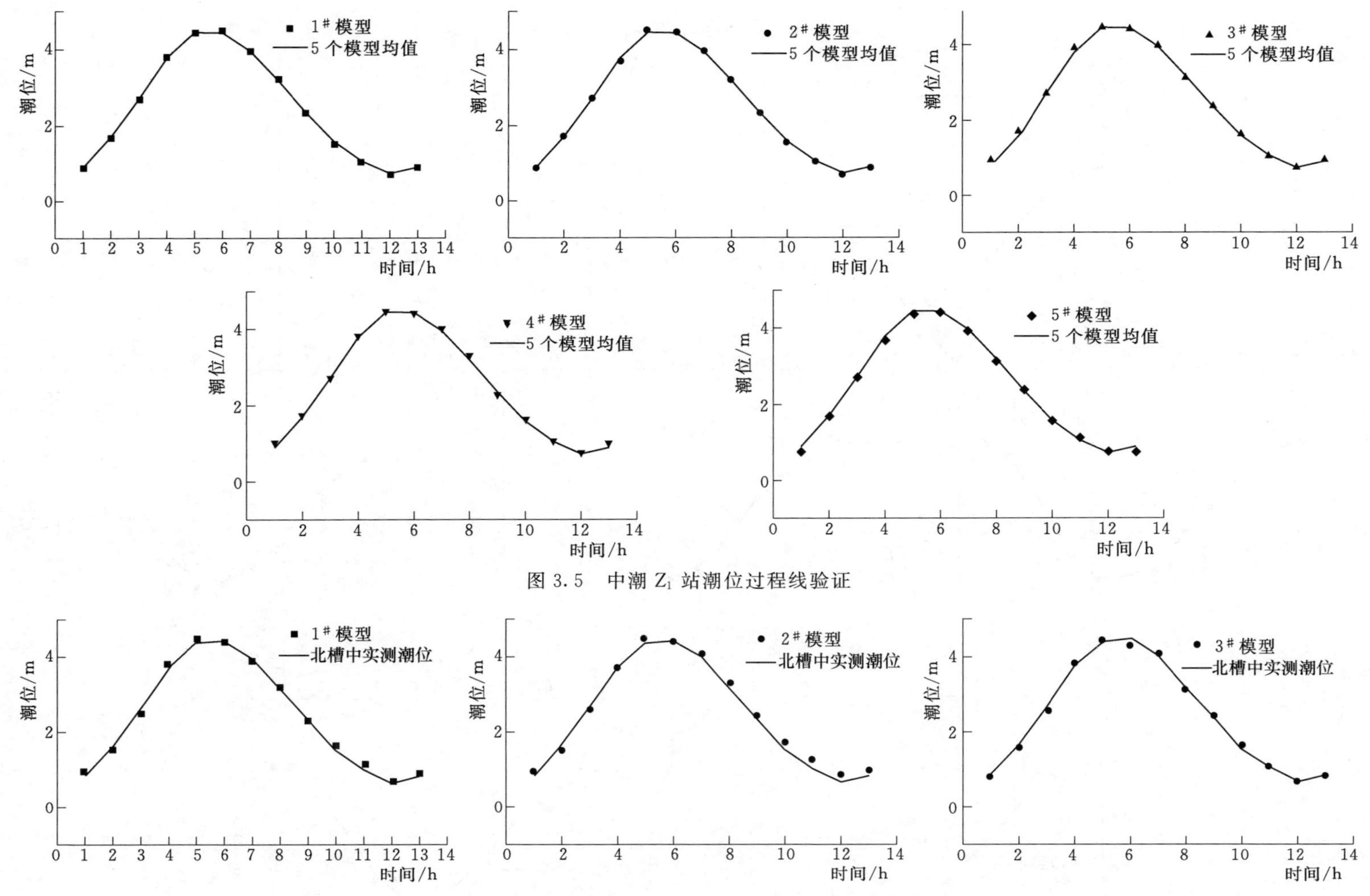

图 3.5　中潮 Z_1 站潮位过程线验证

图 3.6（一）　中潮 Z_2 站潮位过程线验证

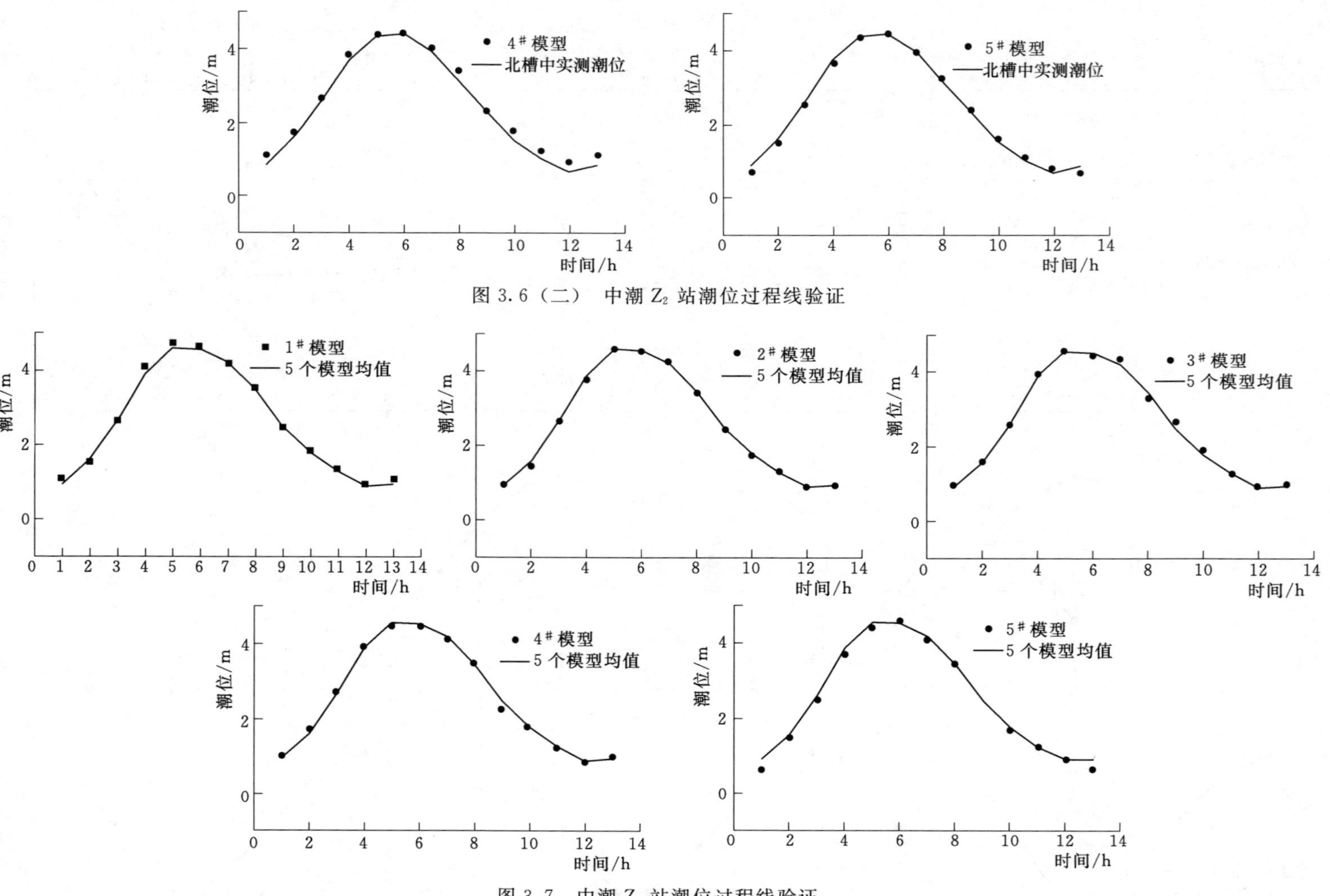

图 3.6（二）　中潮 Z_2 站潮位过程线验证

图 3.7　中潮 Z_3 站潮位过程线验证

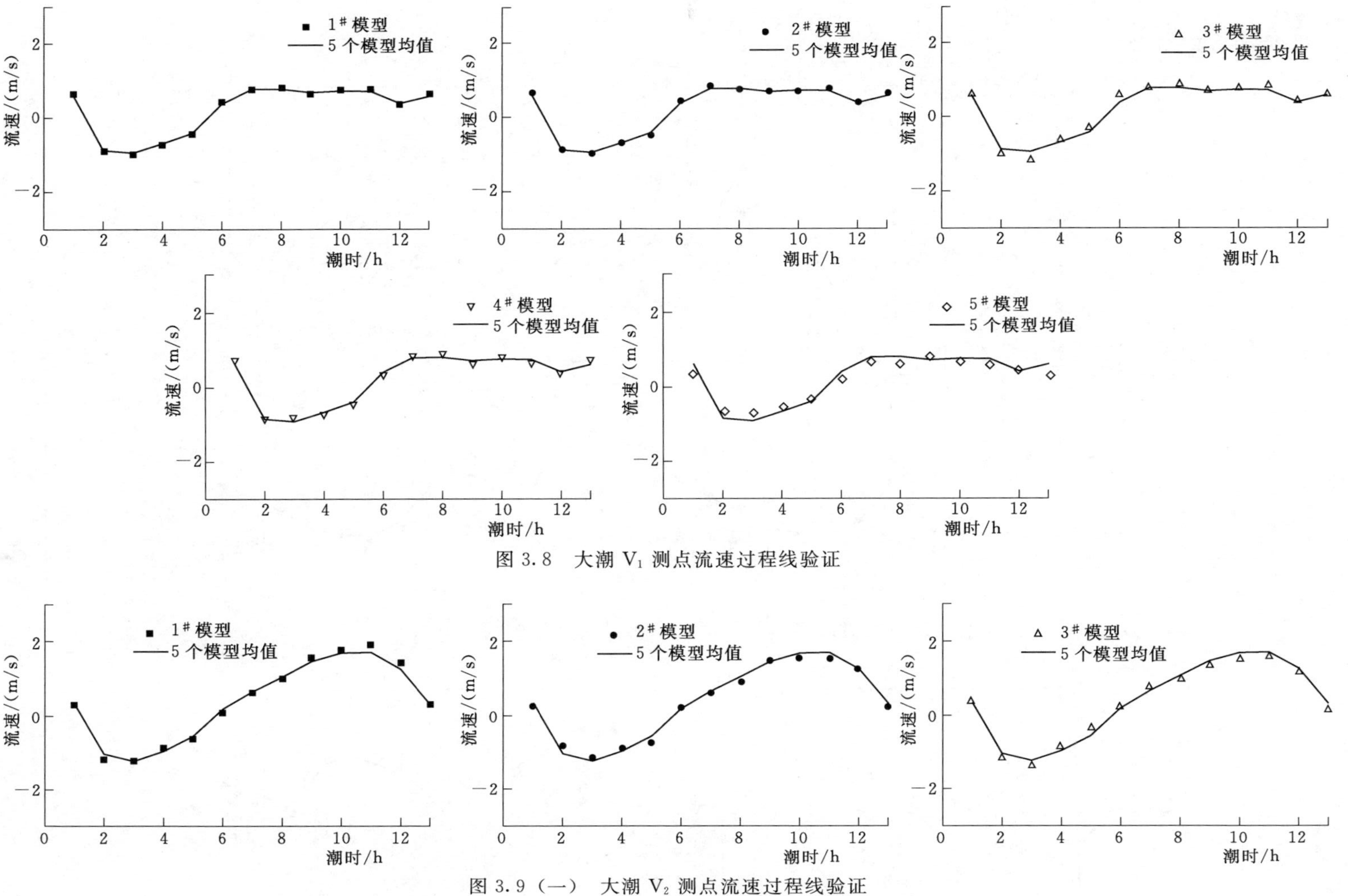

图 3.8 大潮 V_1 测点流速过程线验证

图 3.9（一） 大潮 V_2 测点流速过程线验证

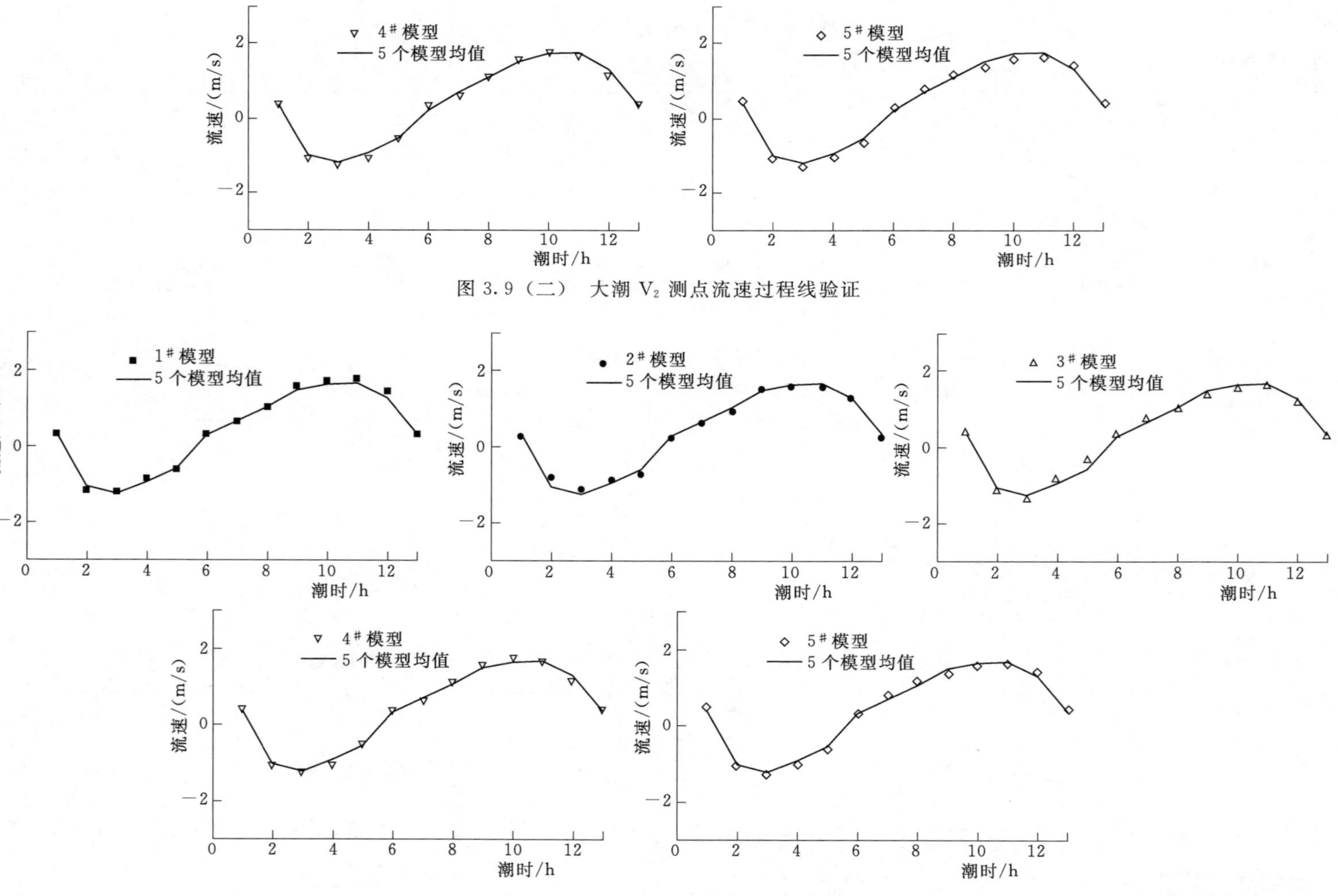

图 3.9（二） 大潮 V_2 测点流速过程线验证

图 3.10 大潮 V_3 测点流速过程线验证

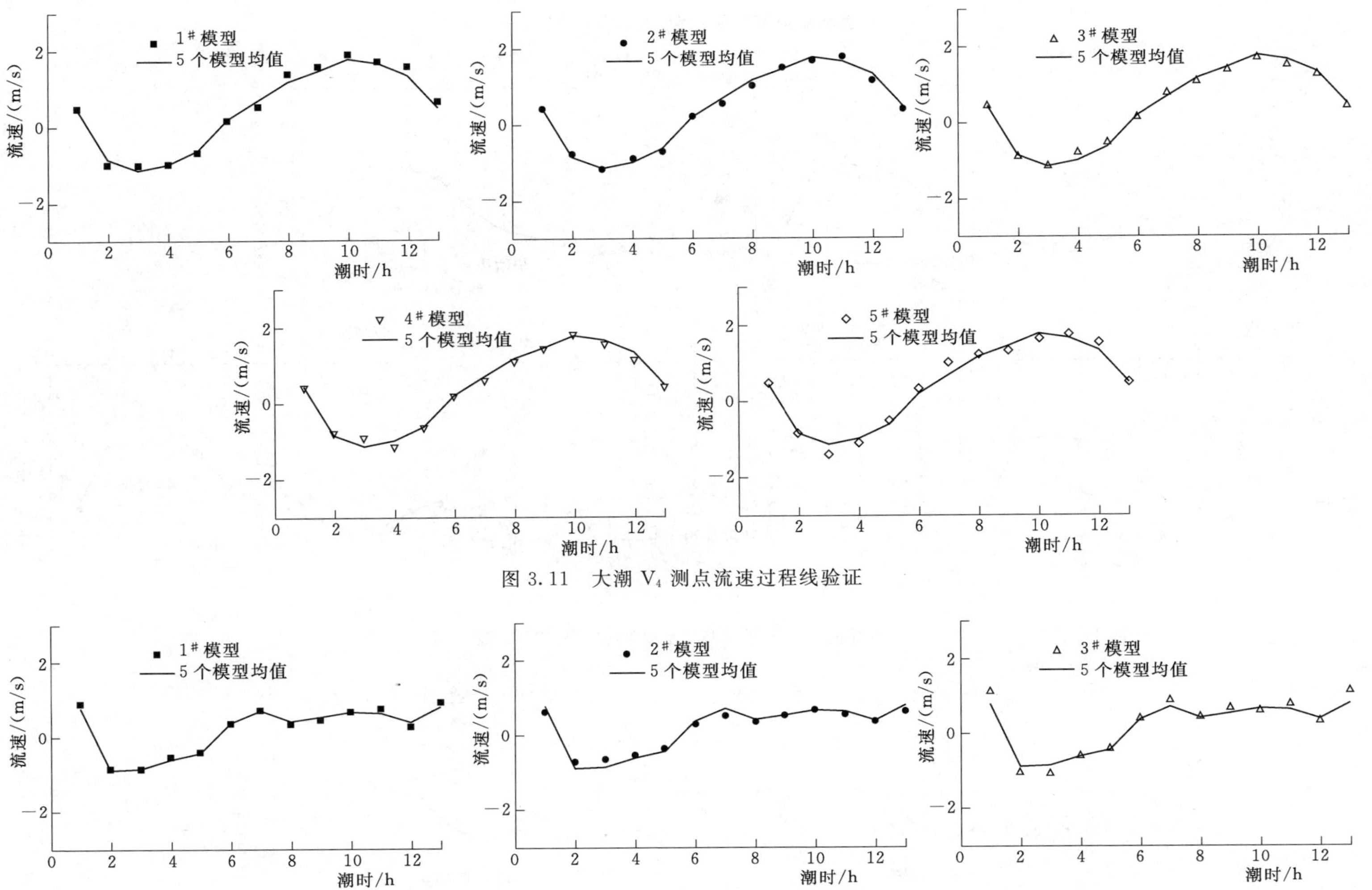

图 3.11 大潮 V_4 测点流速过程线验证

图 3.12（一） 大潮 V_5 测点流速过程线验证

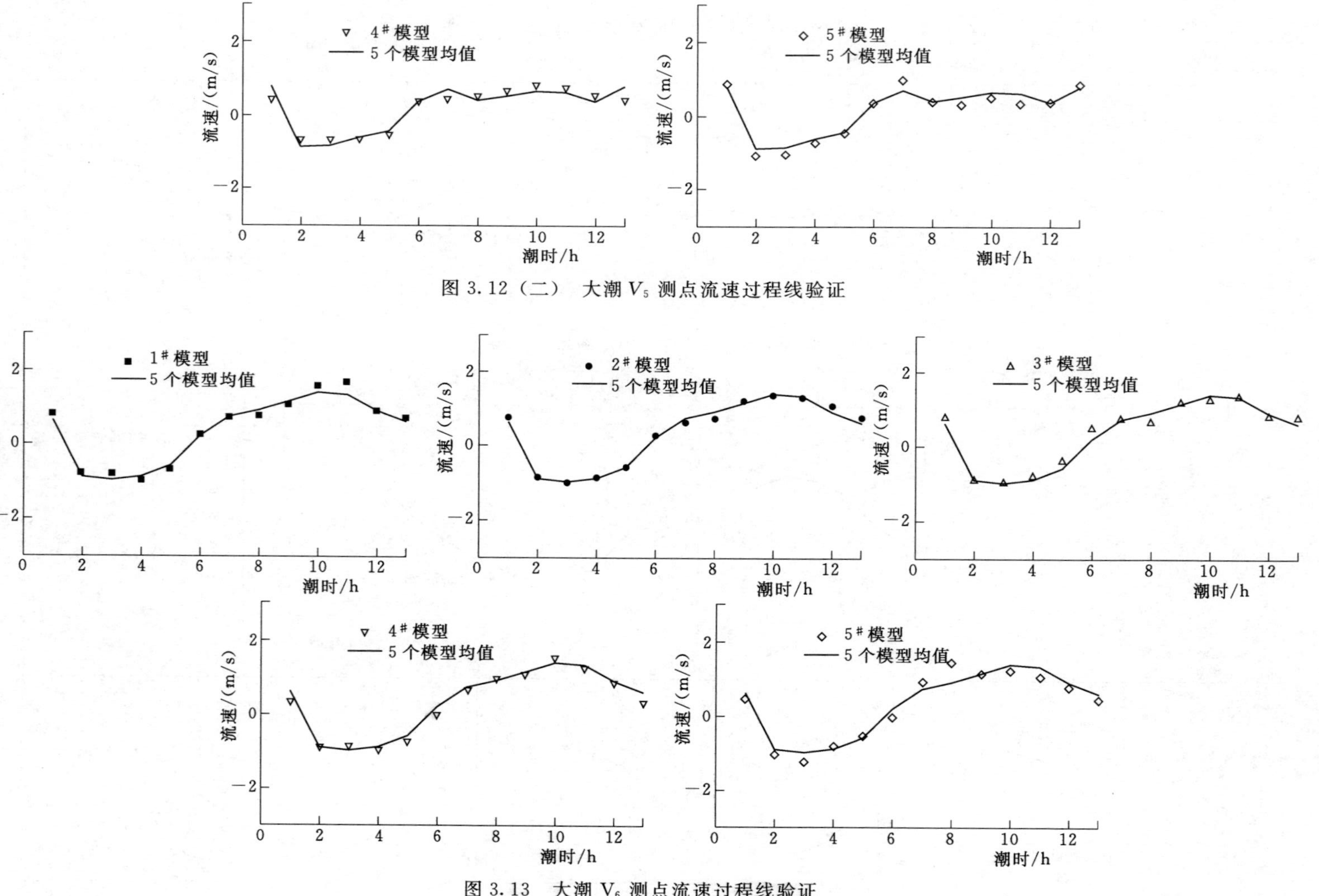

图 3.12（二） 大潮 V_5 测点流速过程线验证

图 3.13 大潮 V_6 测点流速过程线验证

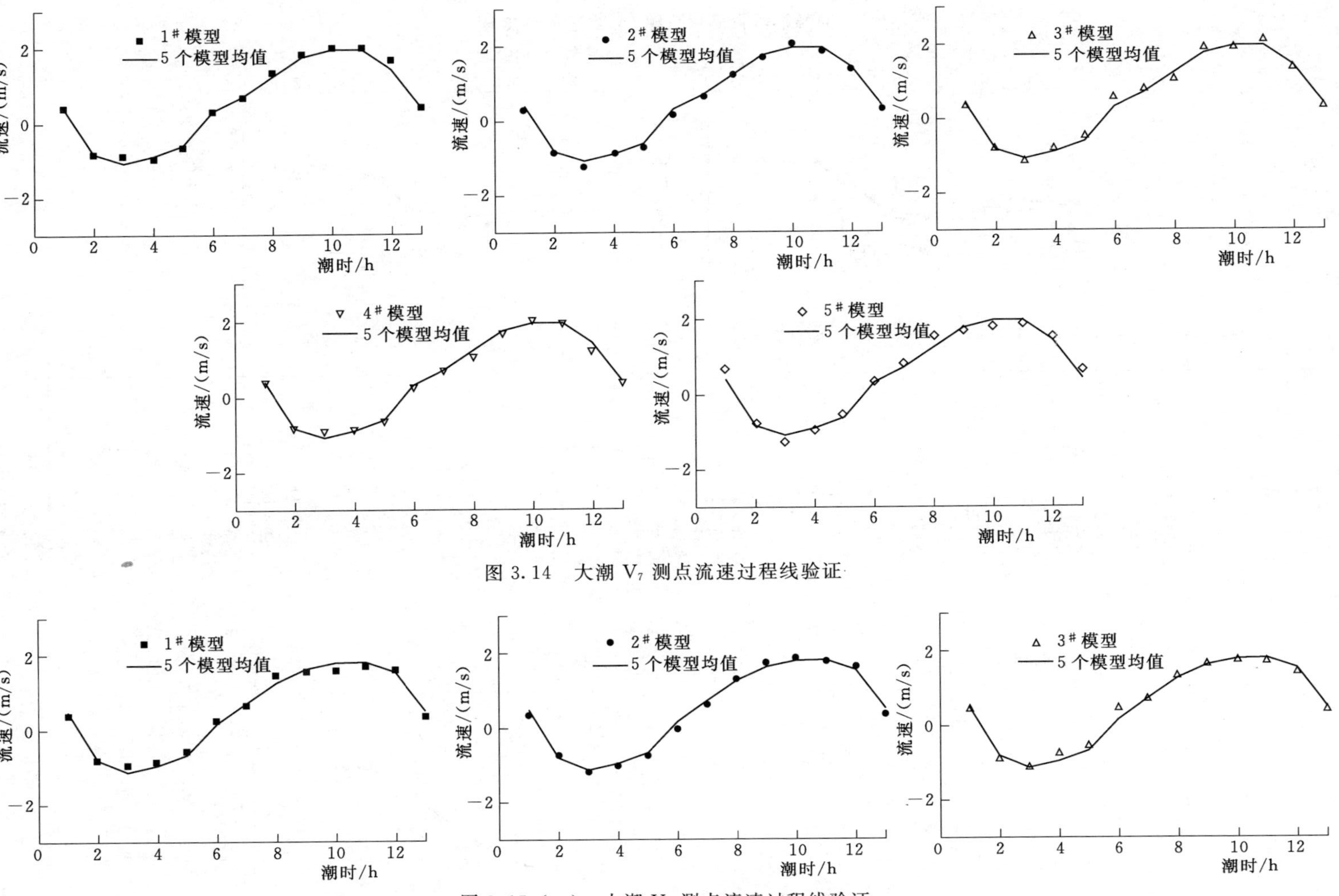

图 3.14 大潮 V_7 测点流速过程线验证

图 3.15（一） 大潮 V_8 测点流速过程线验证

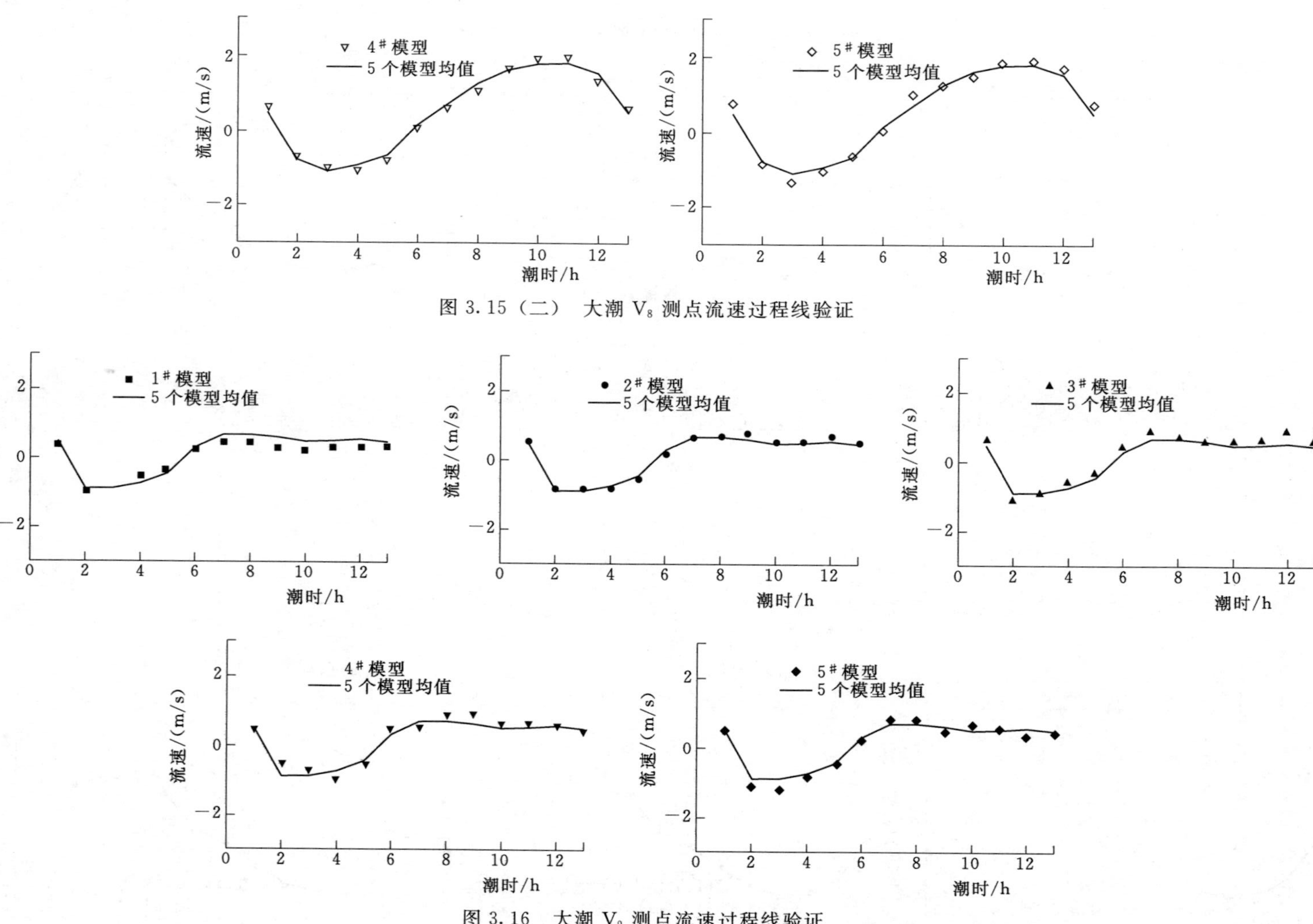

图 3.15（二） 大潮 V_8 测点流速过程线验证

图 3.16 大潮 V_9 测点流速过程线验证

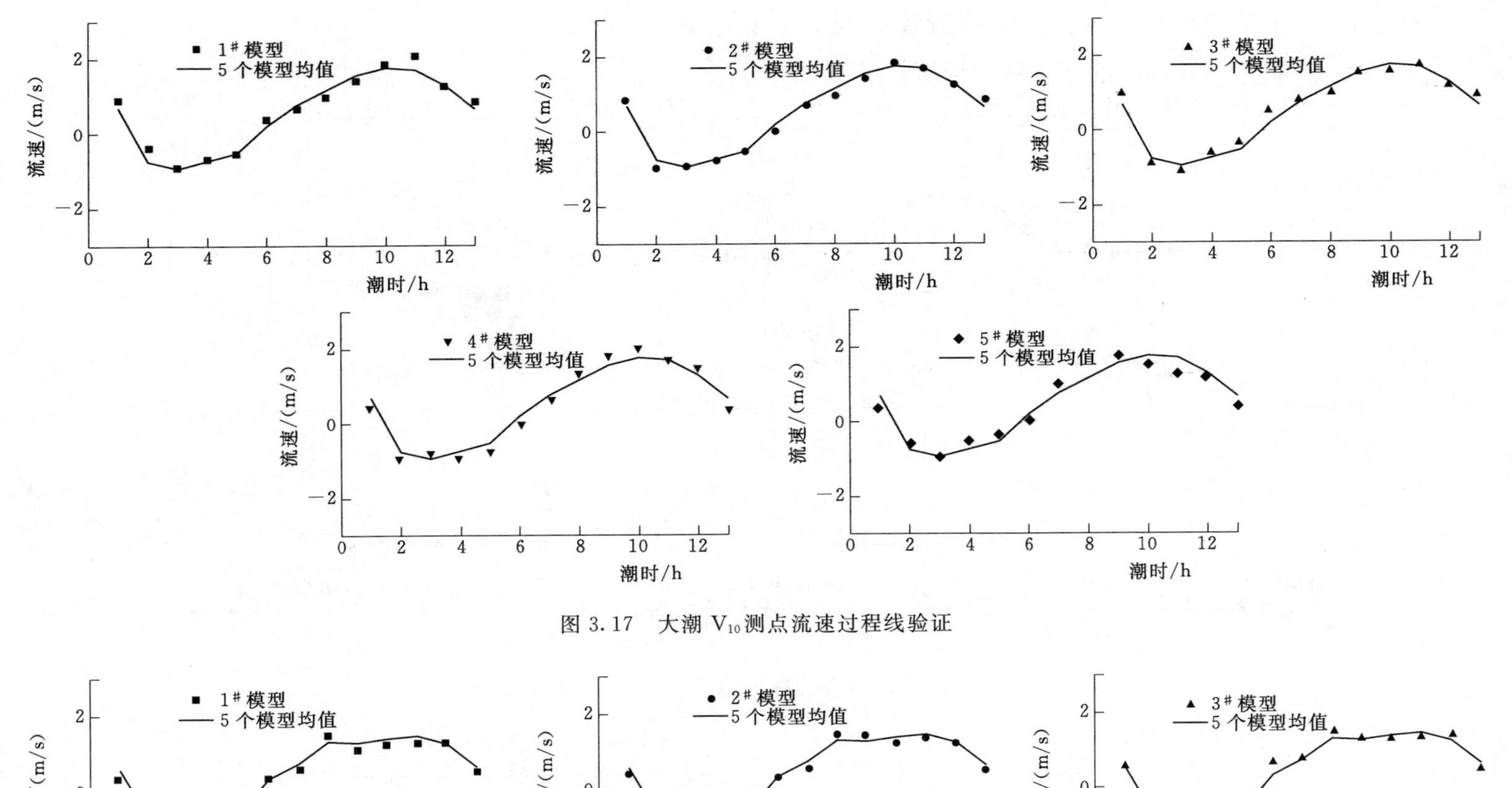

图 3.17 大潮 V_{10}测点流速过程线验证

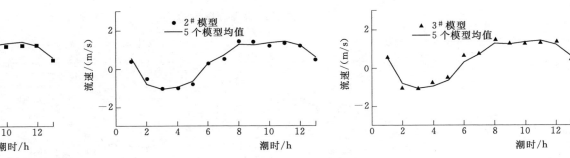

图 3.18（一） 大潮 V_{11}测点流速过程线验证

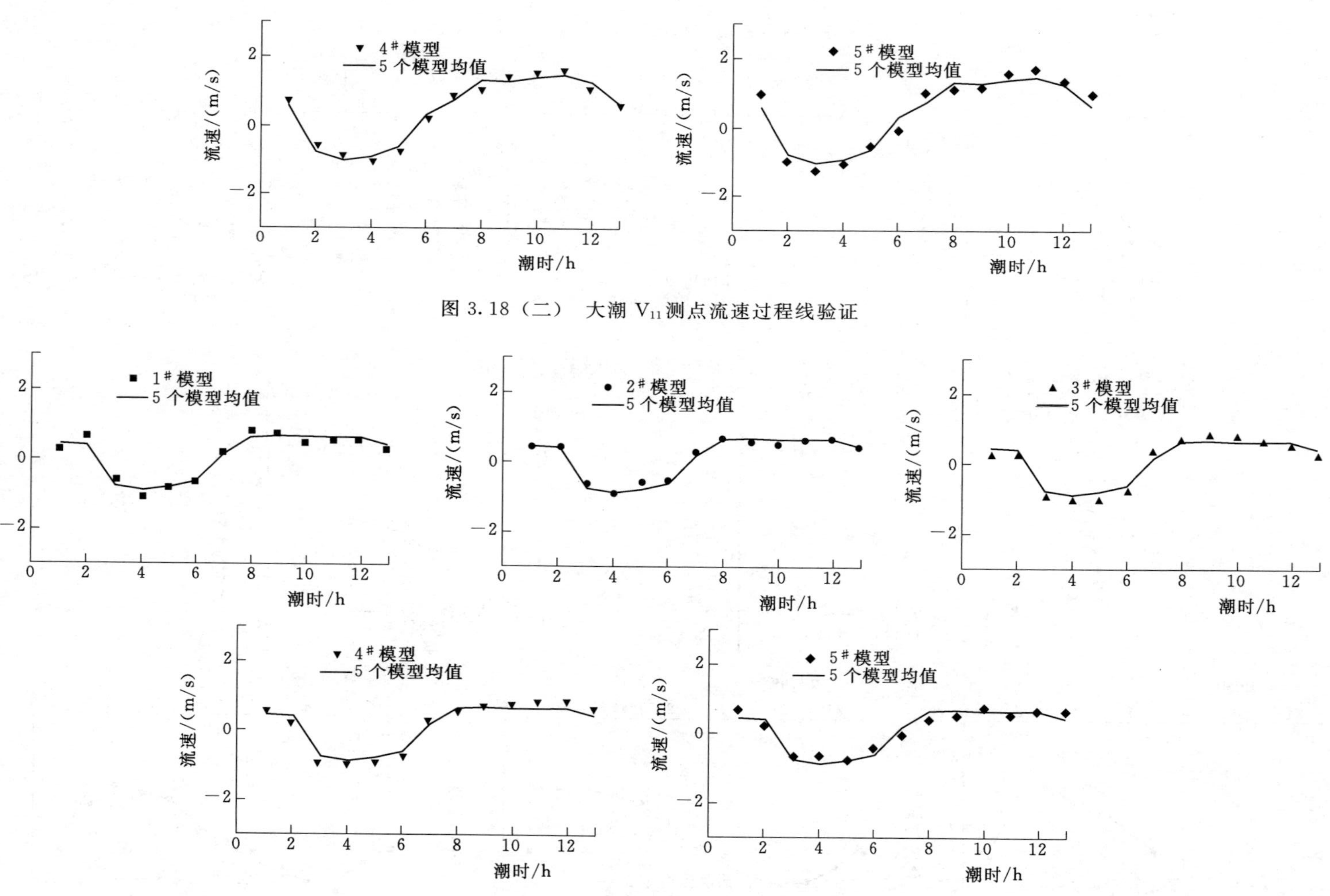

图 3.18（二） 大潮 V_{11} 测点流速过程线验证

图 3.19 中潮 V_1 测点流速过程线验证

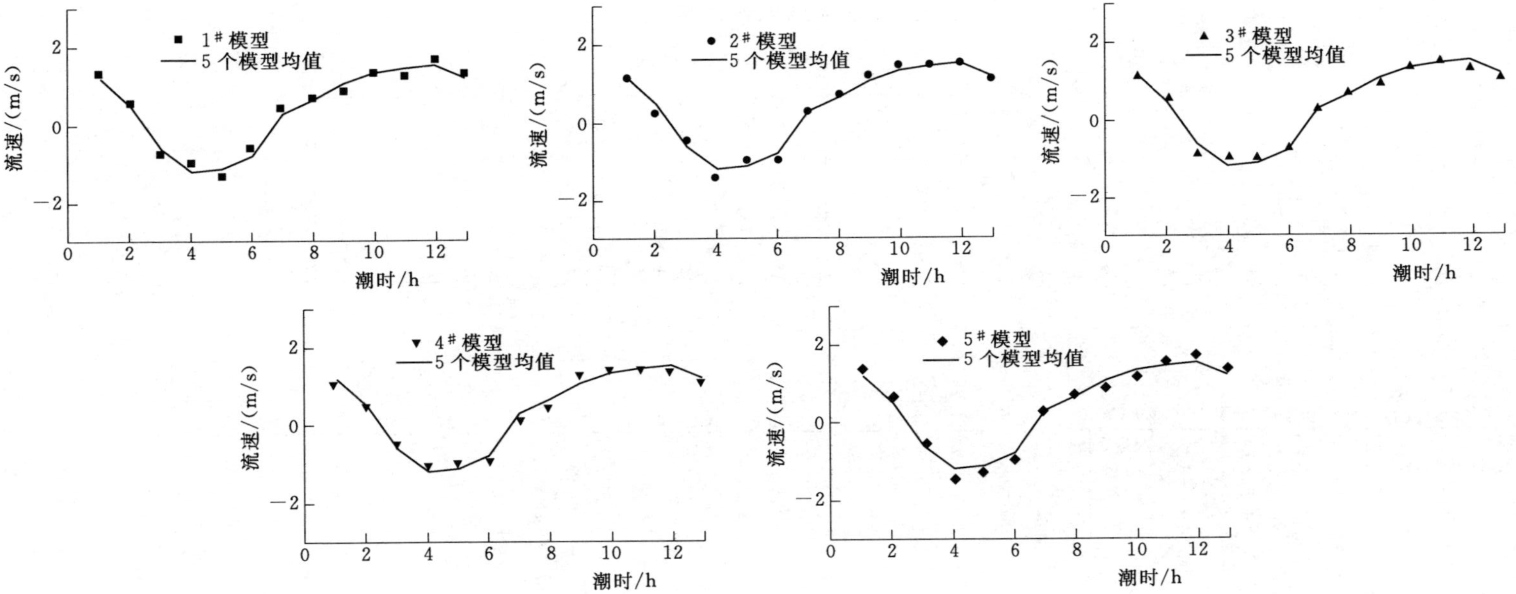

图 3.20 中潮 V_2 测点流速过程线验证

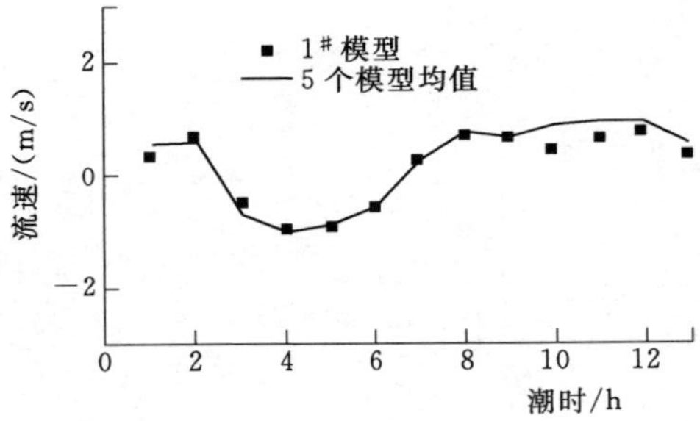

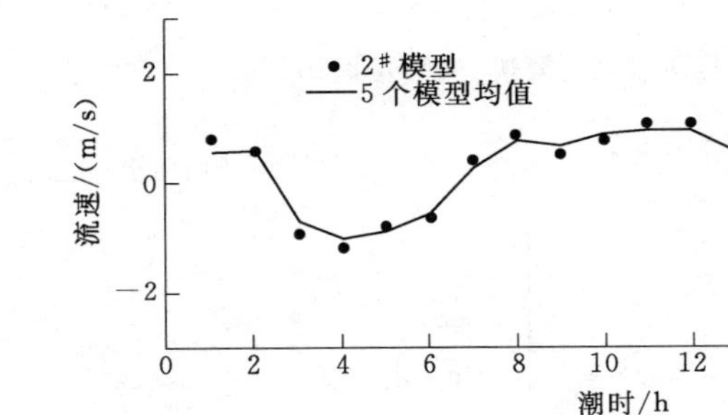

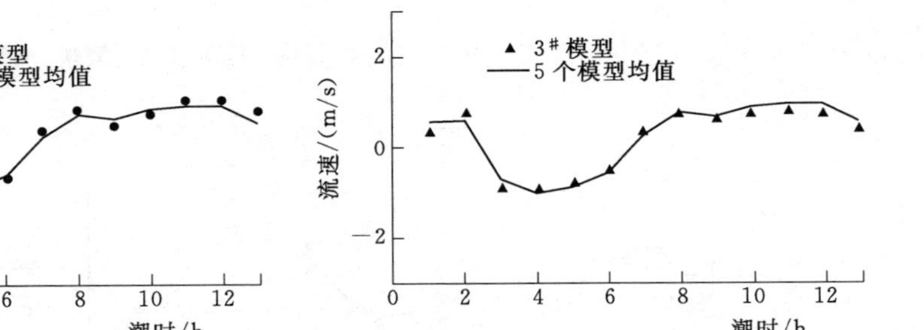

图 3.21（一） 中潮 V_3 测点流速过程线验证

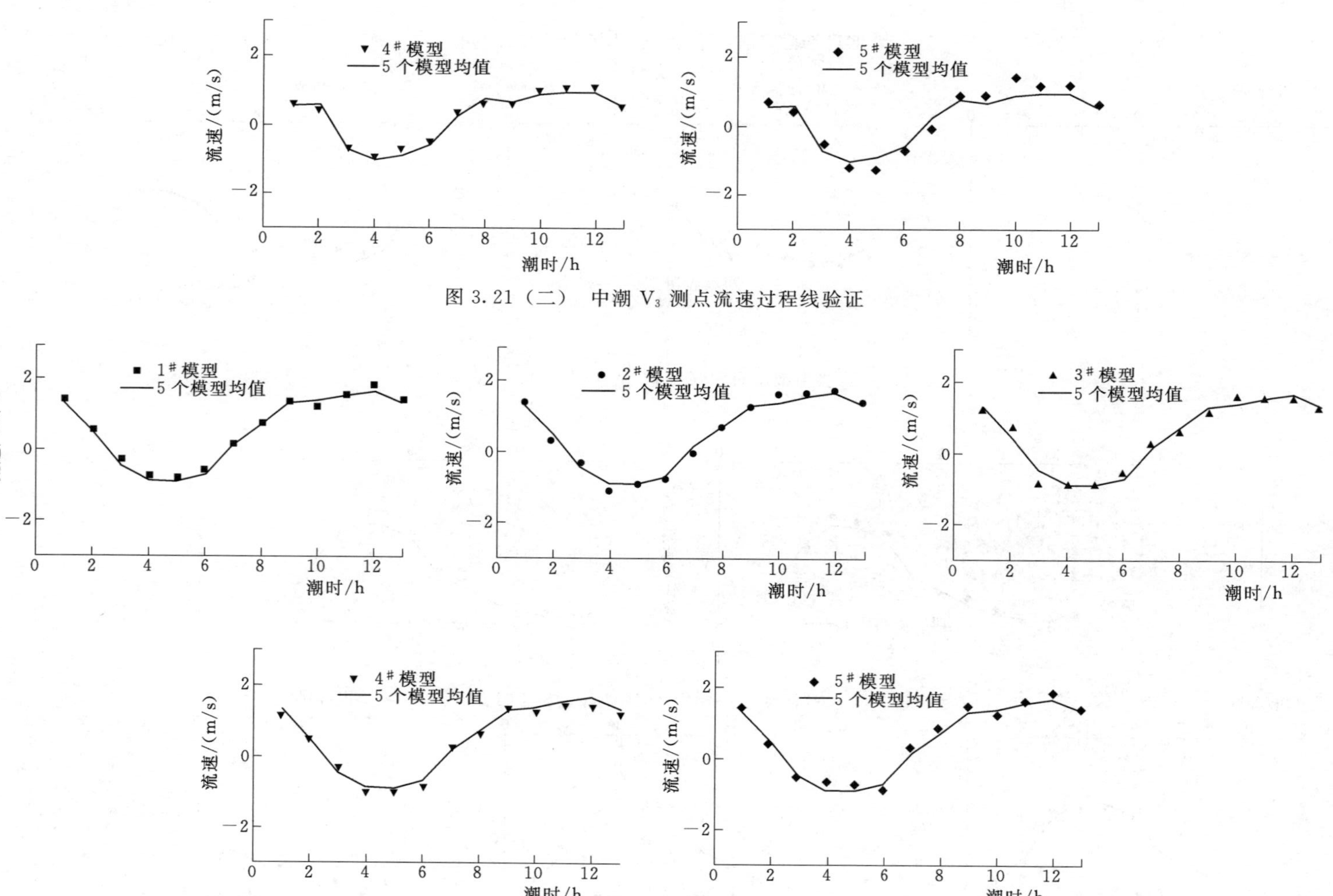

图 3.21（二） 中潮 V_3 测点流速过程线验证

图 3.22 中潮 V_4 测点流速过程线验证

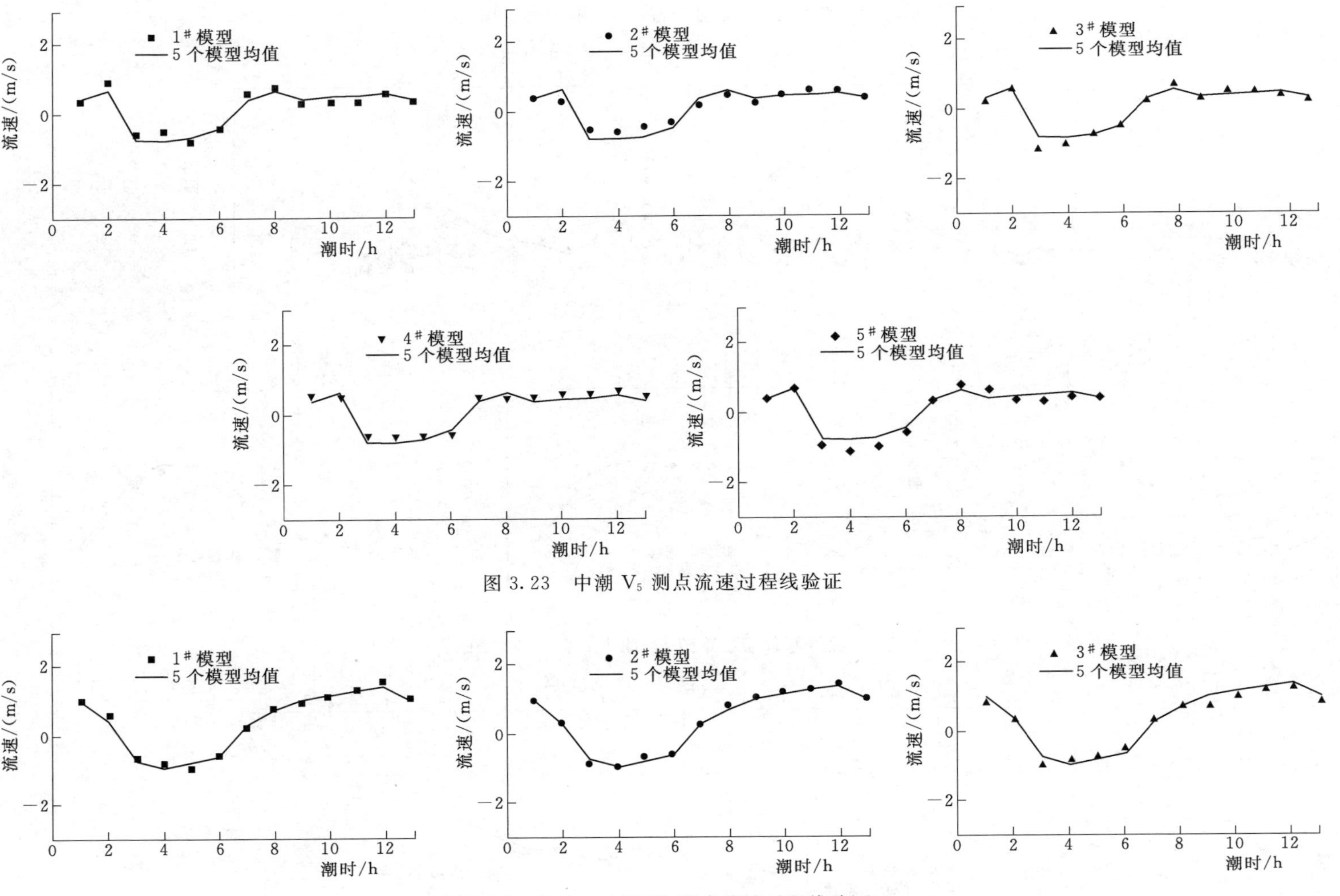

图 3.23　中潮 V_5 测点流速过程线验证

图 3.24（一）　中潮 V_6 测点流速过程线验证

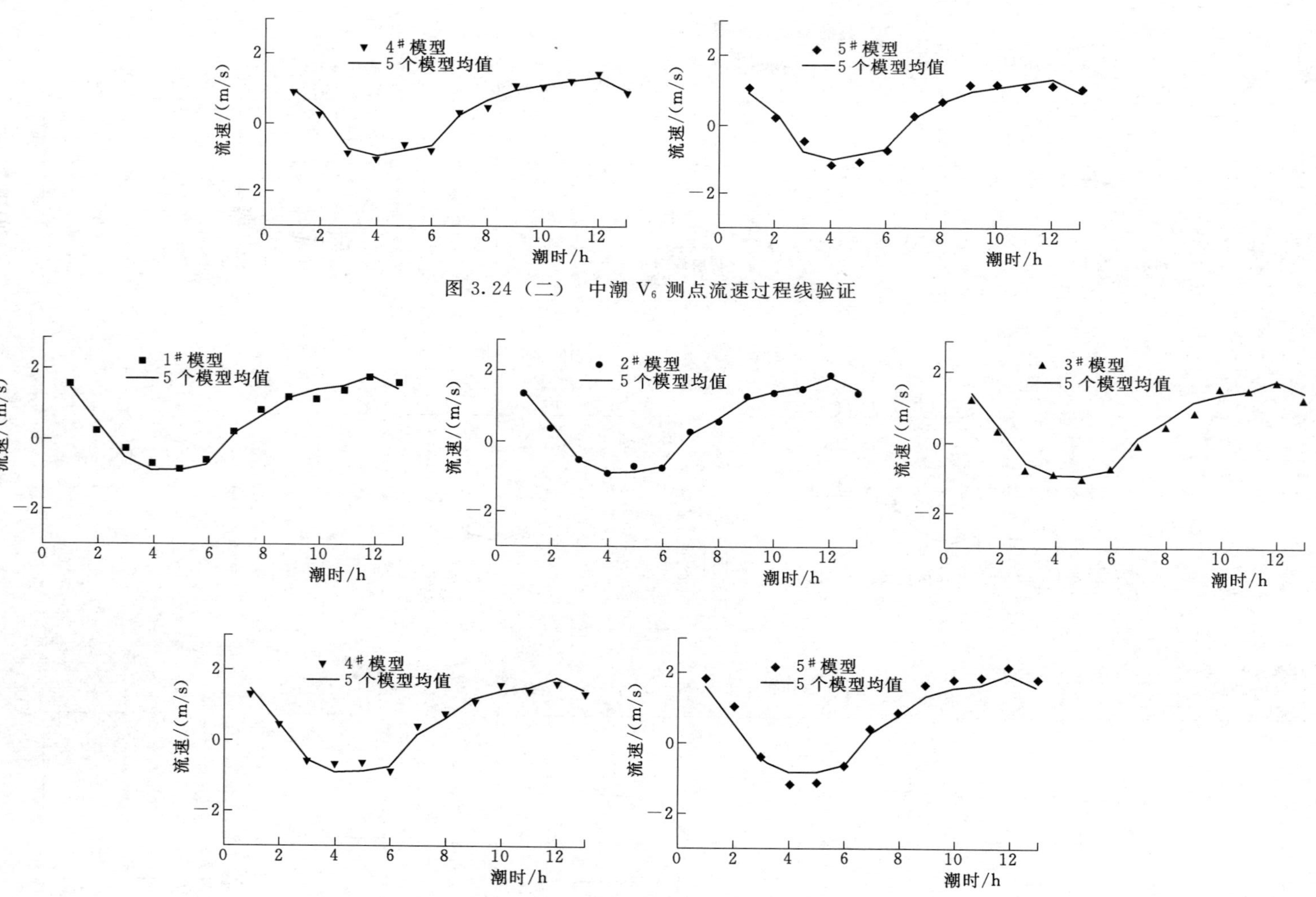

图 3.24（二） 中潮 V_6 测点流速过程线验证

图 3.25 中潮 V_7 测点流速过程线验证

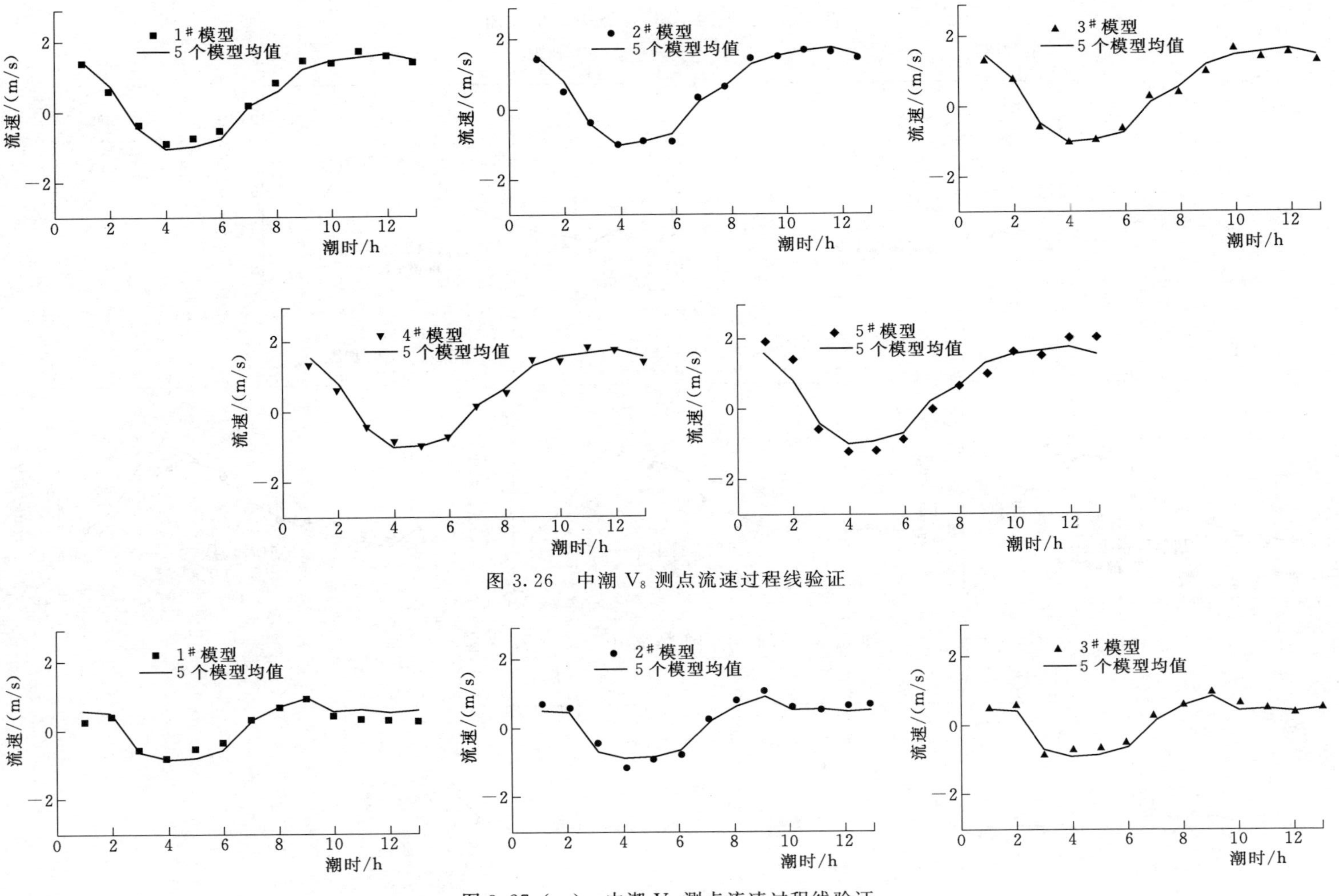

图 3.26 中潮 V_8 测点流速过程线验证

图 3.27（一） 中潮 V_9 测点流速过程线验证

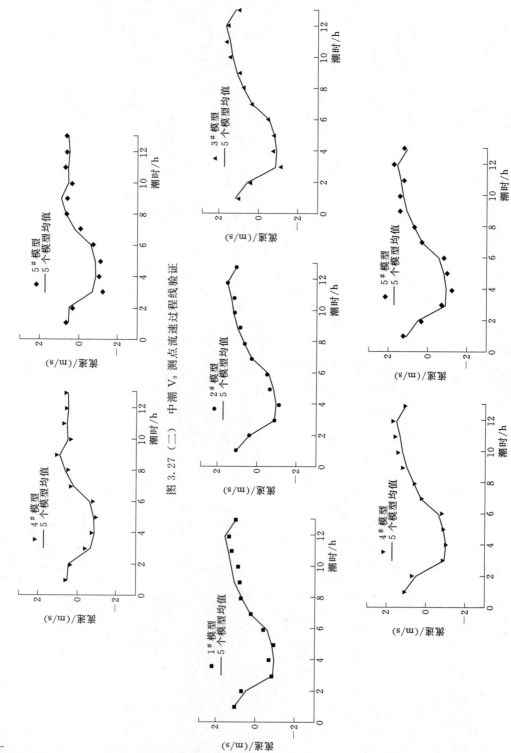

图 3.27（二） 中潮 V_9 测点流速过程线验证

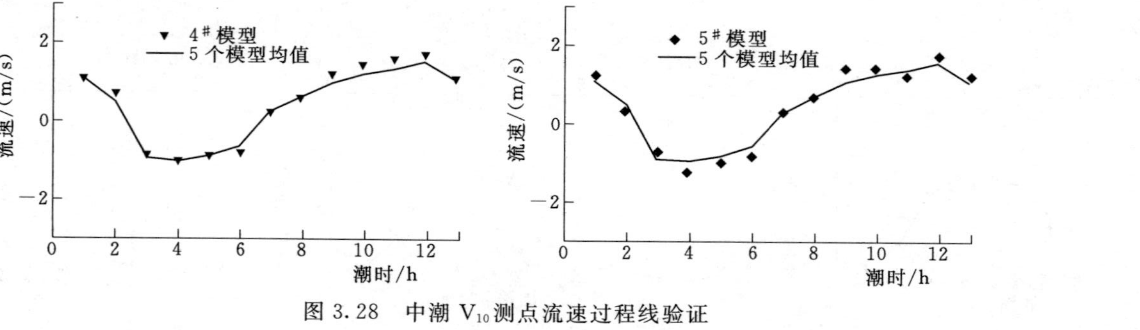

图 3.28 中潮 V_{10} 测点流速过程线验证

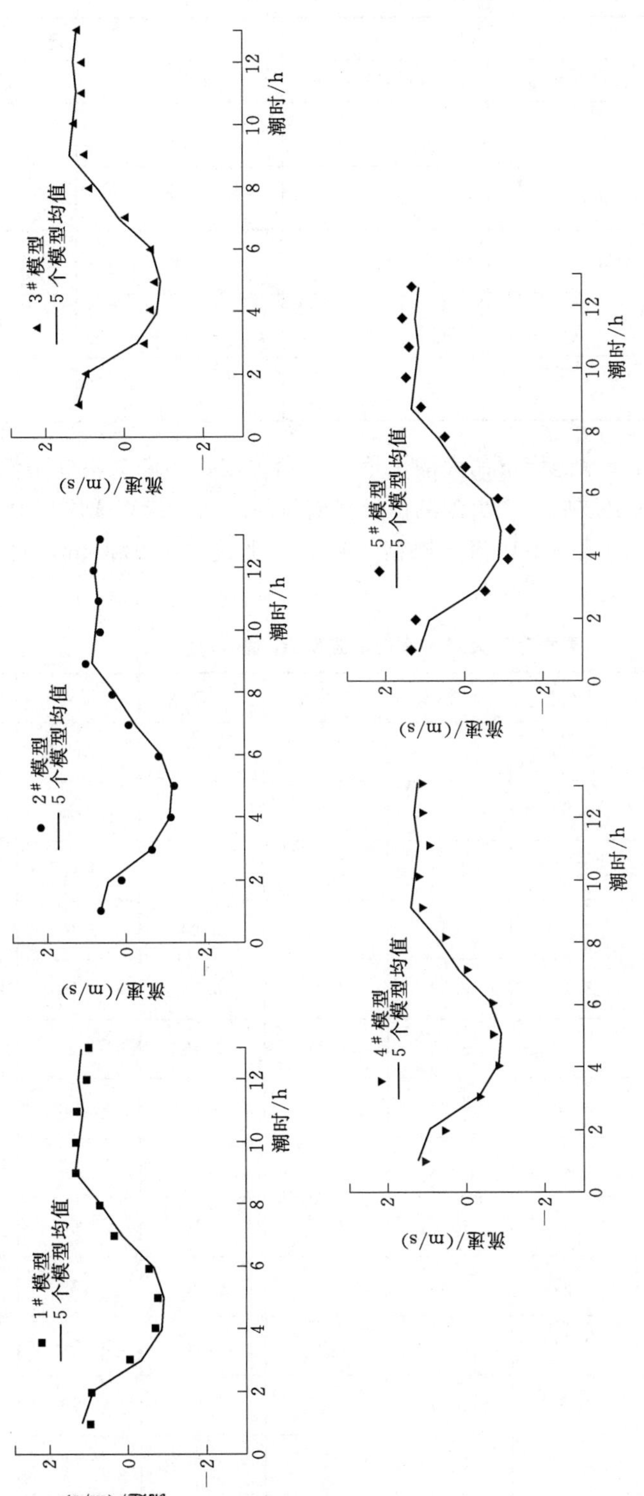

图 3.29 中潮 V_{11} 测点流速过程线验证

表 3.7 各模型设计波要素

模型	大浪		中浪	
	波高/cm	波周期/s	波高/cm	波周期/s
1#	3.75	0.64	2.5	0.48
2#	3.0	0.57	2.0	0.43
3#	2.73	0.54	1.82	0.41
4#	2.5	0.52	1.67	0.39
5#	2.4	0.51	1.6	0.38

在各个模型中进行清水定床下的大潮大浪、大潮中浪、中潮大浪和中潮中浪试验，通过调节生波机曲柄确定波周期，得到潮位过程期间的波高。换算成原型值后，各模型的“大浪”和“中浪”的波高平均值与原型一致即分别接近 3m 和 2m，见表 3.8～表 3.11 和图 3.30～图 3.33。

表 3.8 清水定床大潮大浪初始波高 H_1 值（m）

潮时/h	1#模型	2#模型	3#模型	4#模型	5#模型	平均	备注
1	2.82	2.80	2.87	2.79	2.78	2.81	波高值均已换算成原型值
2	3.05	2.89	2.91	2.81	3.11	2.95	
3	3.18	2.85	2.99	3.18	3.20	3.08	
4	3.13	2.86	3.14	3.18	3.20	3.10	
5	3.23	3.10	3.33	3.30	3.33	3.26	
6	3.13	3.07	3.03	2.94	3.15	3.06	
7	3.14	3.10	2.99	3.03	3.13	3.08	
8	3.12	3.12	3.04	2.97	3.00	3.05	
9	2.97	3.06	3.00	2.87	3.10	3.00	
10	2.77	2.85	2.87	2.99	2.99	2.89	
11	2.87	2.77	2.97	3.00	2.96	2.91	
12	2.73	2.96	2.90	2.91	2.90	2.88	
13	2.78	3.07	2.87	2.89	2.98	2.92	
平均	2.99	2.96	2.99	2.99	3.06	3.00	

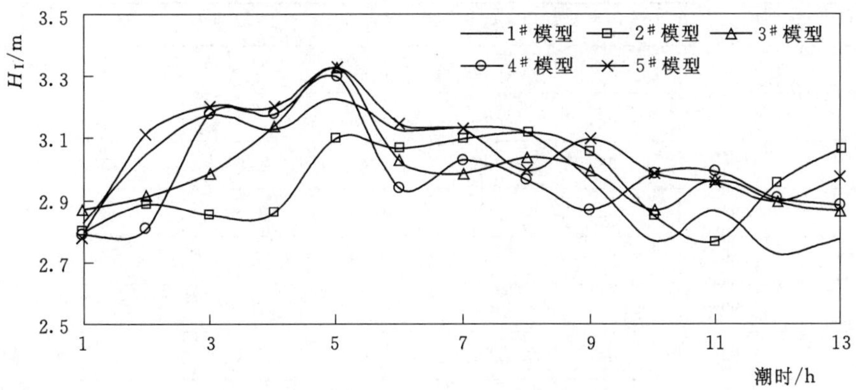

图 3.30　大潮大浪各模型初始波高过程线

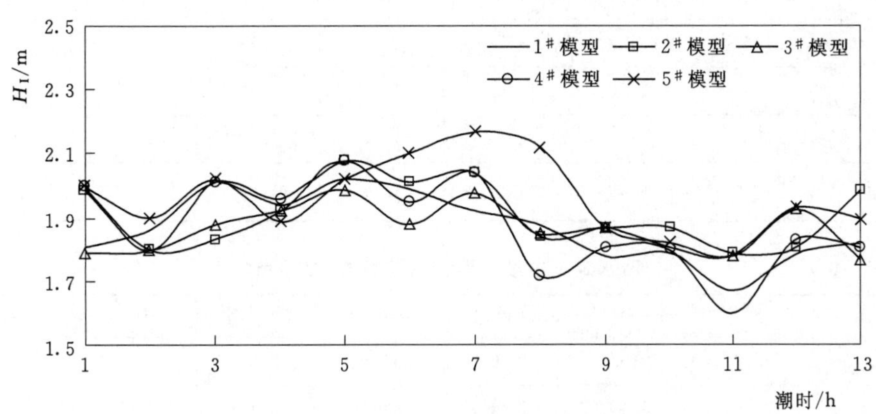

图 3.31　大潮中浪各模型初始波高过程线

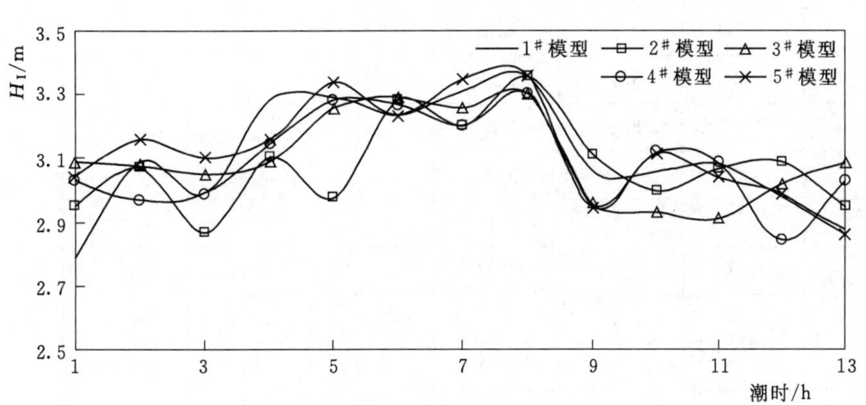

图 3.32　中潮大浪各模型初始波高过程线

表 3.9　　清水定床大潮中浪初始波高 H_1 值（m）

潮时/h	1# 模型	2# 模型	3# 模型	4# 模型	5# 模型	平均	备注
1	1.81	1.99	1.79	2.00	2.00	1.92	
2	1.86	1.80	1.80	1.80	1.90	1.83	
3	2.01	1.83	1.88	2.01	2.02	1.95	
4	1.94	1.92	1.92	1.96	1.89	1.93	
5	2.02	2.08	1.99	2.08	2.02	2.04	
6	1.99	2.01	1.88	1.95	2.10	1.99	
7	1.92	2.04	1.98	2.04	2.17	2.03	波高值均已换算成原型值
8	1.88	1.84	1.85	1.72	2.12	1.88	
9	1.78	1.87	1.87	1.81	1.87	1.84	
10	1.79	1.87	1.81	1.80	1.82	1.82	
11	1.67	1.79	1.78	1.60	1.78	1.72	
12	1.79	1.81	1.93	1.83	1.93	1.86	
13	1.82	1.99	1.77	1.81	1.90	1.86	
平均	1.87	1.91	1.87	1.88	1.96	1.90	

表 3.10　　清水定床中潮大浪初始波高 H_1 值（m）

潮时/h	1# 模型	2# 模型	3# 模型	4# 模型	5# 模型	平均	备注
1	2.78	2.95	3.09	3.03	3.04	2.98	
2	3.09	3.07	3.08	2.97	3.16	3.07	
3	2.99	2.87	3.05	2.99	3.10	3.00	
4	3.28	3.10	3.09	3.15	3.16	3.16	
5	3.29	2.98	3.26	3.28	3.34	3.23	
6	3.24	3.28	3.29	3.27	3.23	3.26	
7	3.31	3.20	3.26	3.20	3.35	3.26	波高值均已换算成原型值
8	3.36	3.36	3.30	3.30	3.36	3.34	
9	3.06	3.11	2.96	2.95	2.94	3.00	
10	3.06	3.00	2.93	3.12	3.11	3.04	
11	3.08	3.07	2.91	3.09	3.04	3.04	
12	2.98	3.09	3.02	2.84	2.99	2.98	
13	2.88	2.95	3.09	3.03	2.86	2.96	
平均	3.11	3.08	3.10	3.09	3.13	3.10	

表 3.11　　清水定床中潮中浪初始波高 H_1 值（m）

潮时/h	1#模型	2#模型	3#模型	4#模型	5#模型	平均	备注
1	1.66	1.70	1.70	1.98	2.07	1.82	波高值均已换算成原型值
2	1.71	1.77	1.89	1.83	1.81	1.80	
3	1.91	2.05	2.00	1.97	1.88	1.96	
4	2.04	1.90	1.88	2.04	1.92	1.96	
5	2.18	2.02	2.14	1.90	1.96	2.04	
6	2.12	2.02	2.06	2.10	2.14	2.09	
7	2.14	2.17	1.98	2.07	2.00	2.07	
8	2.08	2.15	2.15	1.88	2.09	2.07	
9	1.98	1.97	2.06	1.84	2.01	1.97	
10	1.86	1.73	2.05	1.78	1.94	1.87	
11	1.80	1.78	1.94	1.77	1.99	1.86	
12	1.72	1.89	1.93	1.74	1.98	1.85	
13	1.76	1.70	1.80	1.98	2.07	1.86	
平均	1.92	1.91	1.97	1.91	1.99	1.94	

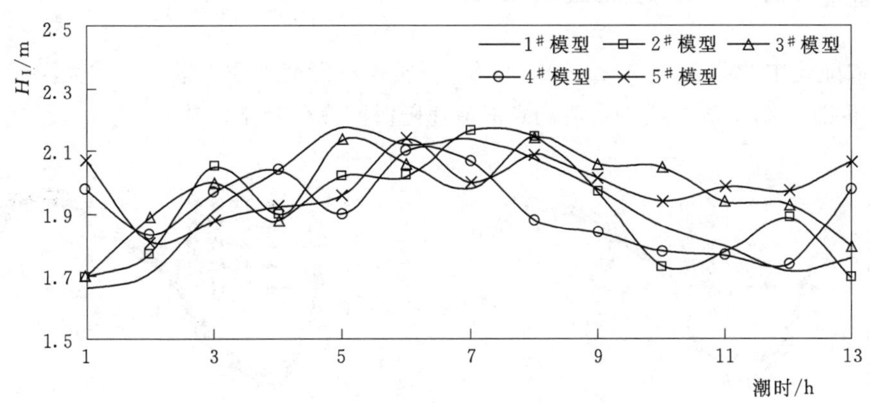

图 3.33　中潮中浪各模型初始波高过程线

3.2.4　含沙量验证

在 1#、2#、3#、4# 和 5# 模型上进行含沙量验证。试验时，在一个潮（一涨一落）过程中的采集 4 次含沙量，即在中潮位、高潮位、中潮位和低潮位测取含沙量进行平均，得到一个潮过程的含沙量平均值在 3kg/m³ 左右。按含沙量比尺 0.52 换算，该平均含沙量与原型含沙量 1.56 kg/m³ 基本一致。

第4章

无丁坝时模型变率影响试验

在变率为2.5、4、6、8.33和12.8的模型中，进行无丁坝时的潮流试验，分析模型变率对航道流速和波高的影响；分别进行清水动床试验、浑水定床试验和浑水动床试验，分析变率对清水动床模型航道冲淤、悬沙定床模型航道回淤、悬沙动床模型航道回淤和底沙输沙量的影响。

4.1 变率对航道流速的影响

选取航道中的测点 V_2、V_4、V_8 和 V_{11}，比较各模型洪季中潮和枯季大潮流速过程（图4.1～图4.4），五个模型在各测点的流速随时间变化基本一致。

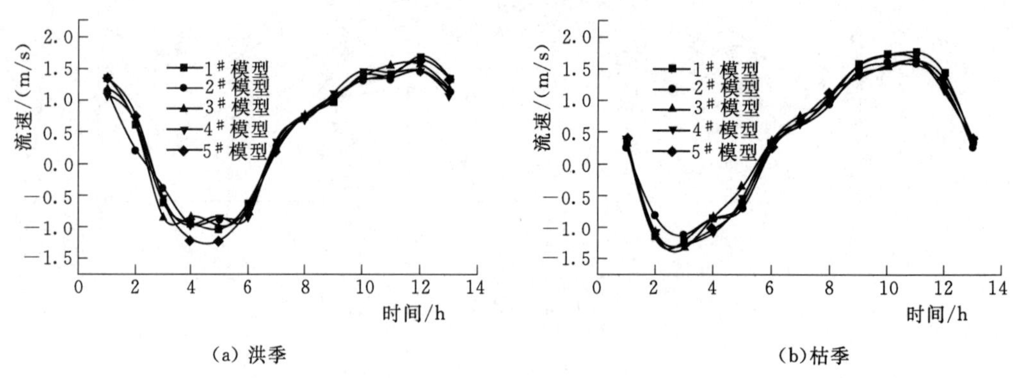

图4.1 各模型测点 V_2 流速比较

为分析模型变率的影响，采取两种方法进行：一是认为1#和2#模型变率相对较小，其流速平均值受变率影响较小，将3#、4#和5#模型分别与其比较，得出变率的影响；二是将1#～5#模型的流速进行平均，然后比较各模型流速的偏离。

4.1.1 试验结果与1#和2#模型流速平均值比较

表4.1和表4.2分别是 V_2、V_4、V_8 和 V_{11} 测点在不同变率模型中枯季大潮涨潮和落潮流速比较。偏离值是各流速值与1#模型和2#模型流速之平均值的相对误差。

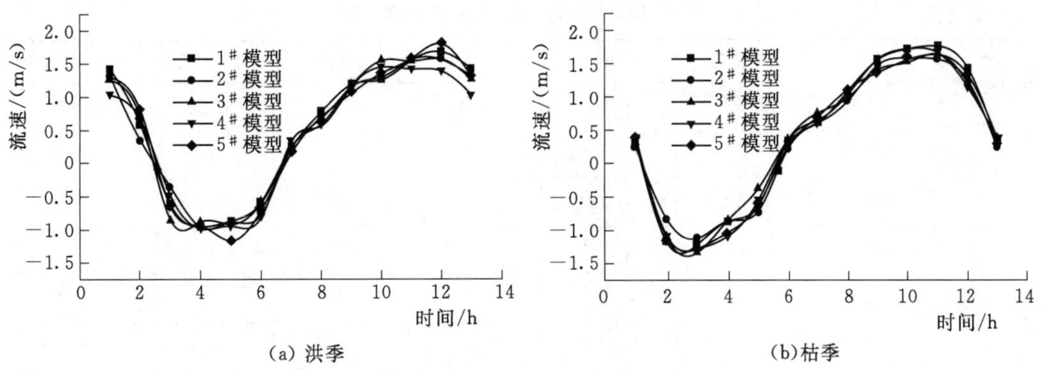

(a) 洪季　　(b)枯季

图 4.2　各模型测点 V_4 流速比较

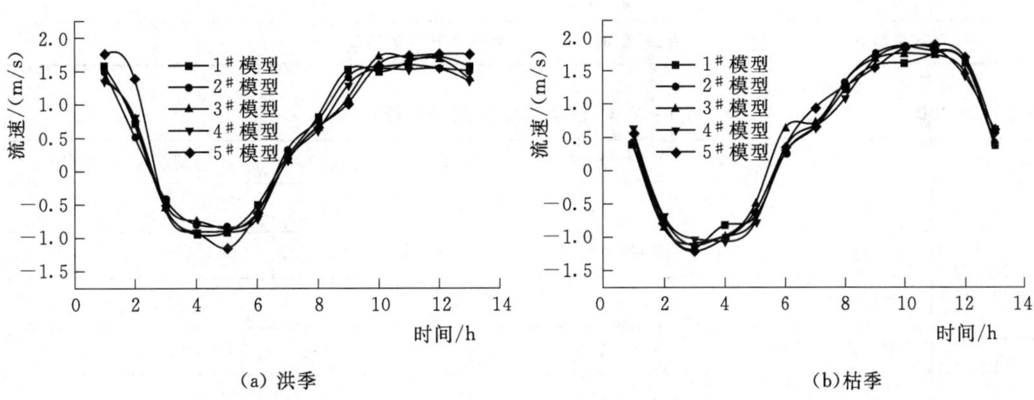

(a) 洪季　　(b)枯季

图 4.3　各模型测点 V_8 流速比较

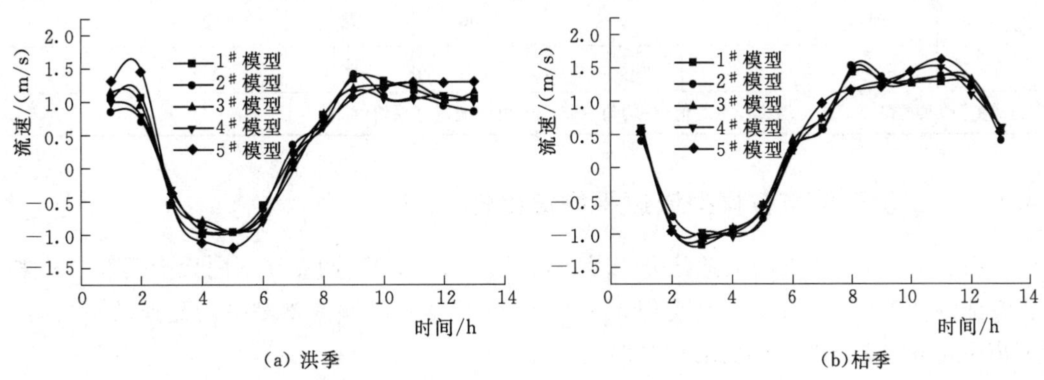

(a) 洪季　　(b)枯季

图 4.4　各模型测点 V_{11} 流速比较

分别比较 3#、4# 和 5# 模型涨、落潮平均流速与 1# 和 2# 模型涨、落潮平均流速之平均值，从涨潮流速看，3# 模型的偏离值为 −2.8%～−0.5%，4# 模型的偏离值为 1.1%～8.1%，5# 模型的偏离值为 2.3%～8.4%；从落潮流速看，3# 模型的偏离值为 −1.6%～5.8%，4# 模型的偏离值为 −3.4%～4.2%，5# 模型的偏离值为 0.5%～8.9%。5# 模型的偏离程度较 4# 模型和 3# 模型要大一些。

表 4.1　　与 1# 和 2# 模型涨潮流速平均值比较

测点	参数	1#模型	2#模型	3#模型	4#模型	5#模型	平均值
V_2	流速值	0.97	0.88	0.92	1.00	1.00	0.925
	偏离值	4.86%	−4.86%	−0.54%	8.11%	8.11%	
V_4	流速值	0.89	0.90	0.87	0.92	0.97	0.895
	偏离值	−0.56%	0.56%	−2.79%	2.79%	8.38%	
V_8	流速值	0.88	0.90	0.87	0.90	0.92	0.89
	偏离值	−1.12%	1.12%	−2.25%	1.12%	3.37%	
V_{11}	流速值	0.90	0.88	0.88	0.92	0.91	0.89
	偏离值	1.12%	−1.12%	−1.12%	3.37%	2.25%	

偏离值＝(某模型流速－平均值)/平均值，平均值＝1#、2#模型流速之平均值

表 4.2　　与 1# 和 2# 模型落潮流速平均值比较

测点	参数	1#模型	2#模型	3#模型	4#模型	5#模型	平均值
V_2	流速值	1.02	0.91	0.95	0.99	0.97	0.965
	偏离值	5.70%	−5.70%	−1.55%	2.59%	0.52%	
V_4	流速值	1.06	0.99	1.03	0.99	1.11	1.025
	偏离值	3.41%	−3.41%	0.49%	−3.41%	8.29%	
V_8	流速值	1.04	1.11	1.12	1.12	1.17	1.075
	偏离值	−3.26%	3.26%	4.19%	4.19%	8.84%	
V_{11}	流速值	0.95	0.94	1.00	0.97	1.01	0.945
	偏离值	0.529%	−0.529%	5.8%	2.6%	6.88%	

偏离值＝(某模型流速－平均值)/平均值，平均值＝1#、2#模型流速之平均值

4.1.2　试验结果与各模型流速平均值比较

表 4.3～表 4.4 中的流速值分别是 V_2、V_4、V_8 和 V_{11} 测点在不同变率模型中枯季大潮涨潮和落潮平均流速。平均值是 1#～5# 模型该点涨潮或落潮平均流速的平均值，偏离值是各流速值与平均值的相对误差。

1# 模型测点涨潮和落潮平均流速的偏离值为±6%以内，2# 模型的偏离值为−8%～1%，3# 模型的偏离值为−5%～3%，4# 模型的偏离值为±5%以内，5# 模型的偏离值为 0～7%。可以看到，无丁坝时各模型的涨潮和落潮平均流速基本接近，变率对涨落潮平均流速影响不明显。

图 4.5～图 4.8 中横坐标是模型变率，纵坐标是流速，点据是各模型航道内测点的涨潮平均流速和落潮平均流速，粗实线是五个模型的涨潮或落潮平均流速的平均值，从图也可看到，无丁坝时各模型涨潮平均流速和落潮平均流速基本不受模型变率的影响。

表 4.3　　与各模型涨潮流速平均值比较

测点	参数	1# 模型	2# 模型	3# 模型	4# 模型	5# 模型	平均值
V_2	流速值	0.97	0.88	0.92	1.00	1.00	0.954
	偏离值	1.68%	−7.76%	−3.56%	4.82%	4.82%	
V_4	流速值	0.89	0.90	0.87	0.92	0.97	0.91
	偏离值	−2.20%	−1.10%	−4.40%	1.10%	6.59%	
V_8	流速值	0.88	0.90	0.87	0.90	0.92	0.894
	偏离值	−1.57%	0.67%	−2.68%	0.67%	2.91%	
V_{11}	流速值	0.90	0.88	0.88	0.92	0.91	0.898
	偏离值	0.22%	−2.00%	−2.00%	2.45%	1.34%	

偏离值=(某模型流速−平均值)/平均值

平均值=1#、2#、3#、4#和5#模型流速之平均值

表 4.4　　与各模型落潮流速平均值比较

测点	参数	1# 模型	2# 模型	3# 模型	4# 模型	5# 模型	平均值
V_2	流速值	1.02	0.91	0.95	0.99	0.97	0.968
	偏离值	5.37%	−5.99%	−1.86%	2.27%	0.21%	
V_4	流速值	1.06	0.99	1.03	0.99	1.11	1.036
	偏离值	2.32%	−4.44%	−0.58%	−4.44%	7.14%	
V_8	流速值	1.04	1.11	1.12	1.12	1.17	1.112
	偏离值	−6.47%	−0.18%	0.72%	0.72%	5.22%	
V_{11}	流速值	0.95	0.94	1.00	0.97	1.01	0.974
	偏离值	−2.46%	−3.49%	2.67%	−0.41%	3.70%	

偏离值=(某模型流速−平均值)/平均值

平均值=1#、2#、3#、4#和5#模型流速之平均值

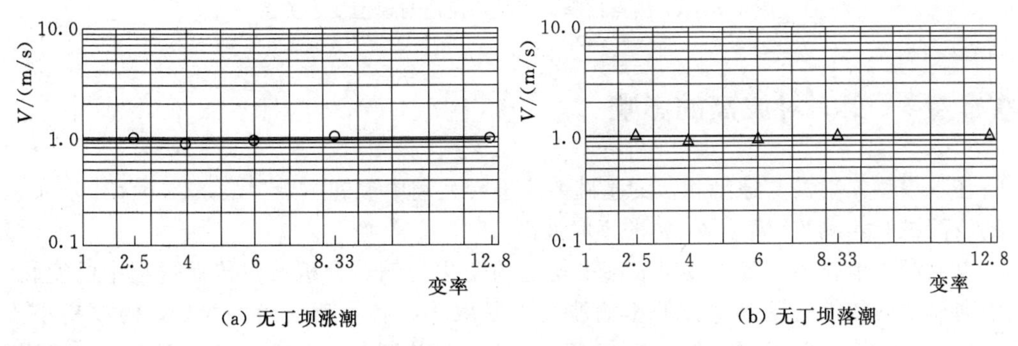

图 4.5　V_2 测点枯季大潮平均流速与模型变率关系

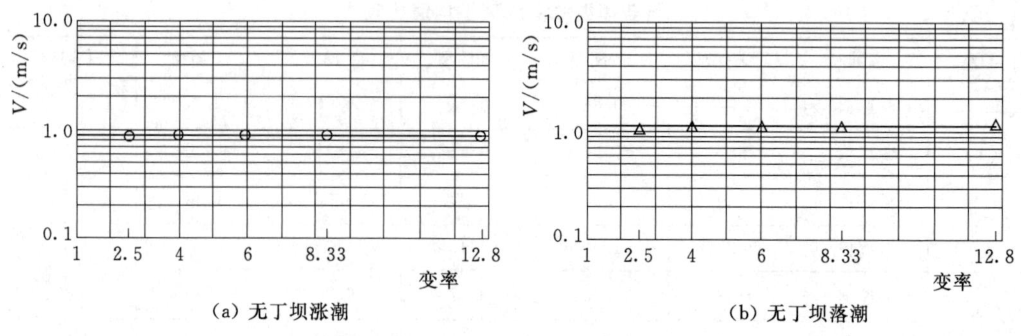

图 4.6　V_4 测点枯季大潮平均流速与模型变率关系

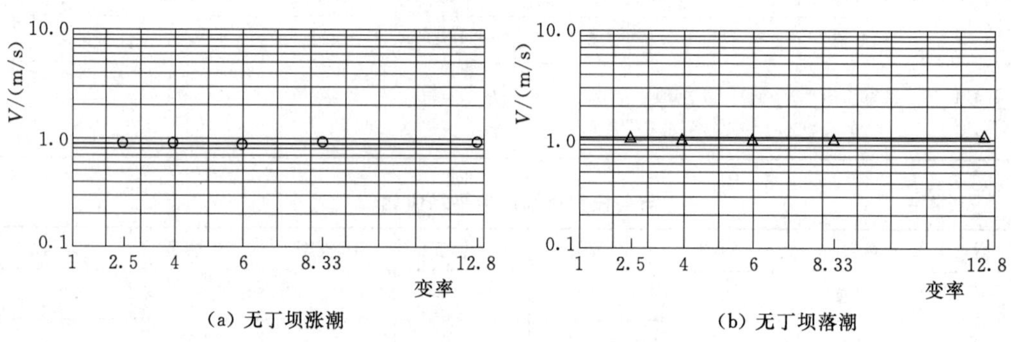

图 4.7　V_8 测点枯季大潮平均流速与模型变率关系

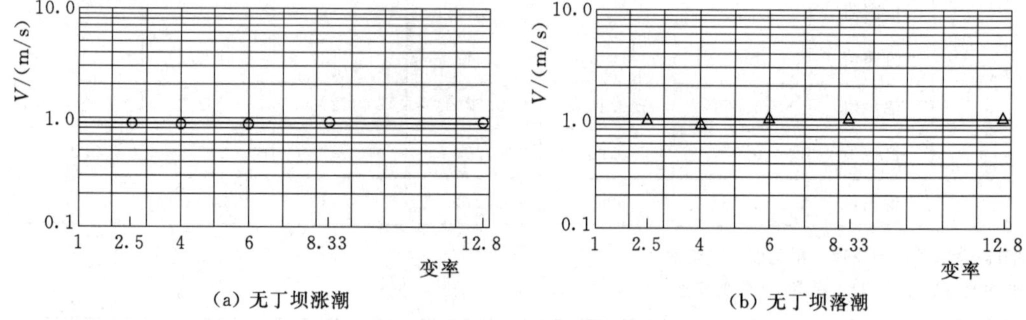

图 4.8　V_{11} 测点枯季大潮平均流速与模型变率关系

4.2 变率对波高的影响

在各模型入射波与原型相似的基础上，进行大潮中浪和中潮中浪条件下无丁坝布置时的波浪试验，测得 W_1～W_5 站的逐时波高。

以大潮中浪作用下各站逐时波高平均值的变化为例，分析波浪传播过程中的变化。波浪向模型内传播时受到地形的影响波高不断减小，各模型航道内 W_5 站的波高小于 W_4 站的，且均小于 W_1 站的波高，边滩上 W_2 站和 W_3 站波高也均小于 W_1 站波高，W_2 和 W_3 两站的波高相差不大（图 4.9 和图 4.10）。

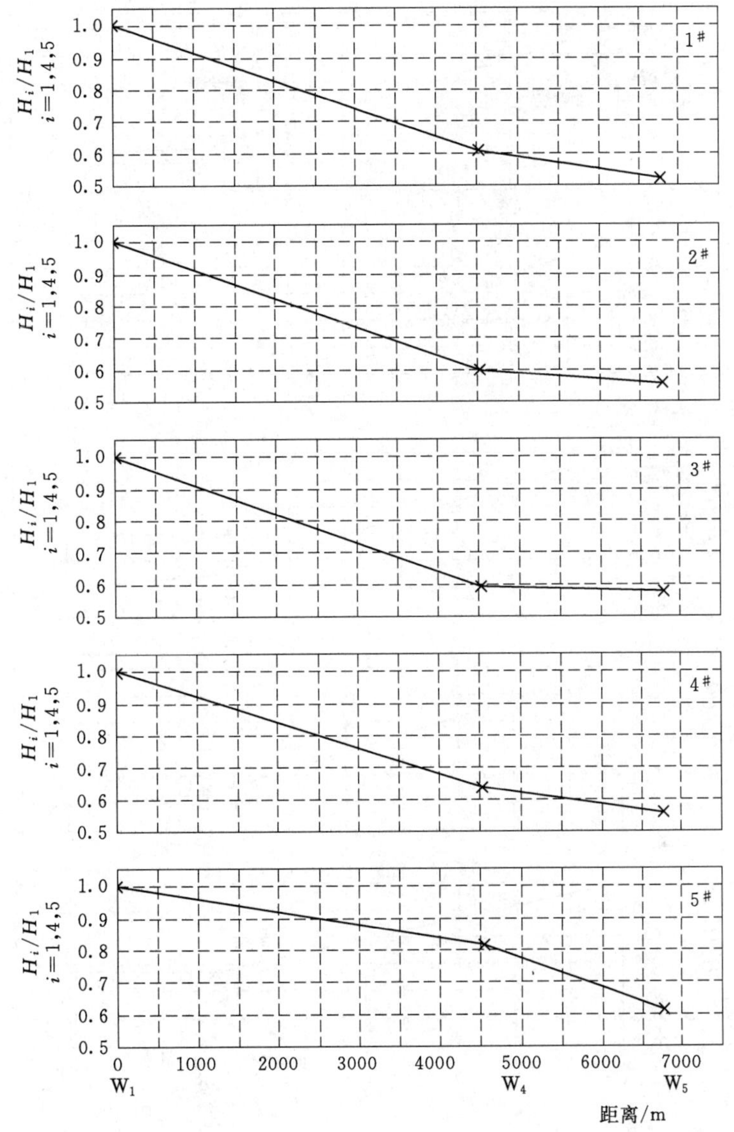

图 4.9　大潮中浪无丁坝时 W_4 和 W_5 站波高比值沿航道变化

大潮中浪作用下，各模型 W_1 站的逐时平均波高 H_1 约为 1.9m、波周期 T_1 约为 4.3s，传入模型后波高逐渐衰减，表 4.5 列出各模型各站波高平均值和波周期平均值。

将 W_2、W_3、W_4 和 W_5 站的逐时波高的平均值分别与未受地形影响的 W_1 站逐时波高平均值相比，得到各个模型 W_2～W_5 站逐时平均波高与 W_1 站逐时平均波高的比值（表 4.6）。图 4.11 是 W_2 站、W_3 站、W_4 站和 W_5 站波高衰减率与模型变率的关系，图中圆点是五个模型的波高比值，黑实线是 $1^{\#}$～$4^{\#}$ 四个模型波高比值的平均与 $5^{\#}$ 模型波高比值的连线。从中可看出，模型变率小于 8 时，变率对波高的影响不明显，当模型变率为 12.8 时，各个模型边滩（W_2 站和 W_3 站）和航道内（W_4 站和 W_5 站）的波高均受到变率的影响。

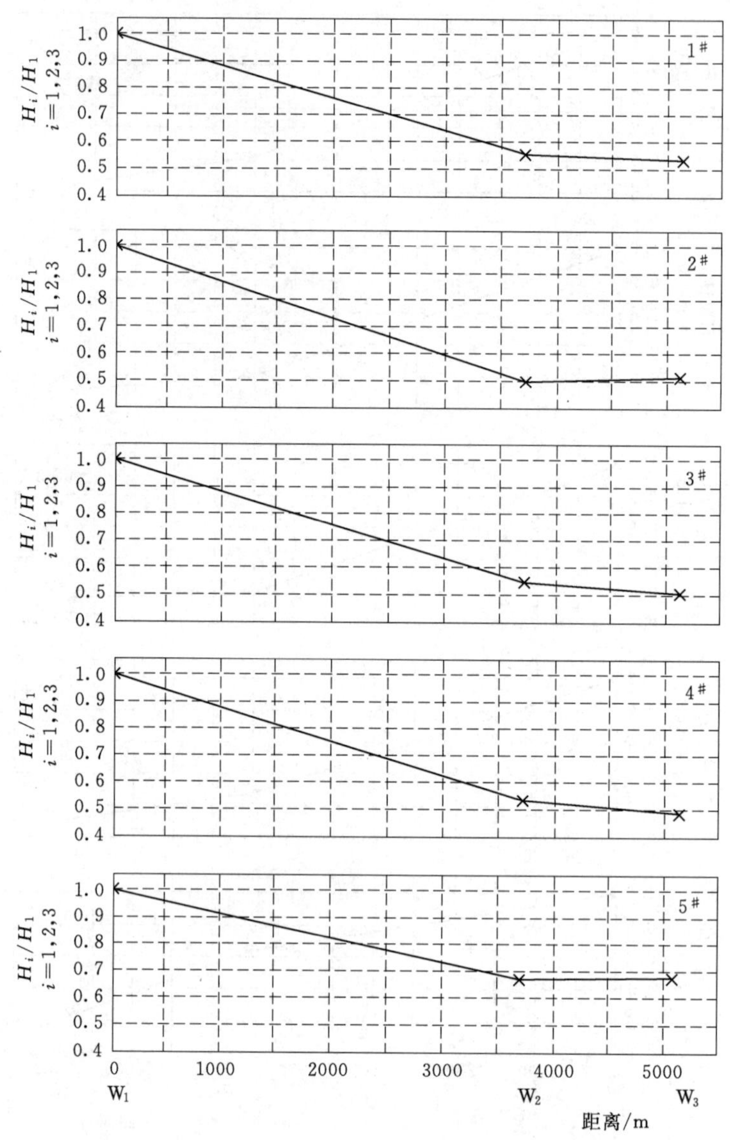

图 4.10 大潮中浪无丁坝时 W_2 和 W_3 站波高比值沿程变化

表 4.5 **大潮中浪作用下无丁坝时各站平均波高及波周期**

模型	航道内				其他					
	H_4/m	T/s	H_5/m	T/s	H_1/m	T/s	H_2/m	T/s	H_3/m	T/s
1#	1.14	4.53	0.98	4.15	1.87	4.33	1.04	4.44	1.00	4.28
2#	1.13	4.11	1.06	2.98	1.91	4.14	0.95	3.89	0.99	3.86
3#	1.10	4.05	1.07	3.76	1.87	4.14	1.02	4.09	0.95	4.37
4#	1.19	4.43	1.04	3.81	1.88	4.26	1.00	3.67	0.91	4.08
5#	1.60	5.13	1.21	4.68	1.90	4.73	1.31	4.79	1.32	4.52

注 波高 H 的下角数字表示某测波站。

表 4.6　　　　　　　　　　　　大潮中浪作用下各站波高变化

模型	H_1/H_1	H_2/H_1	H_3/H_1	H_4/H_1	H_5/H_1
1#	1.000	0.556	0.535	0.610	0.524
2#	1.000	0.497	0.518	0.592	0.555
3#	1.000	0.545	0.508	0.588	0.572
4#	1.000	0.532	0.484	0.633	0.553
5#	1.000	0.689	0.695	0.842	0.637

注　波高 H 的下角数字表示某测波站，衰减率为某站波高与初始波高之比。

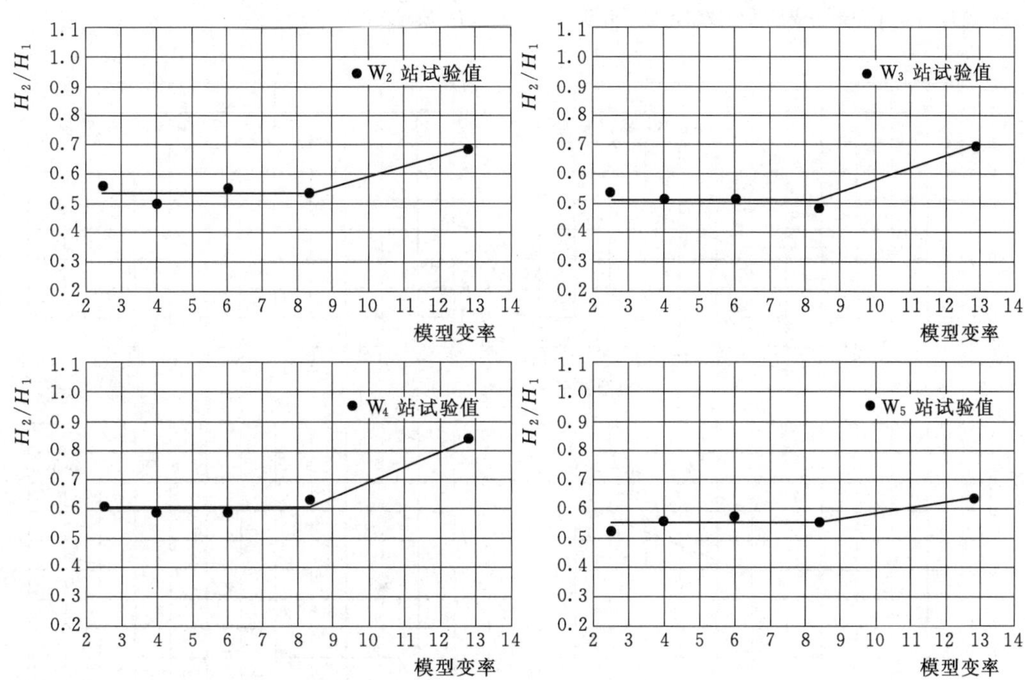

图 4.11　大潮中浪无丁坝时各站波高衰减与模型变率关系

表 4.7 是中潮中浪作用下无丁坝时各站波高平均值和波周期平均值。表 4.8 是中潮中浪作用下各站波高与初始波高之比。从图 4.12 可见，当变率为 2.5～8.33 时，W_2、W_3、W_4 和 W_5 站的波高均不受变率的影响，当模型变率为 12.8 时，变率对各站的波高均有大的影响。

表 4.7　　　　　　　　中潮中浪作用下无丁坝时各站平均波高及波周期

模型	航道内				其他					
	H_4/m	T/s	H_5/m	T/s	H_1/m	T/s	H_2/m	T/s	H_3/m	T/s
1#	1.17	4.78	0.93	4.61	1.92	4.20	0.96	4.33	0.91	4.38
2#	1.19	4.35	1.03	3.20	1.91	4.22	0.99	4.38	0.94	4.40
3#	1.17	4.18	0.92	3.95	1.97	4.27	1.00	4.02	0.97	4.45
4#	1.15	4.36	1.05	4.24	1.91	4.27	1.17	4.41	0.97	4.19
5#	1.58	5.12	1.23	4.74	1.92	4.69	1.42	4.92	1.35	4.62

注　波高 H 的下角数字表示某测波站。

表 4.8　　中潮中浪作用下各站波高变化

模型	H_1/H_1	H_2/H_1	H_3/H_1	H_4/H_1	H_5/H_1
1#	1.000	0.500	0.474	0.609	0.484
2#	1.000	0.518	0.492	0.623	0.539
3#	1.000	0.508	0.492	0.594	0.467
4#	1.000	0.613	0.508	0.602	0.550
5#	1.000	0.740	0.703	0.823	0.641

注　波高 H 的下角数字表示某测波站，衰减率为某站波高与初始波高之比。

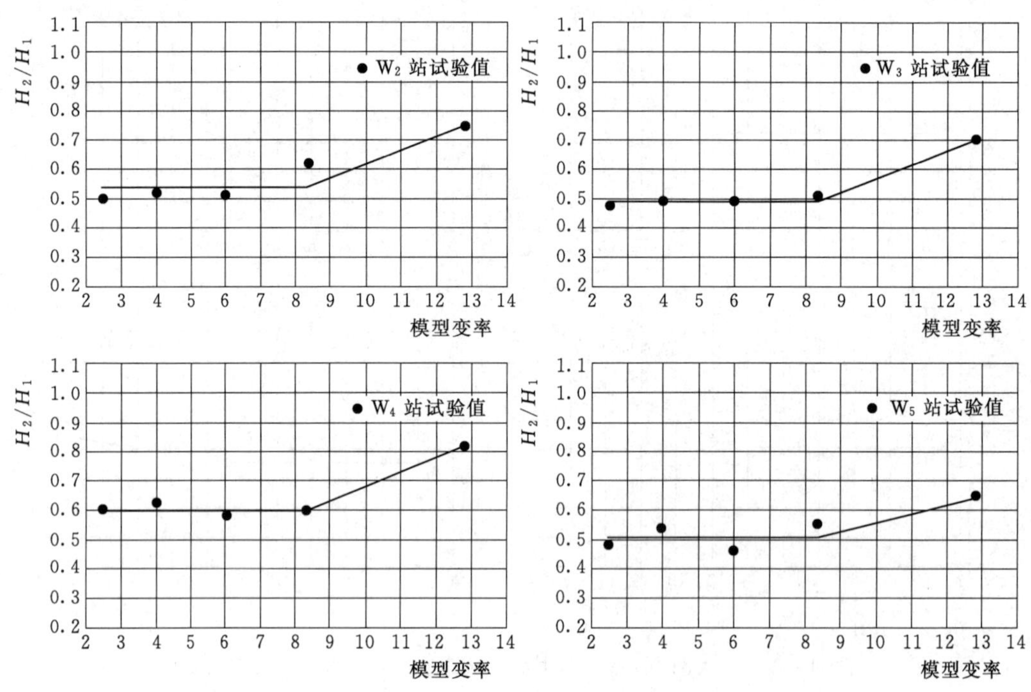

图 4.12　中潮中浪无丁坝时各站波高衰减与模型变率关系

4.3　变率对清水动床模型航道冲淤的影响

在 1# ～4# 模型中，按模型设计要求的泥沙粒径选用电木粉并铺设动床，分别进行潮流作用下的动床试验和潮流波浪共同作用下的动床试验。各模型按泥沙冲淤时间比尺在无浪时进行相当于原型半年、在有浪时进行相当于原型 2 个月的试验，分别测量大潮无浪、大潮中浪、中潮无浪三种动力条件下航道的冲淤厚度。

测量起始点为南 1 丁坝坝头垂直于航道中心线的点，按原型每 350m 左右设一个断面，共设 10 个断面，在每一断面上从航道南边坡到北边坡测量 A、B、C、D、E、F、G 点的泥沙冲淤厚度，其中 D 是航道中心点，C 和 E 是航道底宽两侧的点，A、B 是航道南边坡的点，F、G 是北边坡的点（图 4.13）。将沿航道的 C、D、E 三个点的冲淤厚度平均，作为航道的平均冲淤厚度，将边坡上的 A、B、F、G 点的冲淤厚度平均，作为航道边坡的平均冲淤厚度。

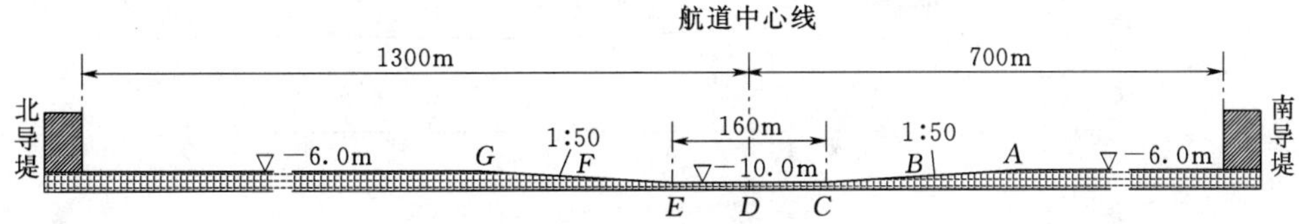

图 4.13　概化模型横断面图

4.3.1　潮流作用下的冲淤变化

大潮时，各模型的航道及边坡均呈微冲趋势（图 4.14），1# ～4# 模型航道平均冲刷深度分别为−0.093m、−0.060m、−0.098m 和−0.086m，航道边坡平均冲刷深度分别为−0.134m、−0.098m、−0.147m 和−0.135m，边坡上的冲刷大于航道底宽上的冲刷。可以看出，当变率为 2.5～8.33 时，变率对航道及边坡上的冲刷深度影响不明显（表 4.9 和图 4.15）。

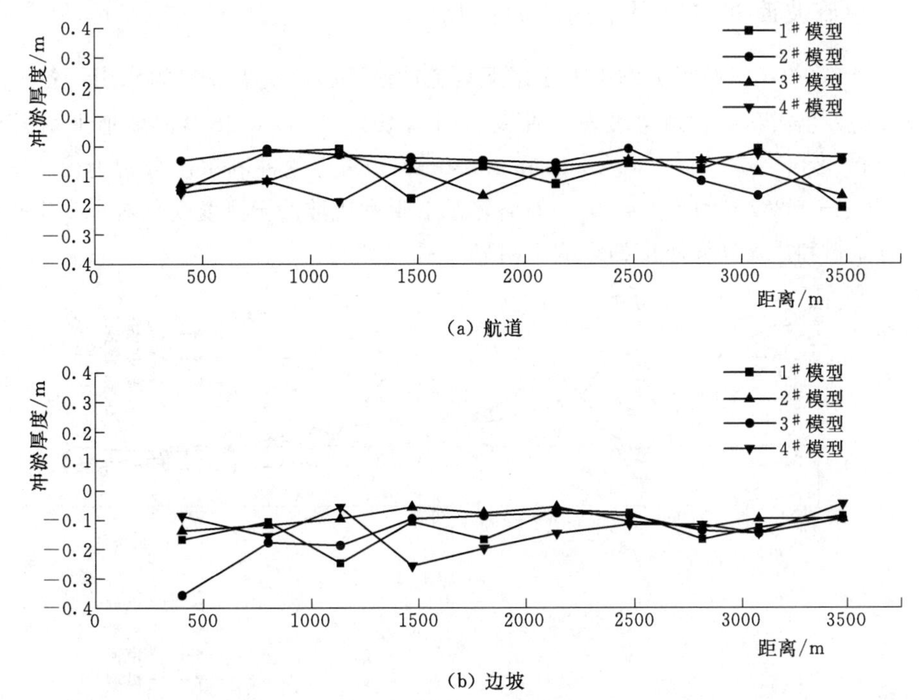

图 4.14　清水动床大潮无浪无丁坝时航道及边坡半年的冲淤厚度

表 4.9　　清水动床大潮时各方案航道及边坡半年平均冲刷深度　　单位：m

部位	1# 模型	2# 模型	3# 模型	4# 模型	备注：各模型冲淤厚度均已换算成原型值
航道	−0.093	−0.06	−0.098	−0.086	
边坡	−0.134	−0.098	−0.147	−0.135	

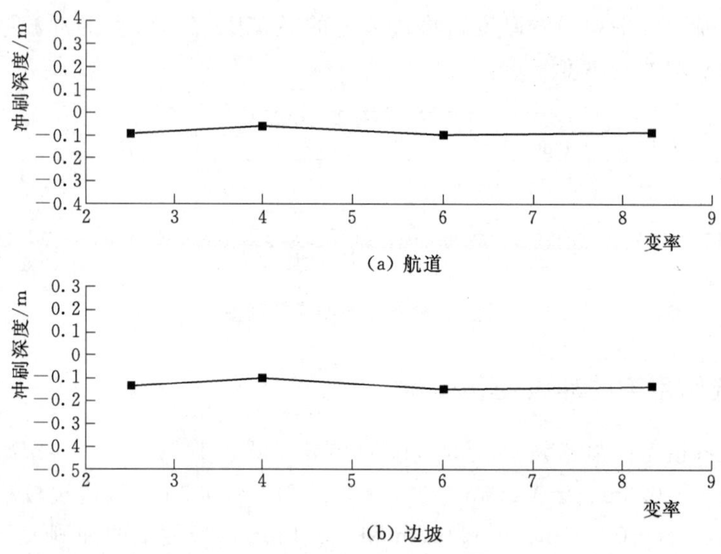

图 4.15　清水动床大潮航道及边坡平均冲刷深度与变率的关系

4.3.2　潮流波浪共同作用下的冲淤变化

在 1# ～4# 模型进行了大潮中浪作用下航道冲淤试验。由于波浪的作用，各模型航道进口段均发生淤积，航道边坡发生冲刷（图 4.16），1# ～4# 模型的航道平均淤积厚度分别为 0.328m、0.271m、0.225m 和 0.330m，边坡平均冲刷深度分别为－0.368m、－0.331m、－0.327m 和－0.402m。从各模型航道和边坡冲淤厚度变化看，变率小于 8 的模型对航道和边坡冲淤厚度的影响不明显（图 4.17）。

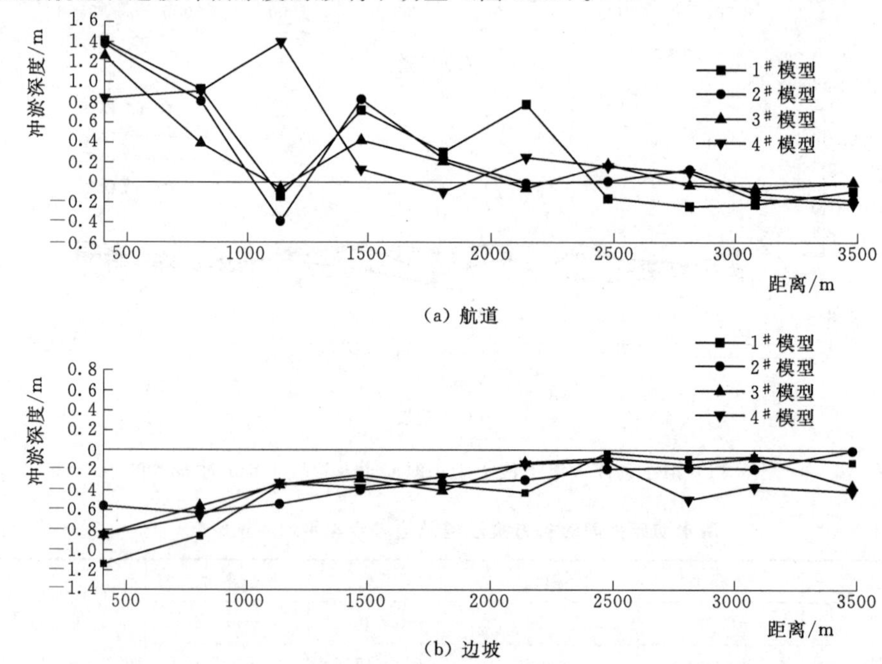

图 4.16　清水动床大潮中浪无丁坝时航道及边坡 2 个月冲淤厚度

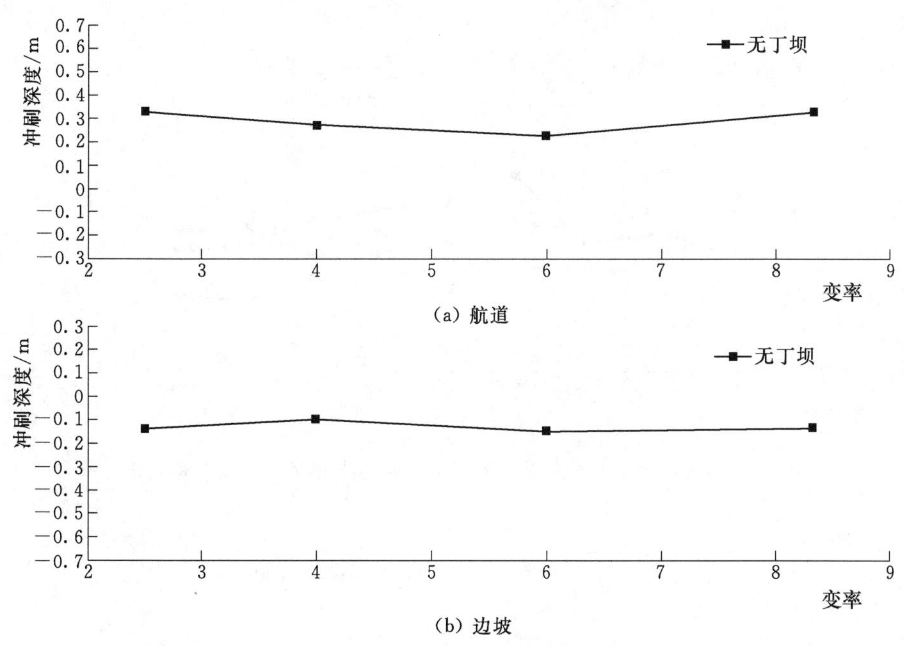

(a) 航道

(b) 边坡

图 4.17　清水动床大潮中浪航道及边坡平均冲刷厚度与变率的关系

4.4　变率对悬沙定床模型航道回淤的影响

按模型设计要求的含沙量和悬沙粒径，在 1# 模型、2# 模型和 4# 模型上分别进行大潮、大潮中浪共同作用下悬沙定床试验。无浪时的试验时间相当于原型半年（模型上历时 41h），有浪时试验时间相当于原型 2 个月，波浪作用时间与潮流作用时间相同。模型上含沙量为 3.0kg/m^3，相当于原型含沙量 1.56kg/m^3，涨潮时在尾门处加沙，落潮时在上游扭曲水道加沙，每隔 20min 在上下游口门处监测一次含沙量。

4.4.1　潮流作用下淤积变化

悬沙定床试验表明，三个模型得到的航道淤积厚度和淤积分布相差不大(图 4.18)，1#、2# 和 4# 模型航道平均淤积厚度分别为 1.07m、1.02m 和 1.12m。当模型变率在 8 以内时，变率对无丁坝时航道悬沙回淤的影响不明显（图 4.19）。

4.4.2　潮流波浪共同作用时淤积变化

大潮中浪时悬沙定床试验表明，除个别点外，1# 模型航道沿程泥沙淤积厚度最小，4# 模型淤积厚度最大，其他两个模型的航道淤厚居中（图 4.20），1#、2#、3# 和 4# 模型航道平均淤积厚度分别为 1.05m、1.08m、1.27m 和 1.39m。1# 模型和 2# 模型的航道平均回淤厚度较接近；各模型的航道平均淤积厚度均与模型变率成正比，即随着变率

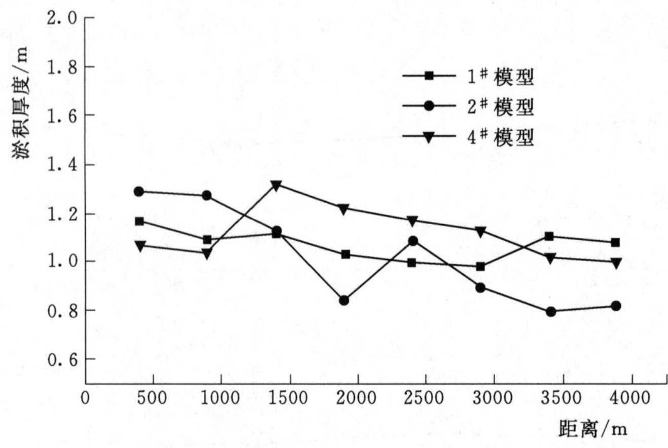

图 4.18 悬沙定床大潮无浪无丁坝时航道半年淤积厚度沿程变化

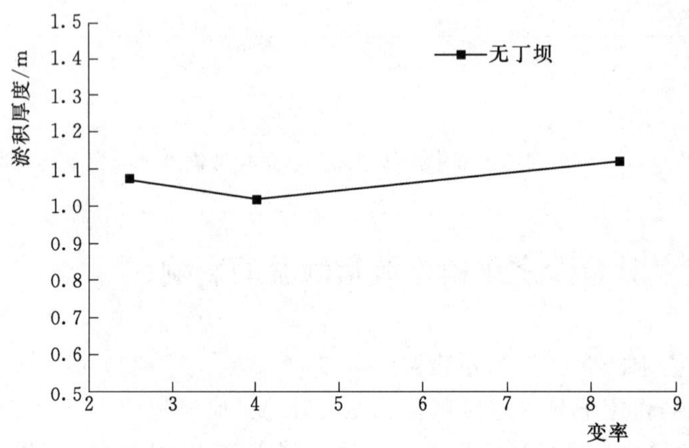

图 4.19 悬沙定床大潮无浪时航道及边坡平均淤积厚度与变率的关系

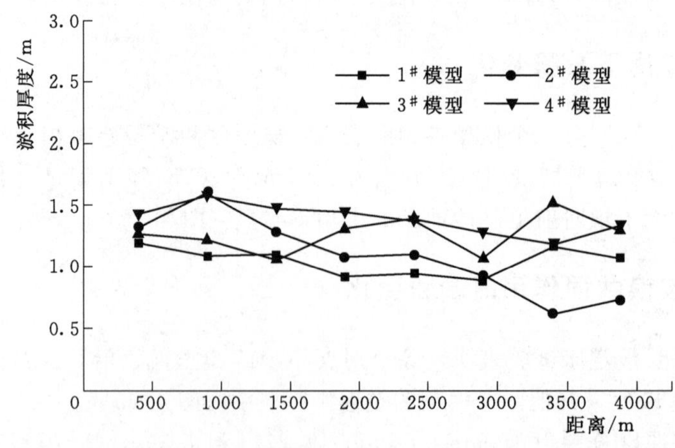

图 4.20 悬沙定床大潮中浪无丁坝时航道 2 个月淤积厚度沿程变化

的增大，航道的平均回淤厚度也增大；当模型变率小于 6 时，变率对航道回淤的影响不大，当模型变率不小于 6 时，变率对航道回淤有较显著的影响。模型变率对大潮中浪作用下的航道回淤影响大于对大潮无浪作用下航道回淤的影响（图 4.21)。

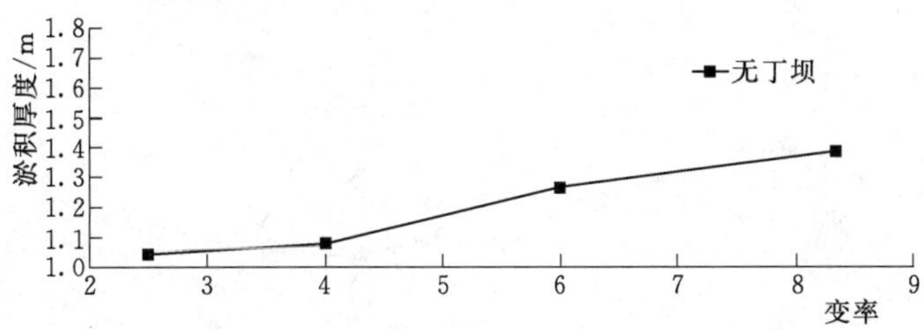

图 4.21　悬沙定床大潮中浪时航道平均淤积厚度与模型变率的关系

4.5　变率对悬沙动床模型航道回淤的影响

在 1# 、3# 和 4# 模型上分别进行大潮作用下悬沙动床试验，潮流试验时间相当于原型半年。上游和下游含沙量控制站的含沙量控制为 1.8～2.0kg/m^3。在一个涨落潮的过程中分别在中潮位、高潮位、中潮位和低潮位测 4 个含沙量值，平均后作为该潮的平均含沙量。航道底宽和边坡淤积厚度测量与清水动床试验相同。

从试验结果看，除个别点外，1# 、3# 和 4# 模型航道沿程淤积分布基本相似(图 4.22和图 4.23)，1# 、3# 和 4# 模型航道底宽平均淤积厚度分别为 0.554m、0.529m 和 0.671m，航道边坡平均淤积厚度分别为 0.516m、0.675m 和 0.645m。变率对航道底宽上的平均回淤厚度的影响不明显，对航道边坡上泥沙回淤厚度的影响也不太明显(图 4.24)。

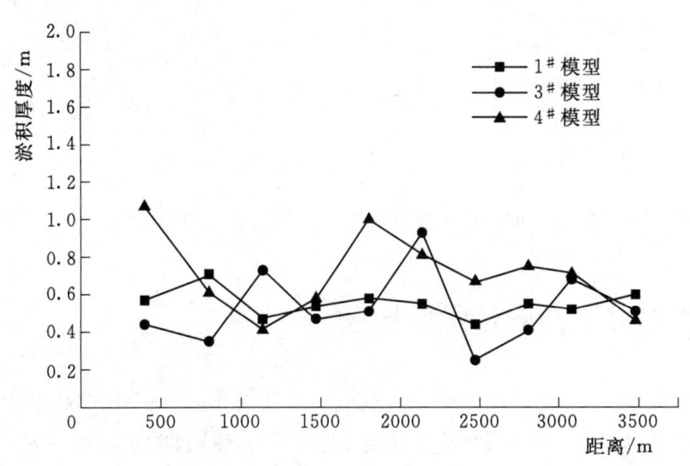

图 4.22　悬沙动床大潮无浪无丁坝时航道底宽半年淤积厚度沿程变化

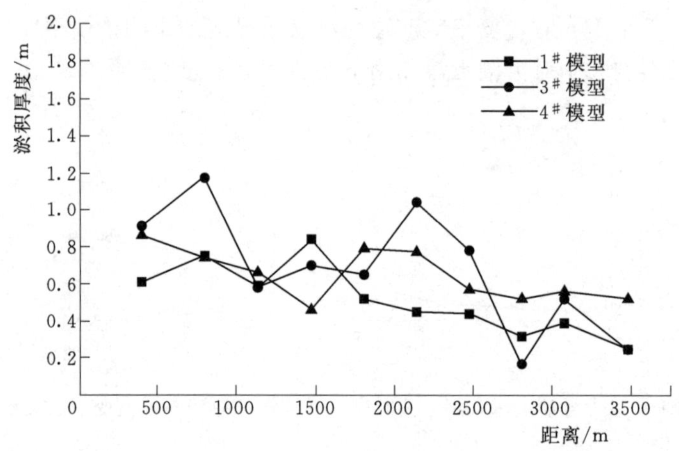

图 4.23 悬沙动床大潮无浪无丁坝时航道边坡半年淤积厚度沿程变化

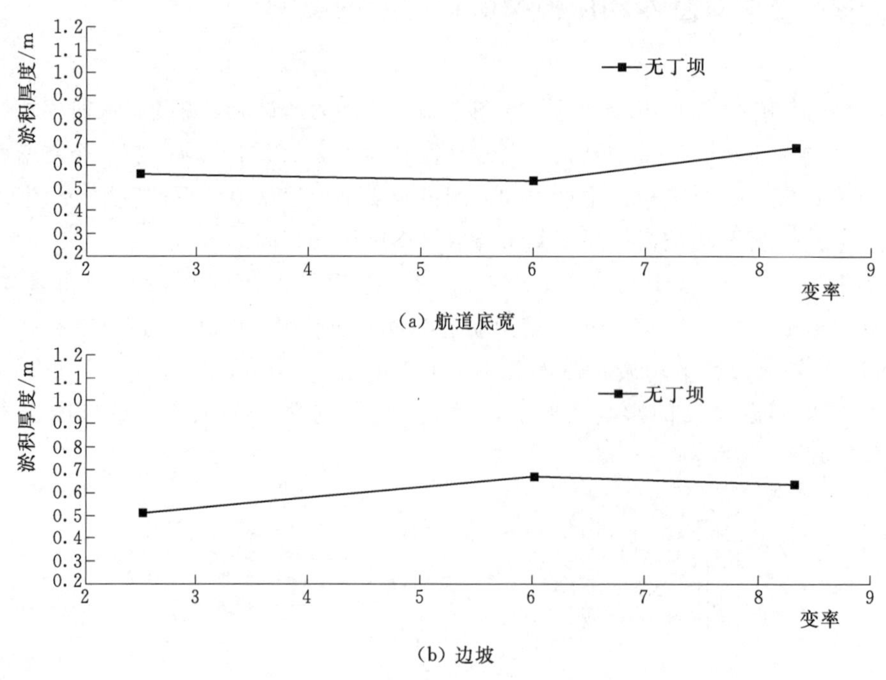

(a) 航道底宽

(b) 边坡

图 4.24 悬沙动床大潮无浪时航道底宽及边坡淤积厚度与变率的关系

4.6 变率对底沙输沙量的影响

清水动床试验时，在航道上下游设置捕沙坑（图 3.1），对大潮和中潮作用下无丁坝布置时的航道底沙输沙量进行测量。试验进行 7 个潮周期（一涨一落）之后收集捕沙坑内的沙量，烘干后称重，得到各模型的航道内捕沙坑内的沙量，将该沙量乘以底沙输沙比尺换算至原型值后进行比较。各模型捕沙坑大小和试验时间见表 4.10。

表 4.10　　各模型底沙输沙量试验情况

模型	捕沙坑位置	捕沙坑宽度/cm	合原型宽度/m	模型观测时间/h	全潮数/个
1#	下游	48	96	7.5	7
	上游	48	96	7.5	7
2#	下游	24	96	4	7
	上游	24	96	4	7
3#	下游	14.5	96	2.7	7
	上游	14.5	96	2.7	7
4#	下游	9.6	96	1.85	7
	上游	9.6	96	1.85	7

从上、下游捕沙坑内的沙量（表 4.11 和表 4.12）看，无浪时底沙输沙量最小，中浪次之，大浪时输沙量最大，说明随着波高的增大，床面的泥沙被掀起，在潮流的作用下输移。下游捕沙坑内的沙量比上游捕沙坑内的多，一方面是由于落潮历时比涨潮历时长、落潮流将泥沙向下游输移；另一方面，还因为上游捕沙坑以上为定床，没有足够的泥沙进入。在同样的波高情况下，除个别值外，大潮作用时航道的输沙量大于中潮作用时的，说明潮流动力强时航道的底沙输沙量大。

表 4.11　　大潮与波浪作用下的航道底沙输沙量

模型	捕沙坑位置	无浪		中浪		大浪	
		捕沙坑内沙量/g	合原型沙量/kg	捕沙坑内沙量/g	合原型沙量/kg	捕沙坑内沙量/g	合原型沙量/kg
1#	下游	32.5	12.1	51.5	19.2	83.9	31.2
	上游	20.0	7.44	42.4	15.8	69.2	25.7
2#	下游	15.2	7.9	35.8	18.6	60.4	31.4
	上游	12.1	6.29	31.5	16.2	49.2	25.6
3#	下游	13.9	8.34	36.6	19.0	57.8	34.7
	上游	10.8	6.48	23.6	14.2	42.5	25.5
4#	下游	15.9	10.9	36.2	24.7	84.5	57.8
	上游	10.8	7.38	27.2	18.6	69.5	42.5

表 4.12　　中潮与波浪作用下的航道底沙输沙量

模型	捕沙坑位置	无浪		中浪		大浪	
		捕沙坑内沙量/g	合原型沙量/kg	捕沙坑内沙量/g	合原型沙量/kg	捕沙坑内沙量/g	合原型沙量/kg
1#	下游	17.2	6.4	32.6	12.1	68.9	25.6
	上游	12.2	4.54	29.3	10.9	54.3	20.2

续表

模型	捕沙坑位置	无浪		中浪		大浪	
		捕沙坑内沙量/g	合原型沙量/kg	捕沙坑内沙量/g	合原型沙量/kg	捕沙坑内沙量/g	合原型沙量/kg
2#	下游	9.02	4.69	24.6	12.8	53.6	27.9
	上游	7.39	3.84	17.0	8.84	30.8	16.0
3#	下游	9.02	5.41	16.7	10.0	48.3	29.0
	上游	6.23	3.74	14.5	8.7	30.2	18.1
4#	下游	8.64	5.91	23.6	16.1	95.9	65.6
	上游	6.3	4.3	15.4	10.5	43.8	29.9

从图 4.25～图 4.28 看，无论是大潮还是中潮，在无浪和中浪时，模型变率对底沙输沙量的影响不大；在大浪时，当模型变率大于 6 以后，底沙输沙量明显大于模型变率小于 6 的底沙输沙量。

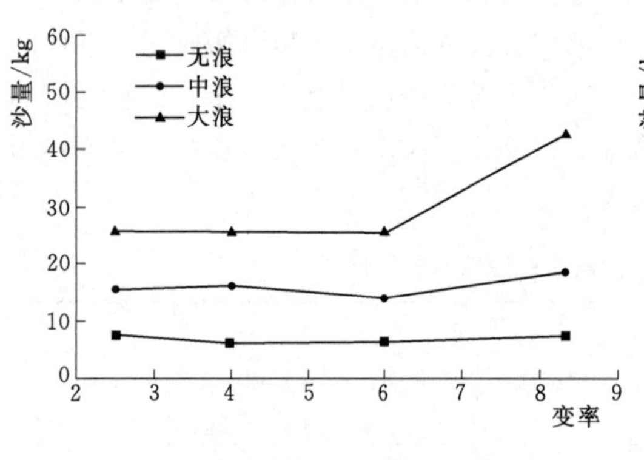

图 4.25　大潮与波浪作用时航道上游捕沙量与变率的关系

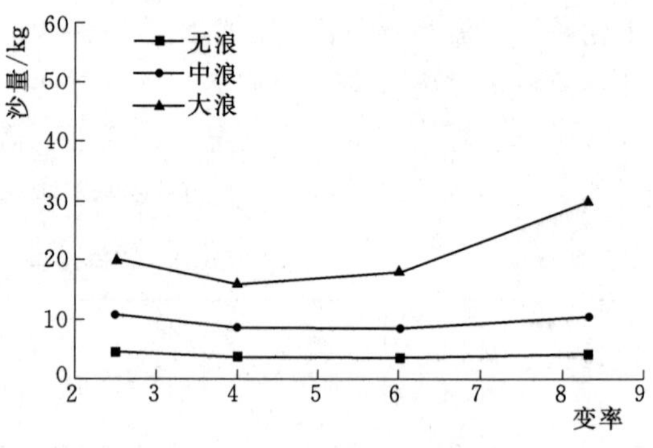

图 4.26　中潮与波浪作用时航道上游捕沙量与变率的关系

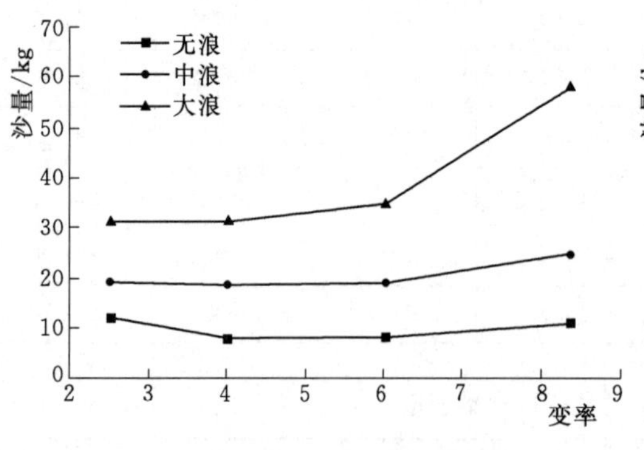

图 4.27　大潮与波浪作用时航道下游捕沙量与变率的关系

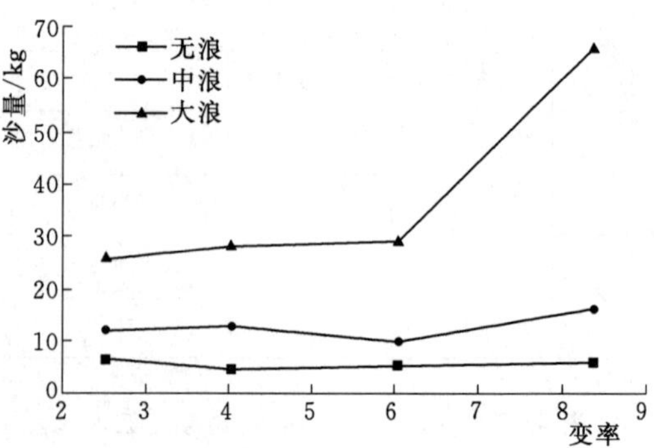

图 4.28　中潮与波浪作用时航道下游捕沙量与变率的关系

第5章

有丁坝时模型变率影响试验

分别进行三种丁坝布置方案试验，即有 N1 丁坝和 S2 丁坝的“斜对丁坝”、有 N1 和 S1 丁坝的“对丁坝”和有 N1、N2、S1 和 S2“四条丁坝”。

5.1 丁坝对航道流速的影响

各模型均设有 11 个流速测点（V_1～V_{11}），通过试验可以得到洪季大潮和枯季中潮各测流点的逐时流速，比较无丁坝和各种丁坝布置下的航道内的流速变化（图 5.1～图 5.8）。

枯季大潮条件下，对 V_2 点而言，四条丁坝时的涨落潮流速最大，对丁坝时的次之，斜对丁坝时的较小，且均大于无丁坝时的航道涨落潮流速；V_4 和 V_8 测点在不同丁坝布置时的涨潮流速比较接近，四条丁坝时落潮流速最大，斜对丁坝时的落潮流速与对丁坝时的比较接近；V_{11} 测点四条丁坝时的涨落潮流速最大，斜对丁坝时的涨落潮流速与对丁坝时的比较接近。

洪季中潮条件下，V_2 测点有丁坝时的涨落潮流速均较无丁坝时大，且不同丁坝布置时的涨落潮流速比较接近；测点 V_4 和 V_8 在不同丁坝布置时的涨潮流速基本接近且大于无丁坝时的，除四条丁坝布置外，有丁坝时的落潮流速与无丁坝时基本一样；V_{11} 测点有丁坝时的涨落潮流速基本上较无丁坝时大，四条丁坝时的涨落潮流速最大，对丁坝和斜对丁坝次之。

从试验结果看出，枯季大潮时丁坝对增加航道内流速的作用大于洪季中潮时的；无论时枯季大潮还是洪季中潮，四丁坝布置时航道内的涨落潮流速都是最大的。

5.2 变率对航道流速的影响

为了解模型变率对航道流速的影响，仍采取两种方法进行分析，一是认为 1# 模型和 2# 模型的流速平均值受变率影响较小的，将 3#、4# 和 5# 模型分别与其比较，得出变率的影响；二是将 1#～5# 模型的流速进行平均，然后比较各模型流速的偏离。

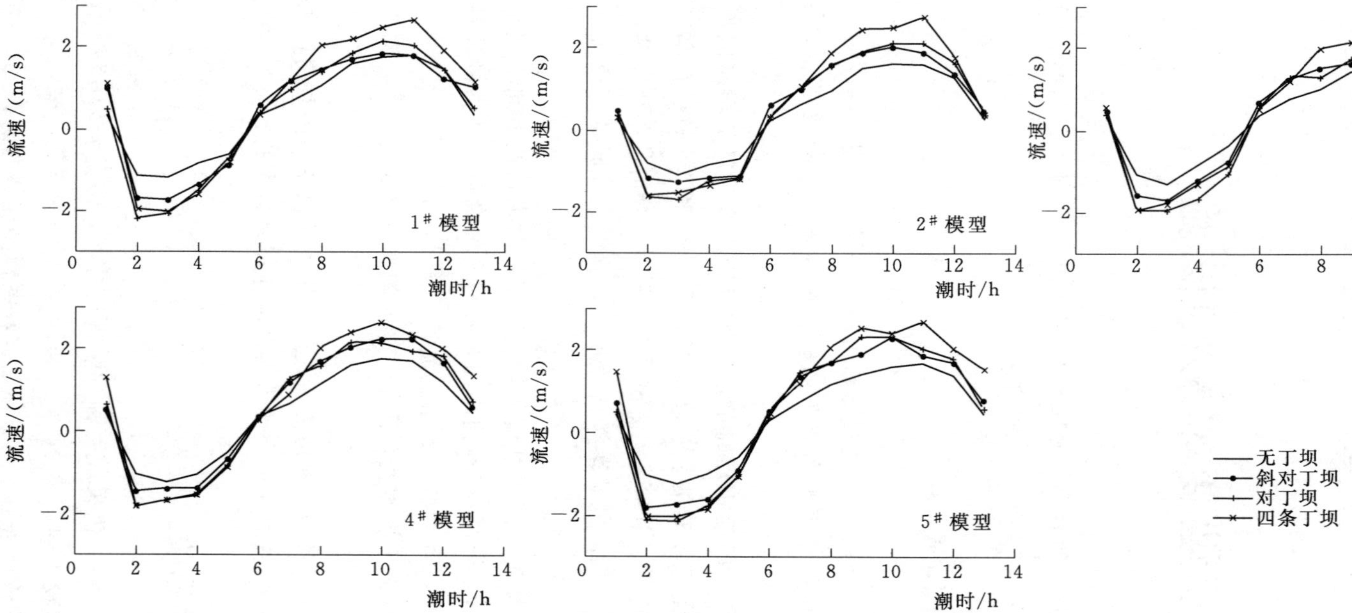

图 5.1 V_2 测点枯季大潮不同丁坝布置时的流速变化

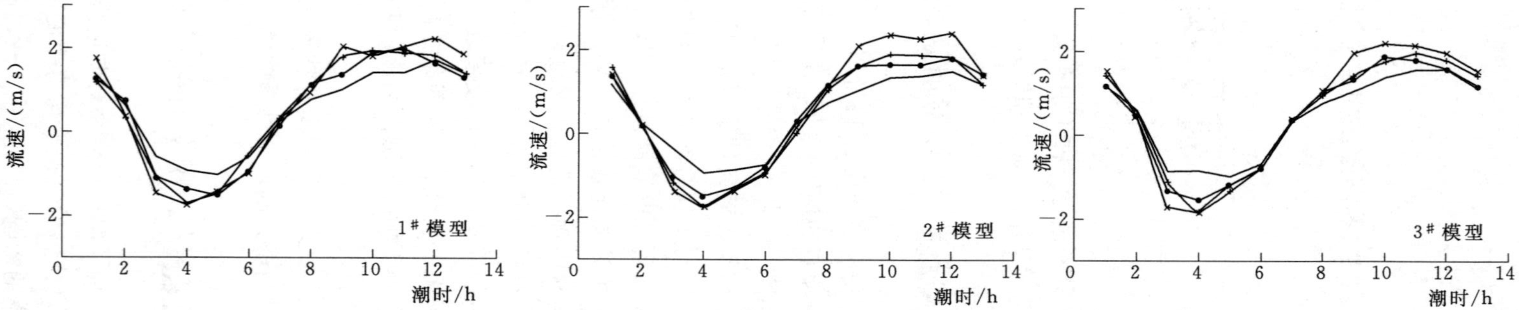

图 5.2（一） V_2 测点洪季中潮不同丁坝布置时的流速变化

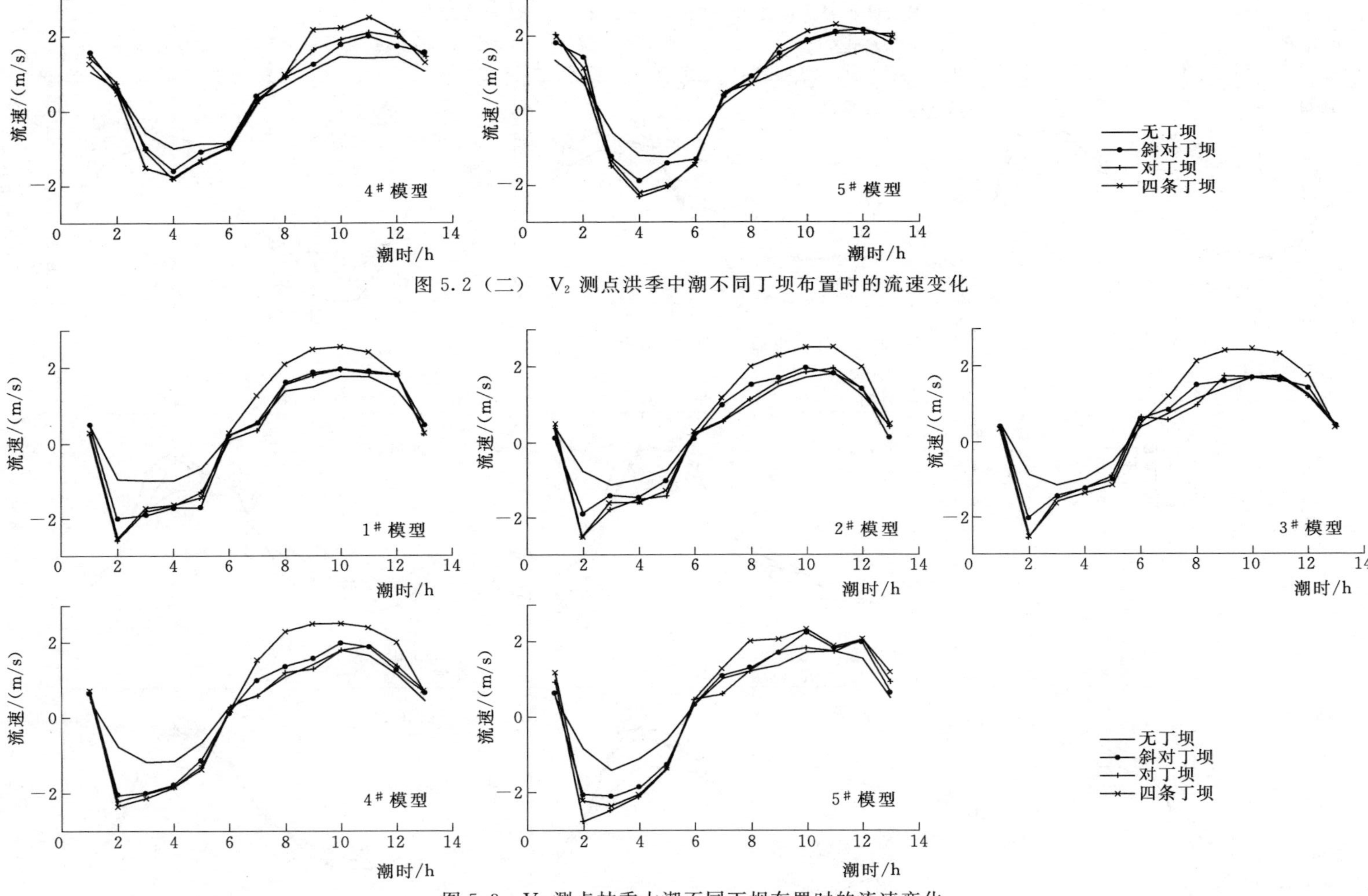

图 5.2（二）　V_2 测点洪季中潮不同丁坝布置时的流速变化

图 5.3　V_4 测点枯季大潮不同丁坝布置时的流速变化

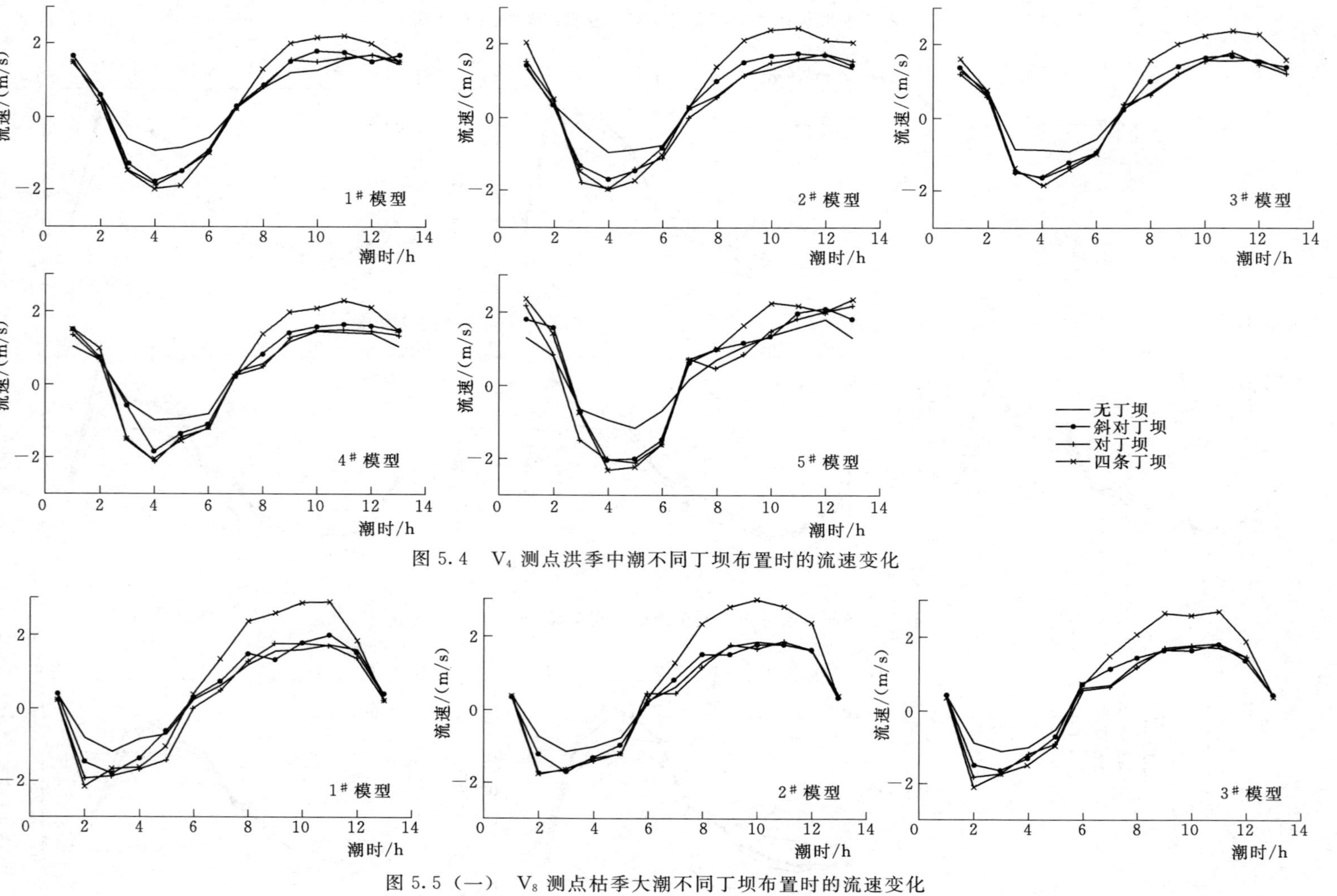

图 5.4　V_4 测点洪季中潮不同丁坝布置时的流速变化

图 5.5（一）　V_8 测点枯季大潮不同丁坝布置时的流速变化

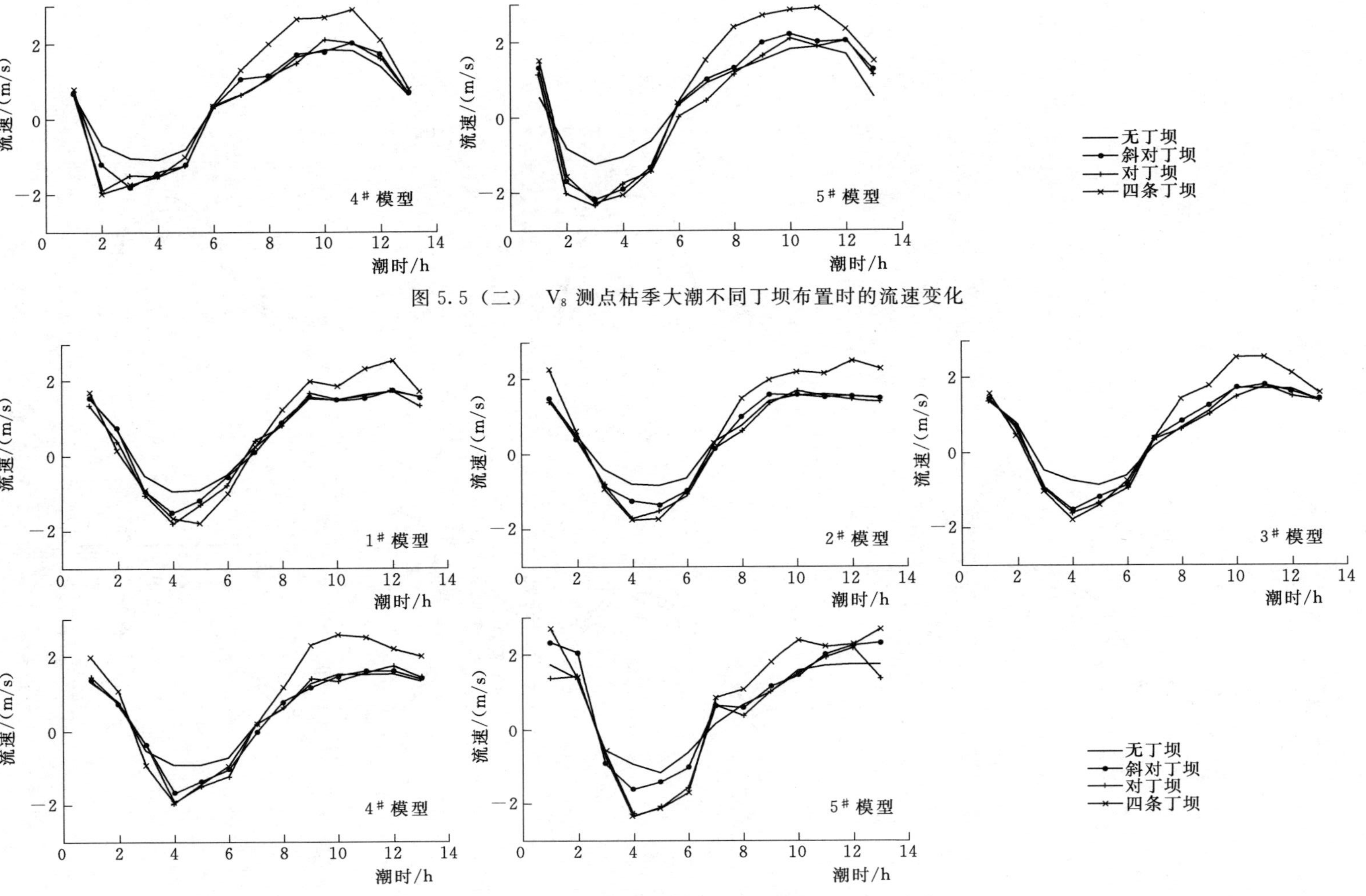

图 5.5（二） V_8 测点枯季大潮不同丁坝布置时的流速变化

图 5.6 V_8 测点洪季中潮不同丁坝布置时的流速变化

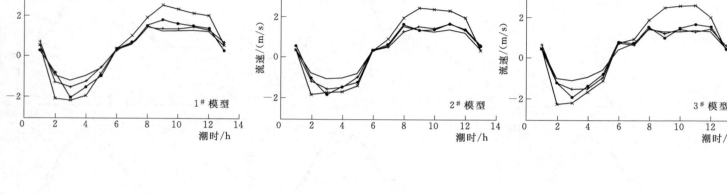

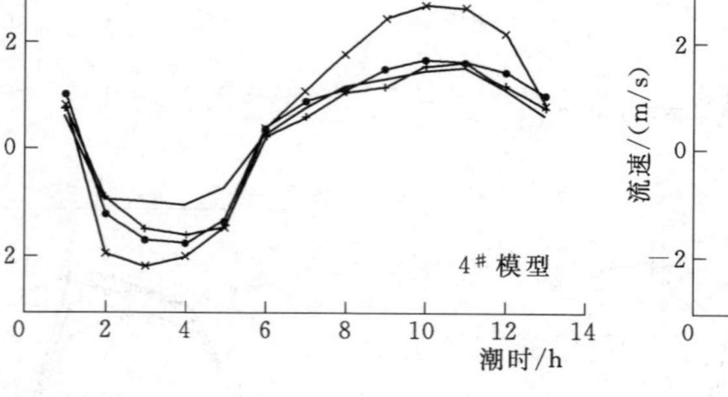

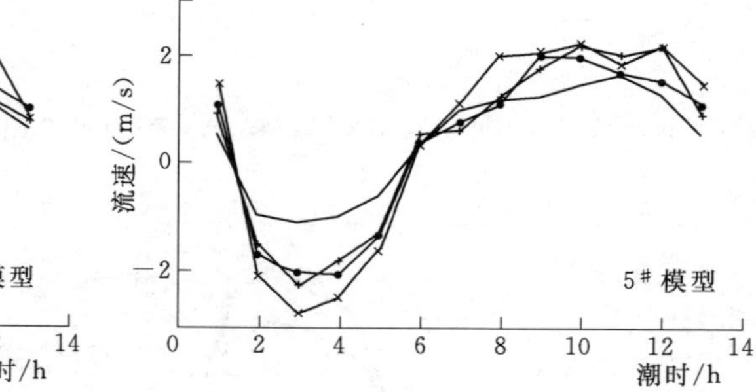

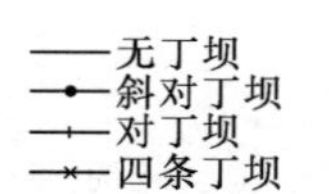

图 5.7 V_{11}测点枯季大潮不同丁坝布置时的流速变化

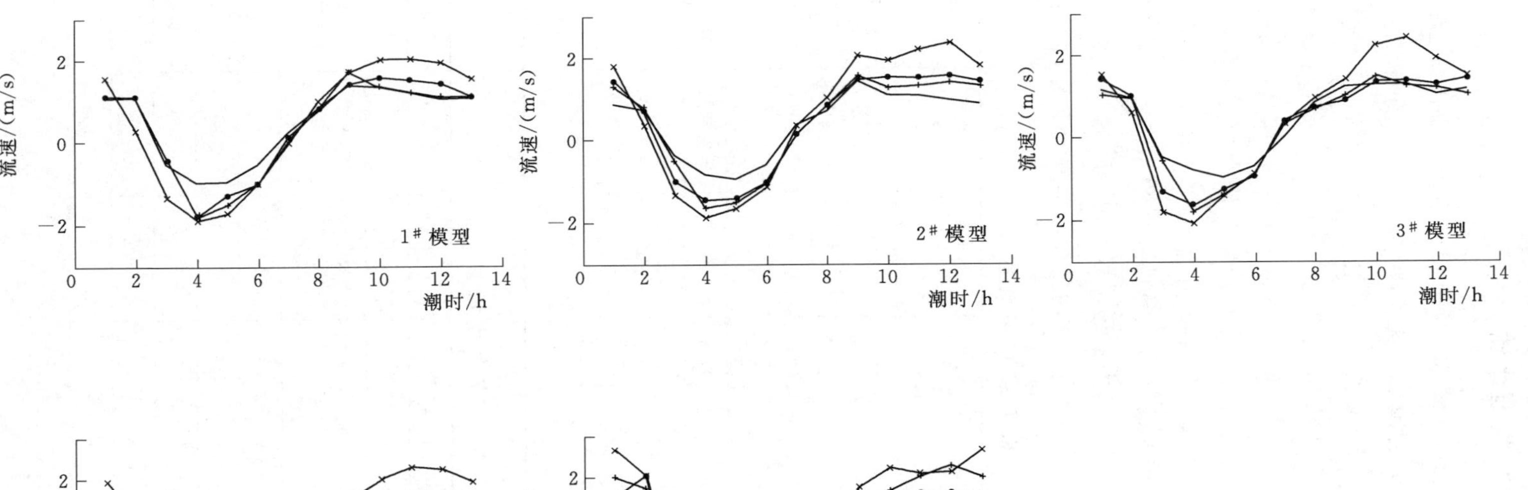

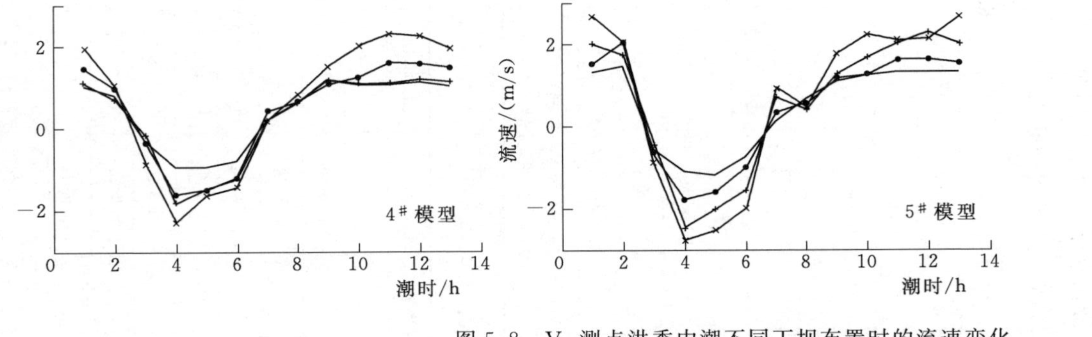

图 5.8 V_{11}测点洪季中潮不同丁坝布置时的流速变化

5.2.1 与1#和2#模型流速平均值比较

尽管流速测量存在着误差，比较3#、4#、5#模型涨落潮流速与1#和2#模型流速之平均值的偏离（表5.1～5.8）可以看出，无丁坝时，3#模型的偏离值为－3%～6%，4#模型的偏离值约为－3%～8%，5#模型的偏离值为0%～9%，三个模型之间偏离程度相差不大；斜对丁坝时，3#模型的偏离值为－13%～7%，4#模型的偏离值为－5%～13%，5#模型的偏离值为8%～36%；对丁坝时，3#模型的偏离值为－16%～8%，4#模型的偏离值为－6%～16%，5#模型的偏离值为13%～44%；四条丁坝时，3#模型的偏离值为－7%～7%，4#模型的偏离值为－1%～12%，5#模型的偏离值为6%～31%。5#模型的偏离值相对误差最大，4#模型和3#模型次之，即随着变率的增大，各测点的涨落潮平均流速的相对误差也增大；还可以看出，5#模型有丁坝时的流速偏离值明显大于无丁坝时的，说明模型变率对有丁坝时的流场影响大于无丁坝时的流场。

表5.1　　V_2 测点涨潮流速

丁坝布置形式	参数	1#模型	2#模型	3#模型	4#模型	5#模型	平均值
无丁坝	流速值	0.97	0.88	0.92	1.00	1.00	0.925
	偏离值	4.86%	－4.86%	－0.54%	8.11%	8.11%	
斜对丁坝	流速值	1.45	1.21	1.34	1.27	1.56	1.33
	偏离值	9.02%	－9.02%	0.75%	－4.51%	17.29%	
对丁坝	流速值	1.64	1.47	1.68	1.51	1.81	1.555
	偏离值	5.47%	－5.47%	8.04%	－2.89%	16.40%	
四条丁坝	流速值	1.62	1.45	1.50	1.53	1.78	1.535
	偏离值	5.54%	－5.54%	－2.28%	－0.33%	15.96%	

偏离值＝(某模型流速－平均值)/平均值

平均值＝1#、2#模型流速之平均值

表5.2　　V_2 测点落潮流速

丁坝布置形式	参数	1#模型	2#模型	3#模型	4#模型	5#模型	平均值
无丁坝	流速值	1.02	0.91	0.95	0.99	0.97	0.965
	偏离值	5.70%	－5.70%	－1.55%	2.59%	0.52%	
斜对丁坝	流速值	1.3	1.24	1.24	1.35	1.38	1.27
	偏离值	2.36%	－2.36%	－2.36%	6.30%	8.66%	
对丁坝	流速值	1.24	1.26	1.18	1.37	1.42	1.25
	偏离值	－0.8%	0.8%	－5.6%	9.6%	13.6%	
四条丁坝	流速值	1.66	1.48	1.47	1.66	1.80	1.57
	偏离值	5.73%	－5.73%	－6.37%	5.73%	14.65%	

偏离值＝(某模型流速－平均值)/平均值

平均值＝1#、2#模型流速之平均值

表 5.3 V$_4$ 测点涨潮流速

丁坝布置形式	参数	1# 模型	2# 模型	3# 模型	4# 模型	5# 模型	平均值
无丁坝	流速值	0.89	0.90	0.87	0.92	0.97	0.895
	偏离值	−0.56%	0.56%	−2.79%	2.79%	8.38%	
斜对丁坝	流速值	1.83	1.44	1.43	1.72	1.82	1.635
	偏离值	11.93%	−11.93%	−12.54%	5.20%	11.31%	
对丁坝	流速值	1.84	1.81	1.54	1.84	2.17	1.825
	偏离值	0.82%	−0.82%	−15.61%	0.82%	18.90%	
四条丁坝	流速值	1.84	1.74	1.66	1.90	1.99	1.79
	偏离值	2.79%	−2.79%	−7.26%	6.15%	11.17%	

偏离值=(某模型流速−平均值)/平均值
平均值=1#、2# 模型流速之平均值

表 5.4 V$_4$ 测点落潮流速

丁坝布置形式	参数	1# 模型	2# 模型	3# 模型	4# 模型	5# 模型	平均值
无丁坝	流速值	1.06	0.99	1.03	0.99	1.11	1.025
	偏离值	3.41%	−3.41%	0.49%	−3.41%	8.29%	
斜对丁坝	流速值	1.21	1.09	1.12	1.26	1.32	1.15
	偏离值	5.22%	−5.22%	−2.61%	9.57%	14.78%	
对丁坝	流速值	1.1	1.06	1.03	1.07	1.27	1.08
	偏离值	1.85%	−1.85%	−4.63%	−0.93%	17.59%	
四条丁坝	流速值	1.50	1.52	1.49	1.65	1.60	1.51
	偏离值	−0.66%	0.66%	−1.32%	9.27%	5.96%	

偏离值=(某模型流速−平均值)/平均值
平均值=1#、2# 模型流速之平均值

表 5.5 V$_8$ 测点涨潮流速

丁坝布置形式	参数	1# 模型	2# 模型	3# 模型	4# 模型	5# 模型	平均值
无丁坝	流速值	0.88	0.90	0.87	0.90	0.92	0.89
	偏离值	−1.12%	1.12%	−2.25%	1.12%	3.37%	
斜对丁坝	流速值	1.32	1.30	1.29	1.41	1.76	1.31
	偏离值	0.76%	−0.76%	−1.53%	7.63%	34.35%	
对丁坝	流速值	1.72	1.49	1.42	1.54	1.89	1.605
	偏离值	7.17%	−7.17%	−11.53%	−4.05%	17.76%	
四条丁坝	流速值	1.62	1.49	1.57	1.57	1.81	1.555
	偏离值	4.18%	−4.18%	0.96%	0.96%	16.40%	

偏离值=(某模型流速−平均值)/平均值
平均值=1#、2# 模型流速之平均值

表 5.6　　V_8 测点落潮流速

丁坝布置形式	参数	1#模型	2#模型	3#模型	4#模型	5#模型	平均值
无丁坝	流速值	1.04	1.11	1.12	1.12	1.17	1.075
	偏离值	−3.26%	3.26%	4.19%	4.19%	8.84%	
斜对丁坝	流速值	1.11	1.09	1.18	1.24	1.50	1.10
	偏离值	0.91%	−0.91%	7.27%	12.73%	36.36%	
对丁坝	流速值	0.98	1.07	1.10	1.19	1.29	1.025
	偏离值	−4.39%	4.39%	7.32%	16.10%	25.85%	
四条丁坝	流速值	1.64	1.74	1.65	1.73	2.02	1.69
	偏离值	−2.96%	2.96%	−2.37%	2.37%	19.53%	

偏离值=(某模型流速−平均值)/平均值
平均值=1#、2#模型流速之平均值

表 5.7　　V_{11} 测点涨潮流速

丁坝布置形式	参数	1#模型	2#模型	3#模型	4#模型	5#模型	平均值
无丁坝	流速值	0.90	0.88	0.88	0.92	0.91	0.89
	偏离值	1.12%	−1.12%	−1.12%	3.37%	2.25%	
斜对丁坝	流速值	1.32	1.36	1.30	1.50	1.77	1.34
	偏离值	−1.49%	1.49%	2.99%	11.9%	32.1%	
对丁坝	流速值	1.11	1.27	1.27	1.36	1.71	1.19
	偏离值	−6.72%	6.72%	6.72%	14.3%	43.7%	
四条丁坝	流速值	1.75	1.64	1.78	1.89	2.22	1.695
	偏离值	3.24%	−3.24%	5.01%	11.5%	31.0%	

偏离值=(某模型流速−平均值)/平均值
平均值=1#、2#模型流速之平均值

表 5.8　　V_{11} 测点落潮流速

丁坝布置形式	参数	1#模型	2#模型	3#模型	4#模型	5#模型	平均值
无丁坝	流速值	0.95	0.94	1.00	0.97	1.01	0.945
	偏离值	0.529%	−0.529%	5.8%	2.6%	6.88%	
斜对丁坝	流速值	1.05	1.04	1.07	1.15	1.27	1.045
	偏离值	0.478%	−0.478%	2.39%	10%	21.53%	
对丁坝	流速值	1.03	1.03	1.06	0.97	1.36	1.03
	偏离值	0%	0%	2.93%	−5.83%	32.04%	
四条丁坝	流速值	1.48	1.43	1.56	1.62	1.62	1.455
	偏离值	1.72%	−1.72%	7.22%	11.34%	11.34%	

偏离值=(某模型流速−平均值)/平均值
平均值=1#、2#模型流速之平均值

5.2.2 与各模型流速平均值比较

表 5.9～表 5.16 中的流速值分别是 V_2、V_4、V_8 和 V_{11} 测点在不同变率模型中不同丁坝布置时枯季大潮涨潮和落潮平均流速。平均值是 1#～5# 模型该点涨潮或落潮平均流速的平均值，偏离值是各流速值与平均值的相对误差。

表 5.9　　V_2 测点涨潮流速

丁坝布置形式	参数	1#模型	2#模型	3#模型	4#模型	5#模型	平均值
斜对丁坝	流速值	1.45	1.21	1.34	1.27	1.56	1.366
	偏离值	6.15%	−11.42%	−1.90%	−7.03%	14.20%	
对丁坝	流速值	1.64	1.47	1.68	1.51	1.81	1.622
	偏离值	1.11%	−9.37%	3.58%	−6.91%	11.59%	
四条丁坝	流速值	1.62	1.45	1.50	1.53	1.78	1.576
	偏离值	2.79%	−7.99%	−4.82%	−2.92%	12.94%	

偏离值=(某模型流速−平均值)/平均值
平均值=1#、2#、3#、4# 和 5# 模型流速之平均值

表 5.10　　V_2 测点落潮流速

丁坝布置形式	参数	1#模型	2#模型	3#模型	4#模型	5#模型	平均值
斜对丁坝	流速值	1.3	1.24	1.24	1.35	1.38	1.302
	偏离值	−0.15%	−4.76%	−4.76%	3.69%	5.99%	
对丁坝	流速值	1.24	1.26	1.18	1.37	1.42	1.294
	偏离值	−4.17%	−2.63%	−8.81%	5.87%	9.74%	
四条丁坝	流速值	1.66	1.48	1.47	1.66	1.80	1.614
	偏离值	2.85%	−8.30%	−8.92%	2.85%	11.52%	

偏离值=(某模型流速−平均值)/平均值
平均值=1#、2#、3#、4# 和 5# 模型流速之平均值

表 5.11　　V_4 测点涨潮流速

丁坝布置形式	参数	1#模型	2#模型	3#模型	4#模型	5#模型	平均值
斜对丁坝	流速值	1.83	1.44	1.43	1.72	1.82	1.648
	偏离值	11.04%	−12.62%	−13.23%	4.37%	10.44%	
对丁坝	流速值	1.84	1.81	1.54	1.84	2.17	1.84
	偏离值	0	−1.63%	−16.3%	0	17.93%	
四条丁坝	流速值	1.84	1.74	1.66	1.90	1.99	1.826
	偏离值	0.77%	−4.71%	−9.09%	4.05%	8.98%	

偏离值=(某模型流速−平均值)/平均值
平均值=1#、2#、3#、4# 和 5# 模型流速之平均值

表 5.12　　V_4 测点落潮流速

丁坝布置形式	参数	1# 模型	2# 模型	3# 模型	4# 模型	5# 模型	平均值
斜对丁坝	流速值	1.21	1.09	1.12	1.26	1.32	1.20
	偏离值	0.83%	−9.17%	−6.67%	5%	10%	
对丁坝	流速值	1.1	1.06	1.03	1.07	1.27	1.106
	偏离值	−0.54%	−4.16%	−6.87%	−3.25%	14.83%	
四条丁坝	流速值	1.50	1.52	1.49	1.65	1.60	1.552
	偏离值	−3.35%	−2.06%	−3.99%	6.31%	3.09%	

偏离值=(某模型流速−平均值)/平均值

平均值=1#、2#、3#、4# 和 5# 模型流速之平均值

表 5.13　　V_8 测点涨潮流速

丁坝布置形式	参数	1# 模型	2# 模型	3# 模型	4# 模型	5# 模型	平均值
斜对丁坝	流速值	1.32	1.30	1.29	1.41	1.76	1.416
	偏离值	−6.78%	−8.19%	−8.90%	−0.42%	24.29%	
对丁坝	流速值	1.72	1.49	1.42	1.54	1.89	1.612
	偏离值	6.70%	−7.57%	−11.91%	−4.47%	17.25%	
四条丁坝	流速值	1.62	1.49	1.57	1.57	1.81	1.612
	偏离值	0.50%	−7.57%	−2.61%	−2.61%	12.28%	

偏离值=(某模型流速−平均值)/平均值

平均值=1#、2#、3#、4# 和 5# 模型流速之平均值

表 5.14　　V_8 测点落潮流速

丁坝布置形式	参数	1# 模型	2# 模型	3# 模型	4# 模型	5# 模型	平均值
斜对丁坝	流速值	1.11	1.09	1.18	1.24	1.50	1.224
	偏离值	−9.31%	−10.95%	−3.59%	1.31%	22.55%	
对丁坝	流速值	0.98	1.07	1.10	1.19	1.29	1.126
	偏离值	−12.97%	−4.97%	−2.31%	5.68%	14.56%	
四条丁坝	流速值	1.64	1.74	1.65	1.73	2.02	1.756
	偏离值	−6.61%	−0.91%	−6.04%	−1.48%	15.03%	

偏离值=(某模型流速−平均值)/平均值

平均值=1#、2#、3#、4# 和 5# 模型流速之平均值

表 5.15 V_{11} 测点涨潮流速

丁坝布置形式	参数	1# 模型	2# 模型	3# 模型	4# 模型	5# 模型	平均值
斜对丁坝	流速值	1.32	1.36	1.30	1.50	1.77	1.45
	偏离值	−8.97%	−6.21%	−10.34%	3.45%	22.07%	
对丁坝	流速值	1.11	1.27	1.27	1.36	1.71	1.344
	偏离值	−17.41%	−5.51%	−5.51%	1.19%	27.23%	
四条丁坝	流速值	1.75	1.64	1.78	1.89	2.22	1.856
	偏离值	−5.71%	−11.64%	−4.09%	1.83%	19.61%	

偏离值＝(某模型流速－平均值)/平均值
平均值＝1#、2#、3#、4# 和 5# 模型流速之平均值

表 5.16 V_{11} 测点落潮流速

丁坝布置形式	参数	1# 模型	2# 模型	3# 模型	4# 模型	5# 模型	平均值
斜对丁坝	流速值	1.05	1.04	1.07	1.15	1.27	1.116
	偏离值	−5.91%	−6.81%	−4.12%	3.05%	13.80%	
对丁坝	流速值	1.03	1.03	1.06	0.97	1.36	1.09
	偏离值	−5.50%	−5.50%	−2.75%	−11.01%	24.77%	
四条丁坝	流速值	1.48	1.43	1.56	1.62	1.62	1.542
	偏离值	−4.02%	−7.26%	1.17%	5.06%	5.06%	

偏离值＝(某模型流速－平均值)/平均值
平均值＝1#、2#、3#、4# 和 5# 模型流速之平均值

斜对丁坝时，1# 模型的偏离值为－9%～11%，2# 模型的偏离值为－13%～－4%，3# 模型的偏离值为－13%～－2%，4# 模型的偏离值为－7%～5%，5# 模型的偏离值为 6%～24%；对丁坝时，1# 模型的偏离值为－18%～7%，2# 模型的偏离值为－10%～－1%，3# 模型的偏离值为－16%～4%，4# 模型的偏离值为－11%～6%，5# 模型的偏离值为 10%～27%；四条丁坝时，1# 模型的偏离值为－7%～3%，2# 模型的偏离值为－12%～－2%，3# 模型的偏离值为－9%～1%，4# 模型的偏离值为－3%～7%，5# 模型的偏离值为 3%～20%。

可以看到，有丁坝时 1# ～4# 模型的涨落潮平均流速偏离幅度相差不大，5# 模型涨落潮平均流速均较平均值增大，变率对 5# 模型流速的影响是明显的。

图 5.9～图 5.12 中横坐标是模型变率，纵坐标是流速，点据是各模型航道内测点的涨潮平均流速和落潮平均流速，粗实线是五个模型的涨潮或落潮平均流速的平均值。从图中可看到，有丁坝时 5# 模型的涨落潮平均流速均分别较五个模型的平均涨落潮流速要大，即变率 12.8 的模型流速明显大于小变率的模型流速。

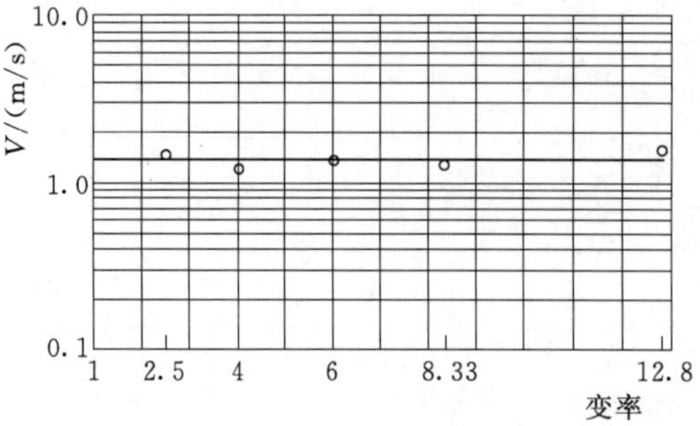

(a) 斜对丁坝涨潮

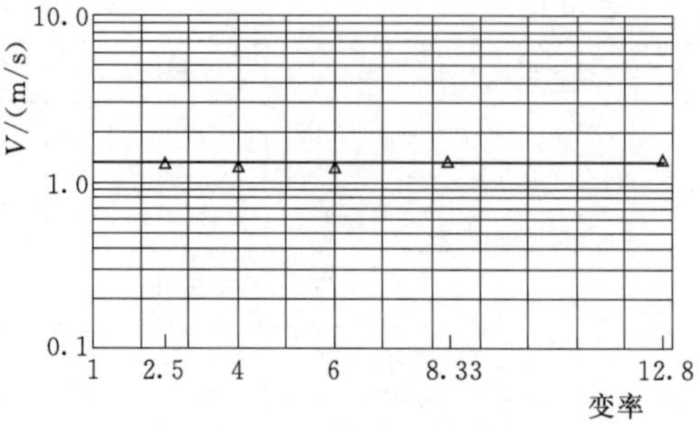

(b) 斜对丁坝落潮

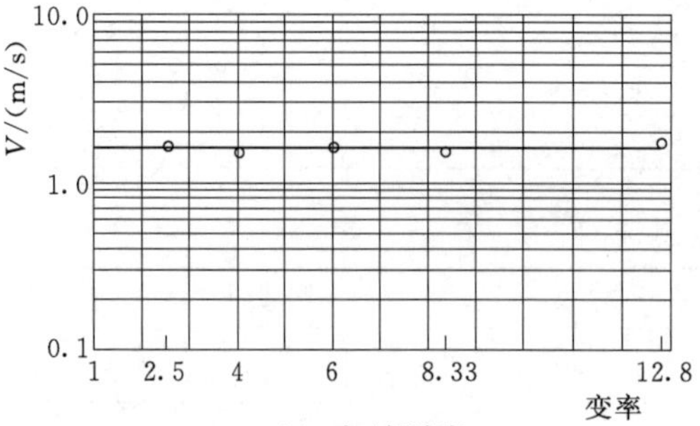

(c) 对丁坝涨潮

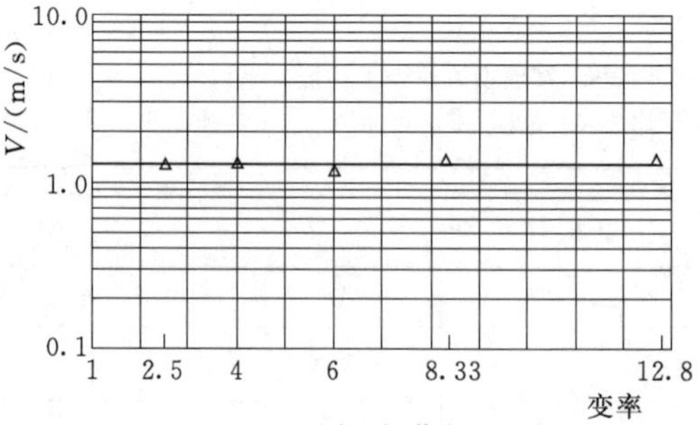

(d) 对丁坝落潮

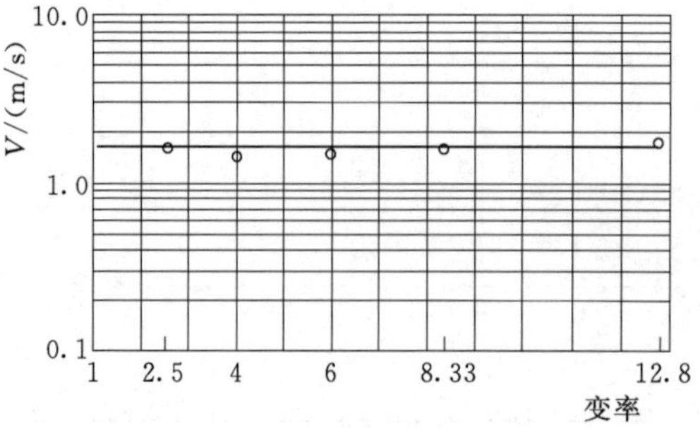

(e) 四条丁坝涨潮

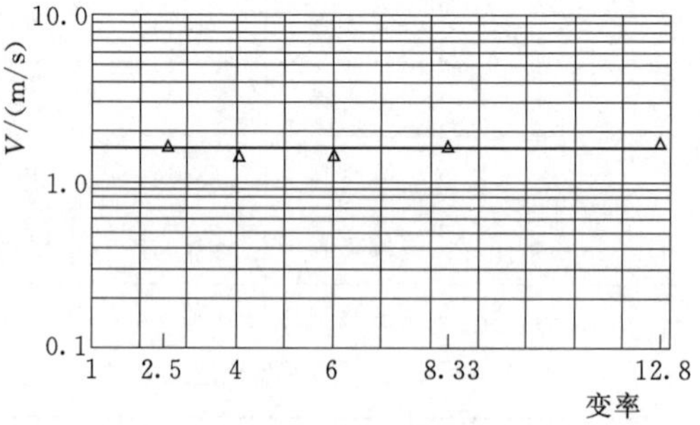

(f) 四条丁坝落潮

图 5.9 枯季大潮 V_2 测点平均流速与模型变率关系

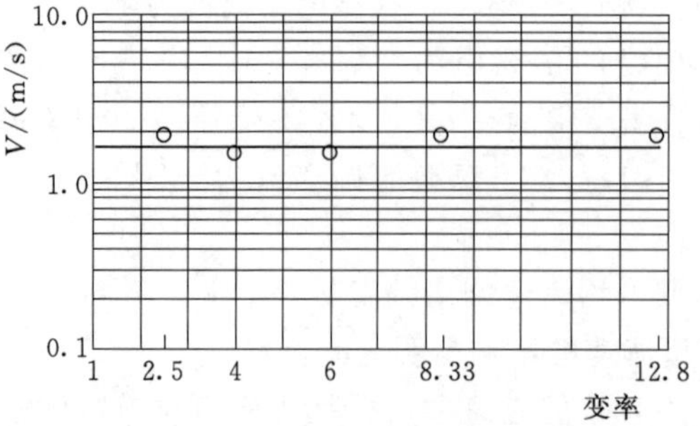

(a) 斜对丁坝涨潮

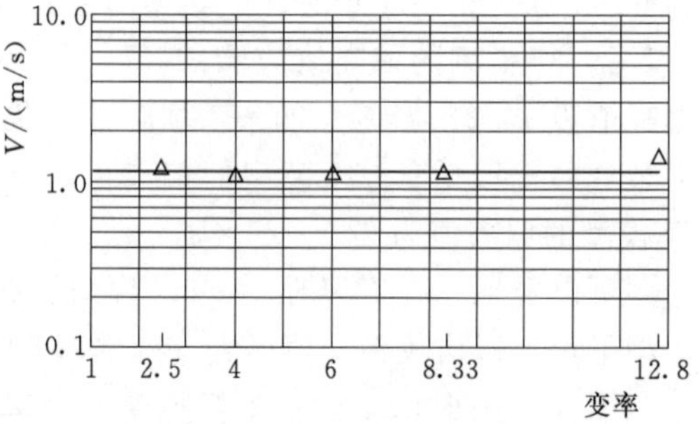

(b) 斜对丁坝落潮

图 5.10（一） 枯季大潮 V_4 测点平均流速与模型变率关系

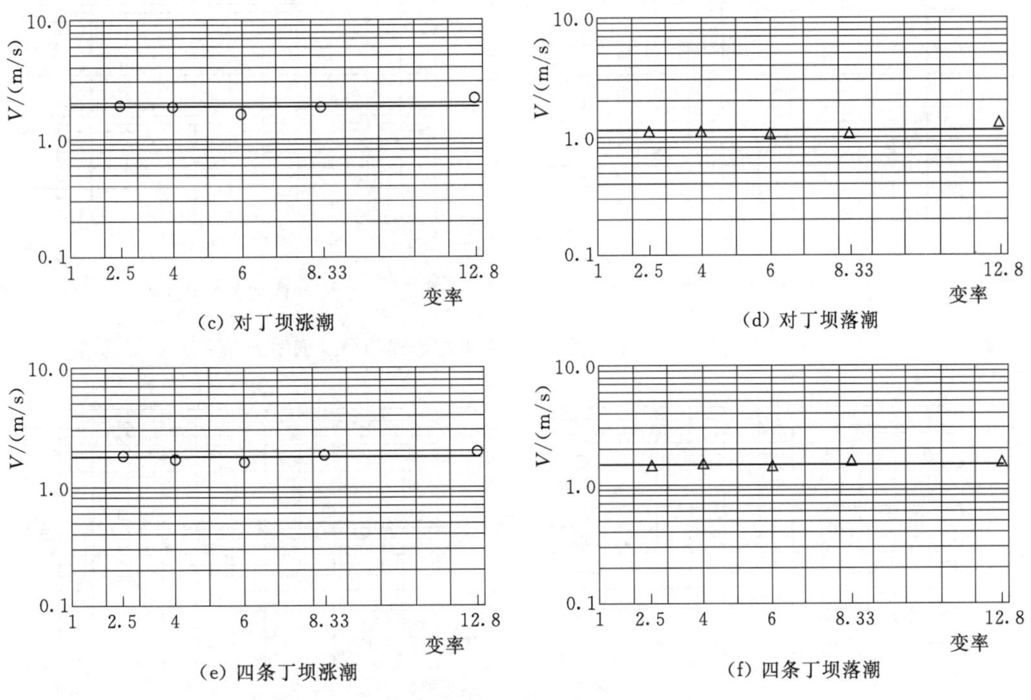

(c) 对丁坝涨潮　(d) 对丁坝落潮

(e) 四条丁坝涨潮　(f) 四条丁坝落潮

图 5.10（二） 枯季大潮 V_4 测点平均流速与模型变率关系

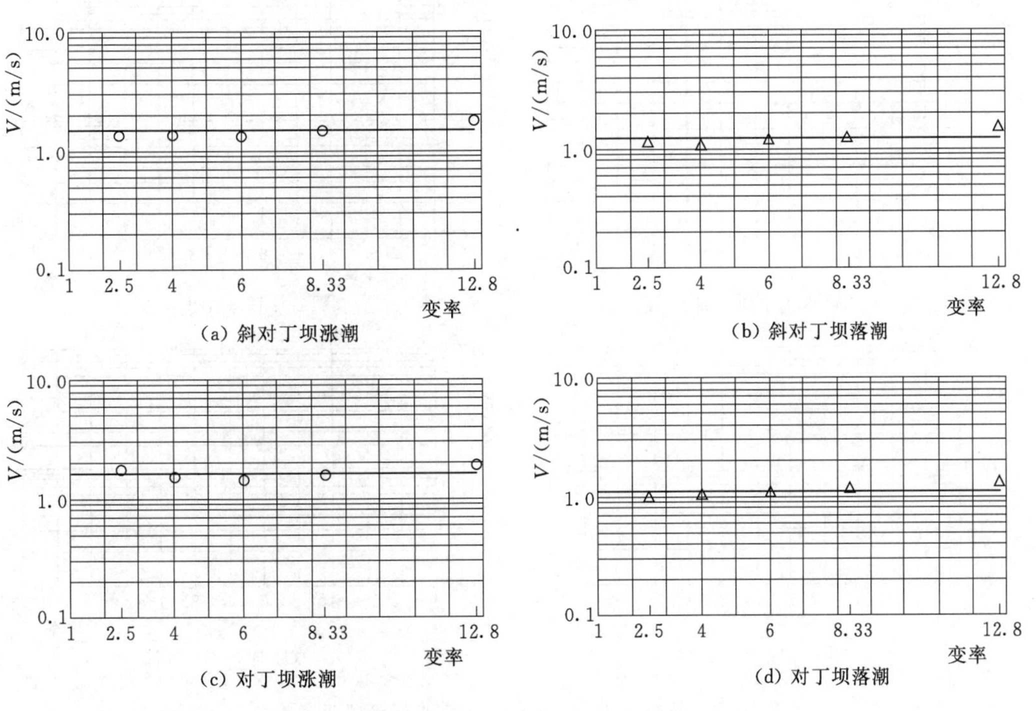

(a) 斜对丁坝涨潮　(b) 斜对丁坝落潮

(c) 对丁坝涨潮　(d) 对丁坝落潮

图 5.11（一） 枯季大潮 V_8 测点平均流速与模型变率关系

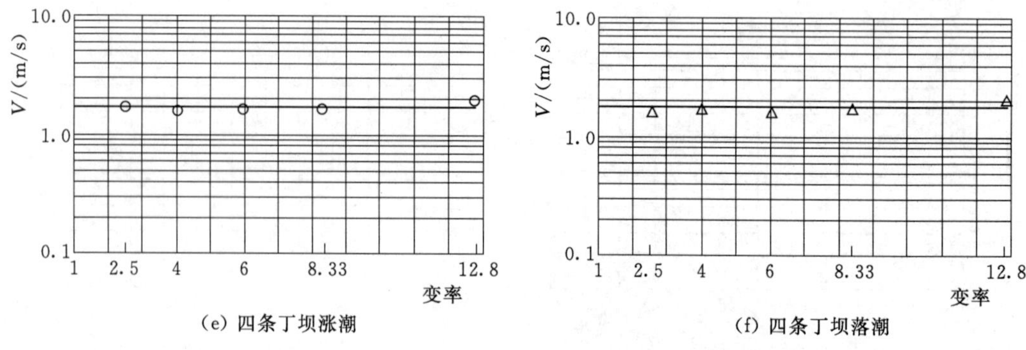

(e) 四条丁坝涨潮

(f) 四条丁坝落潮

图 5.11（二） 枯季大潮 V_8 测点平均流速与模型变率关系

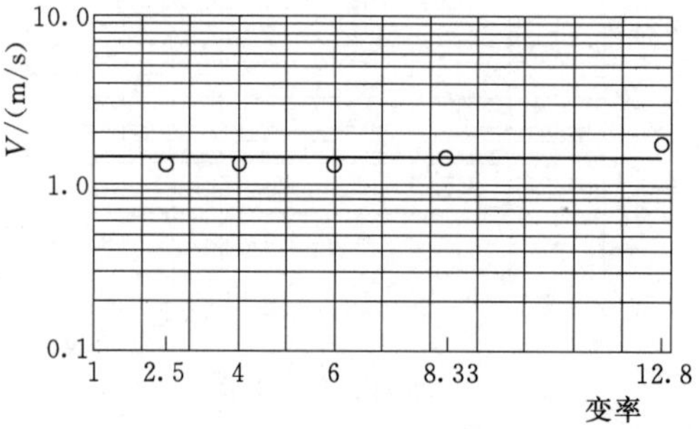

(a) 斜对丁坝涨潮

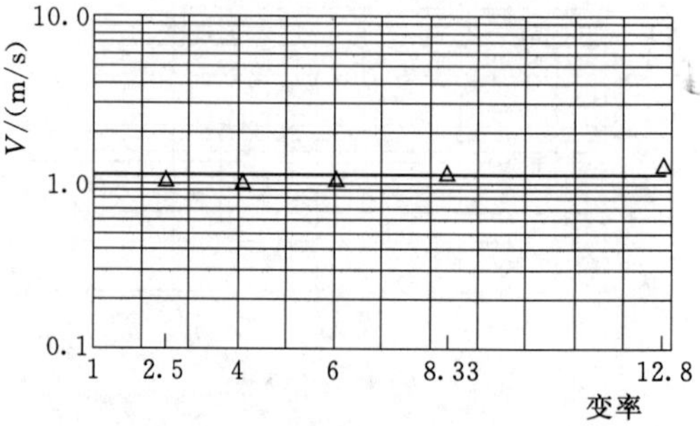

(b) 斜对丁坝落潮

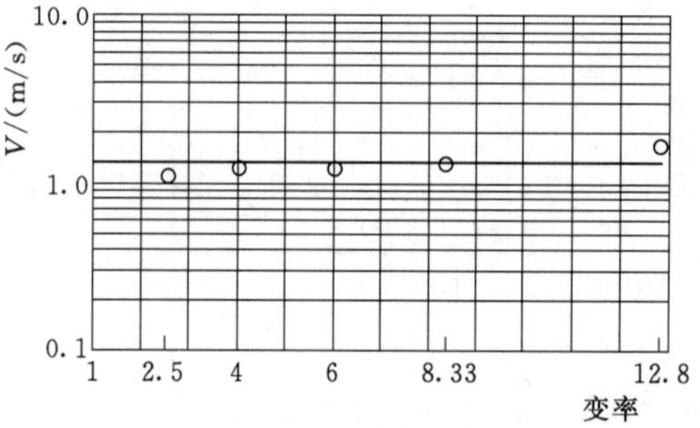

(c) 对丁坝涨潮

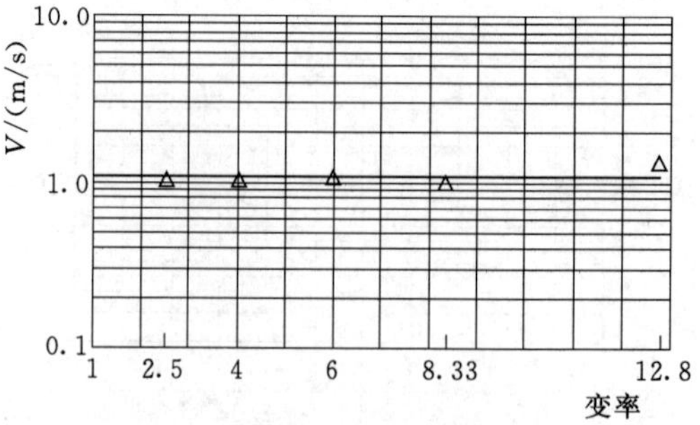

(d) 对丁坝落潮

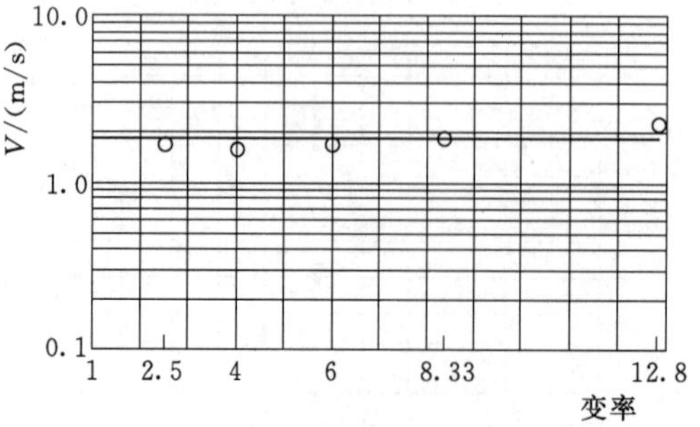

(e) 四条丁坝涨潮

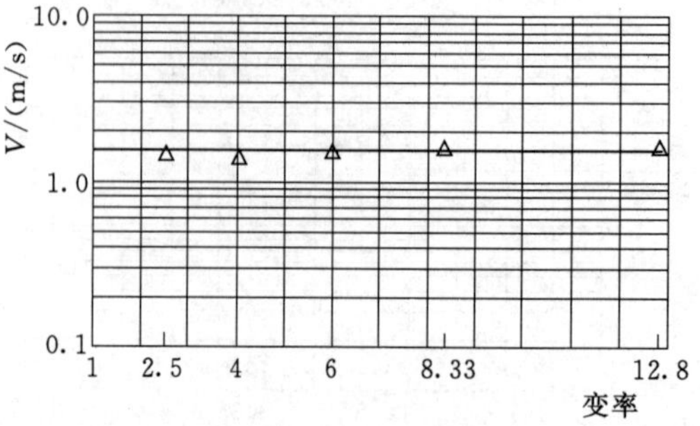

(f) 四条丁坝落潮

图 5.12 枯季大潮 V_{11} 测点平均流速与模型变率关系

5.3 变率对清水动床模型航道冲淤的影响

对 1# ～4# 模型分别进行了大潮和中潮作用下的清水动床试验，测量斜对丁坝、对丁坝和四条丁坝布置条件下的航道冲淤厚度，试验时间相当于原型半年。

5.3.1 大潮时航道冲淤变化

斜对丁坝时，各模型航道断面平均冲刷深度较无丁坝时大（图 5.13），1# ～4# 模型航道底宽上的平均冲刷深度分别为－0.129m、－0.164m、－0.085m 和－0.136m，边坡上的平均冲刷深度分别为－0.120m、－0.144m、－0.197m 和－0.208m。

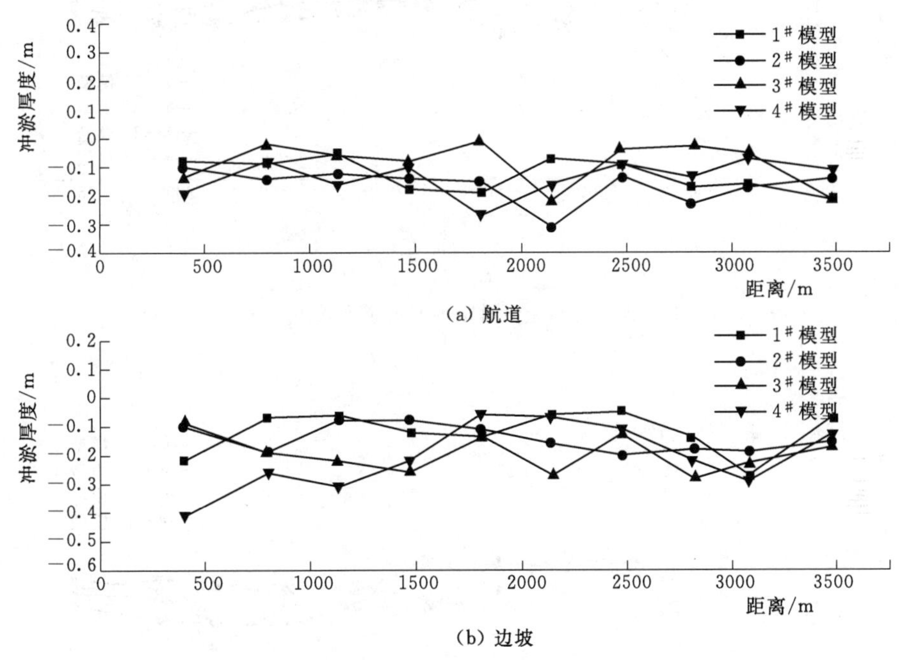

图 5.13 清水动床大潮无浪斜对丁坝时航道及边坡半年的冲淤厚度

对丁坝时，1# ～4# 模型航道底部平均冲刷深度分别为－0.140m、－0.198m、－0.127m和－0.177m，边坡平均冲刷深度分别为－0.119m、－0.178m、－0.198m 和－0.186m（图 5.14）。

四条丁坝时，1# ～4# 模型的航道底部平均冲刷深度分别为－0.236m、－0.249m、－0.203m 和－0.216m，边坡平均冲刷深度分别为－0.348m、－0.299m、－0.348m 和－0.344m（图 5.15）。

从各模型不同丁坝布置方案下航道和边坡平均冲淤厚度（表 5.17、表 5.18 和图 5.16）可以看出，航道的冲刷深度由大到小依次为四条丁坝、对丁坝、斜对丁坝和无丁坝，航道边坡上的冲刷大于航道内的。当变率为 2.5～8.33 时，变率对航道及边坡上的冲刷深度影响不明显。

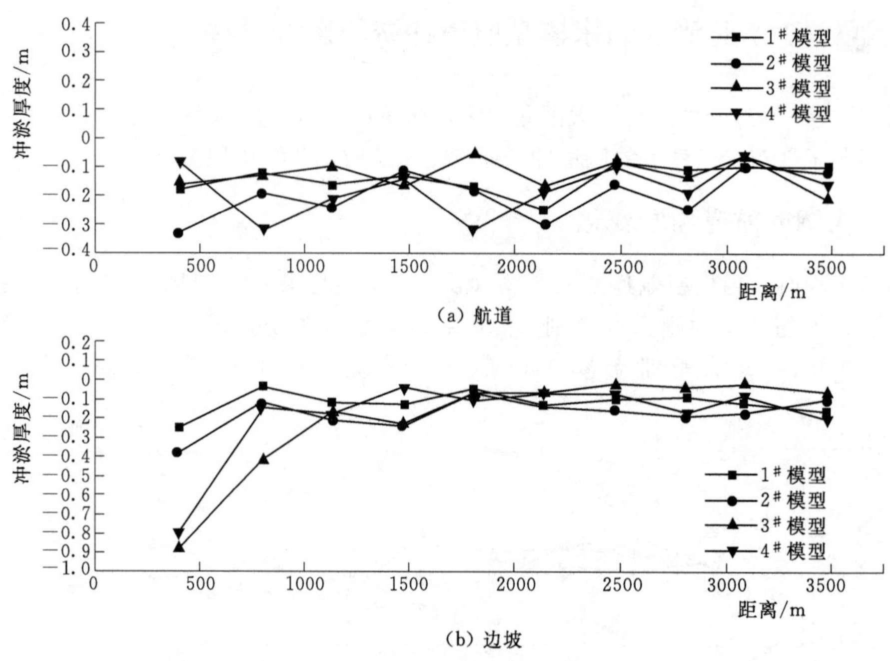

图 5.14 清水动床大潮无浪对丁坝时航道及边坡半年的冲淤厚度

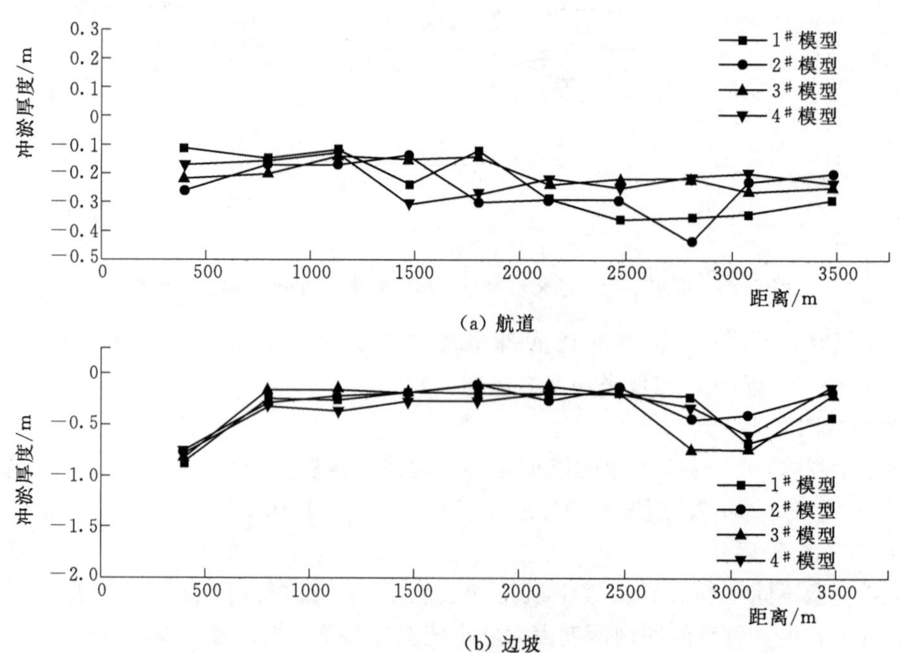

图 5.15 清水动床大潮无浪四条丁坝时航道及边坡半年的冲淤厚度

表 5.17　　清水动床大潮时各方案航道半年平均冲淤厚度

模型	平均冲淤厚度/m			备注
	斜对丁坝	对丁坝	四条丁坝	
1#	−0.129	−0.14	−0.236	各模型冲淤厚度均已换算成原型值
2#	−0.164	−0.198	−0.249	
3#	−0.085	−0.127	−0.203	
4#	−0.136	−0.177	−0.216	

表 5.18　　清水动床大潮时各方案边坡半年平均冲淤厚度

模型	平均冲淤厚度/m			备注
	斜对丁坝	对丁坝	四条丁坝	
1#	−0.120	−0.119	−0.348	各模型冲淤厚度均已换算成原型值
2#	−0.144	−0.178	−0.299	
3#	−0.197	−0.198	−0.348	
4#	−0.208	−0.186	−0.344	

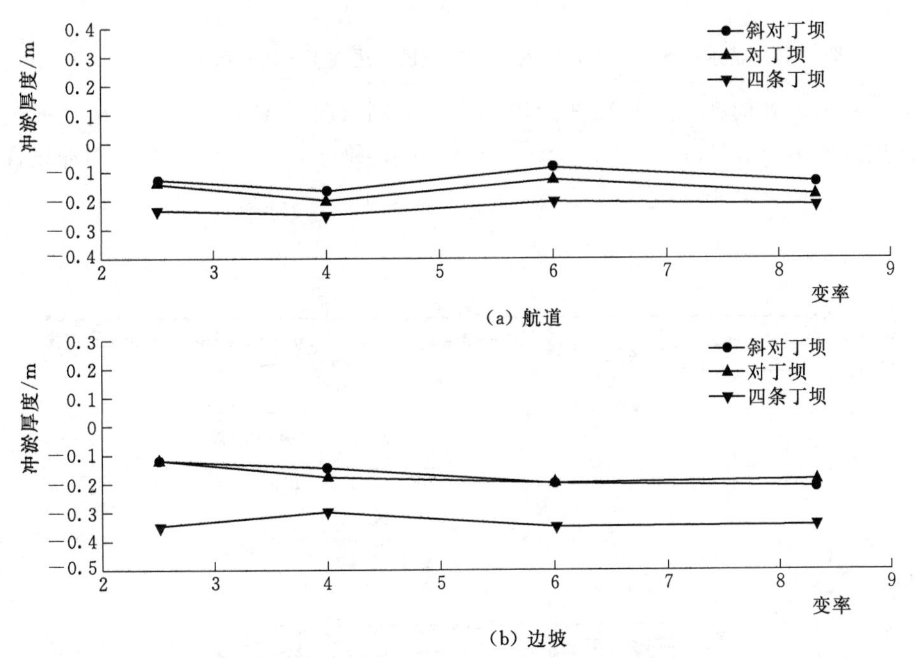

图 5.16　清水动床大潮航道及边坡平均冲淤厚度与变率的关系

5.3.2　中潮时航道冲淤变化

斜对丁坝时，各模型的航道和边坡沿程均略有冲刷（图 5.17），1# ～4# 模型的航道平均冲刷深度分别为−0.085m、−0.099m、−0.114m 和−0.117m，边坡的平均冲刷深度分别为−0.107m、−0.113m、−0.145m 和−0.144m。

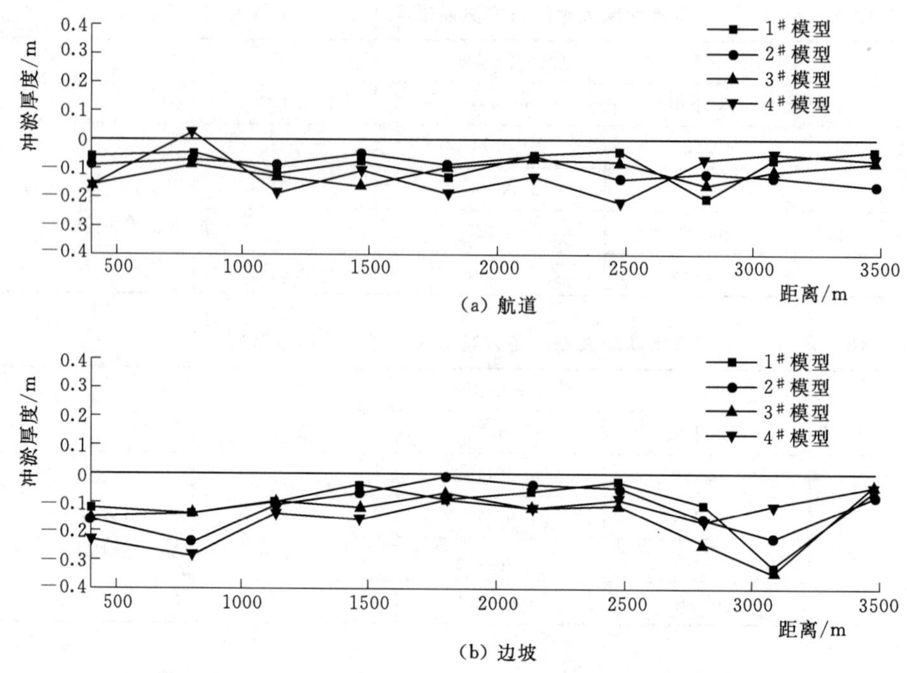

图 5.17　清水动床中潮无浪斜对丁坝时航道及边坡半年的冲淤厚度沿程分布

对丁坝时，各模型航道和边坡沿程均发生冲刷（图 5.18），1# ～4# 模型航道平均冲刷深度分别为－0.159m、－0.155m、－0.164m 和－0.154m，边坡平均冲刷深度分别为－0.121m、－0.186m、－0.186m 和－0.258m。

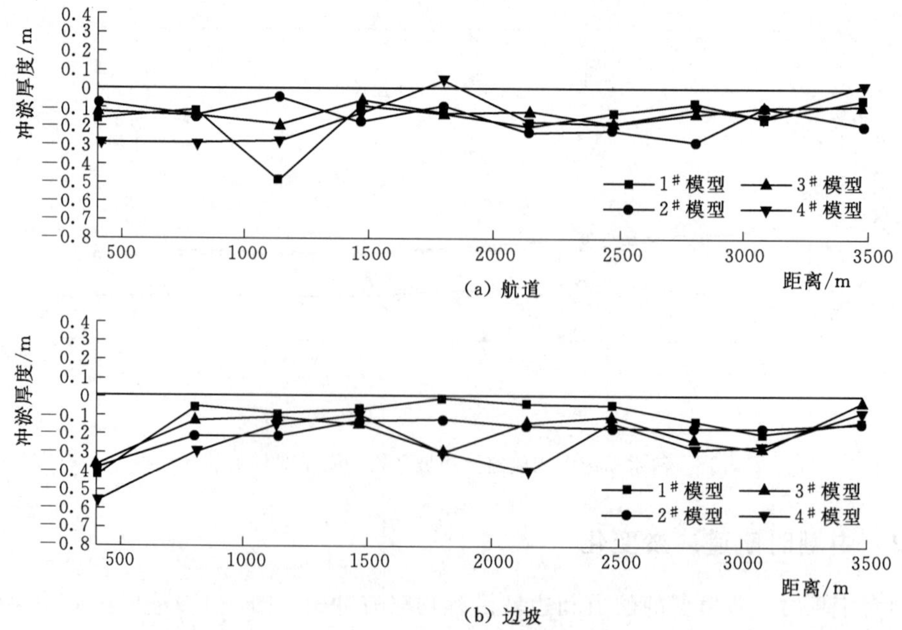

图 5.18　清水动床中潮无浪对丁坝时航道及边坡半年的冲淤厚度沿程变化

四条丁坝时，各模型航道和边坡也都冲刷（图 5.19），1# ～4# 模型航道平均冲刷深度分别为－0.166m、－0.188m、－0.141m 和－0.182m，边坡平均冲刷深度分别为－0.234m、－0.312m、－0.249m 和－0.354m。

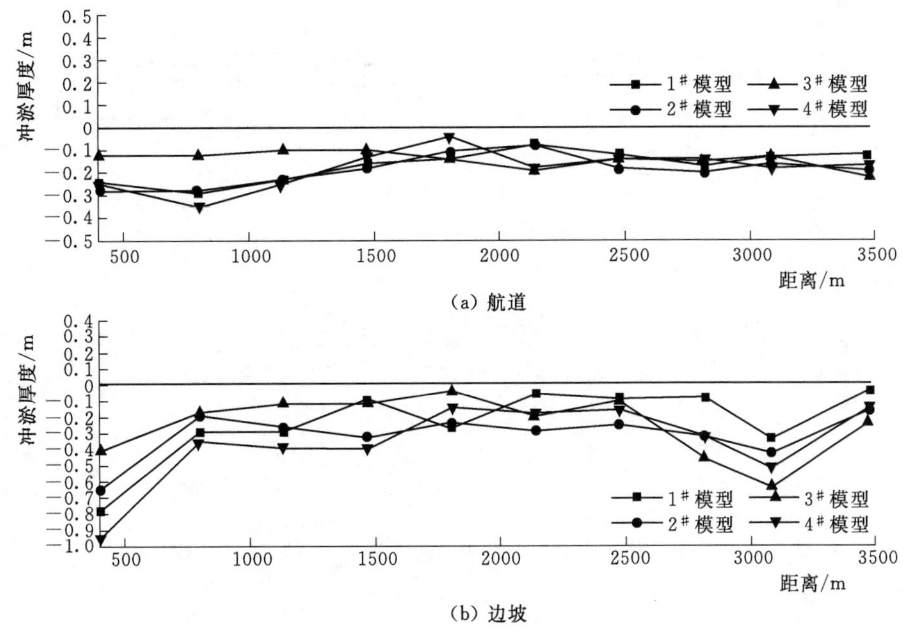

图 5.19　清水动床中潮无浪四条丁坝时航道及边坡半年的冲淤厚度沿程分布

从各模型不同丁坝布置方案下航道平均冲淤厚度（表 5.19、表 5.20 和图 5.20）可以看出，航道的冲刷深度由小到大依次为斜对丁坝、对丁坝和四条丁坝；当变率为 2.5～8.33 时，变率对航道平均冲刷深度的影响不明显。

表 5.19　　中潮时各方案航道半年的平均冲淤厚度

模型	平均冲淤厚度/m			备　注
	斜对丁坝	对丁坝	四条丁坝	
1#	－0.085	－0.159	－0.166	各模型冲淤厚度均已换算成原型值
2#	－0.099	－0.155	－0.188	
3#	－0.114	－0.164	－0.141	
4#	－0.117	－0.154	－0.182	

表 5.20　　中潮时各方案边坡半年的平均冲淤厚度

模型	平均冲淤厚度/m			备　注
	斜对丁坝	对丁坝	四条丁坝	
1#	－0.107	－0.121	－0.234	各模型冲淤厚度均已换算成原型值
2#	－0.113	－0.186	－0.312	
3#	－0.145	－0.186	－0.249	
4#	－0.144	－0.258	－0.354	

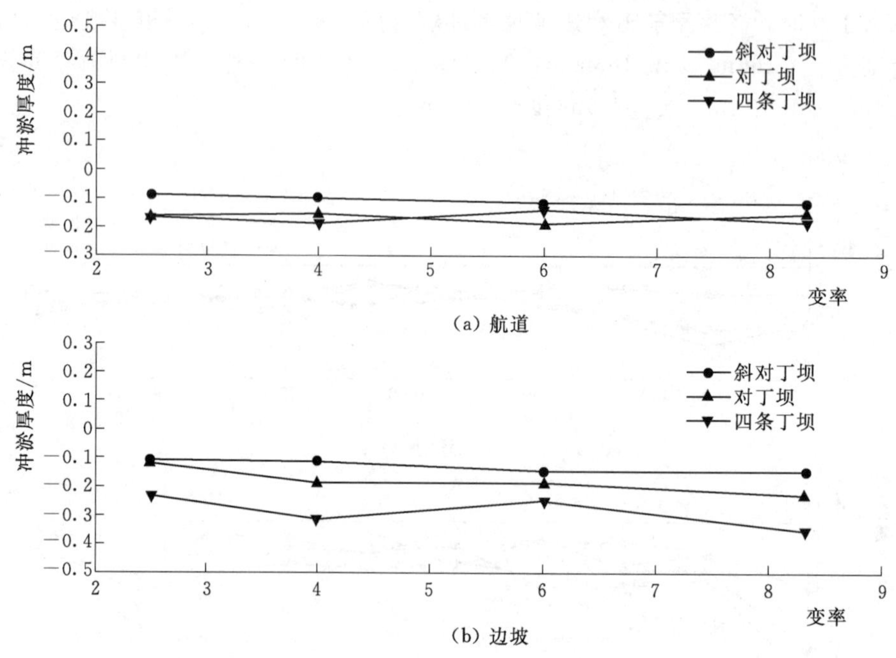

图 5.20 清水动床中潮无浪时航道及边坡平均冲淤厚度与变率的关系

5.4 变率对悬沙定床模型航道回淤的影响

按模型设计要求的含沙量和悬沙粒径，在各模型上进行枯季大潮对丁坝布置时悬沙定床试验。模型上含沙量为 3.0kg/m^3，相当于原型含沙量 1.56kg/m^3，涨潮时在尾门处加沙，落潮时在上游扭曲水道加沙，每隔 20min 在上、下游口门处监测一次含沙量。试验时间相当于原型半年。

从南 1 丁坝坝头对应的航道中心线上的点作为起始点，按原型每 350m 左右设一个断面，共设 8 个断面。每次试验开始和结束时，测量航道中心线和底宽上南、北各一个点（D 点、C 点和 E 点）的泥沙淤积厚度以及航道南边坡上 A 点和 B 点、北边坡上 F 点和 G 点，并计算在指定范围内淤积量。航道底宽上的冲淤厚度为 C 点、D 点和 E 点的平均值，航道边坡的冲淤厚度为 A 点、B 点、F 点和 G 点的平均值（图 4.13）。

对丁坝时，除个别点外，各模型航道沿程的淤积强度和淤积分布相差不大（图 5.21），1$^\#$、2$^\#$、3$^\#$ 和 4$^\#$ 模型航道平均淤积厚度分别为 0.525m、0.58m、0.536m 和 0.616m，模型变率对航道淤积厚度影响不明显（图 5.22）。

5.5 变率对悬沙动床模型航道冲淤的影响

在 1$^\#$、3$^\#$ 和 4$^\#$ 模型上分别进行了大潮作用下四条丁坝布置方案的悬沙动床试验，试验时间分别相当于原型半年。上游和下游含沙量控制站的含沙量控制为 1.8～2.0kg/m^3。在一个涨落潮的过程中分别在中潮位、高潮位、中潮位和低潮位测 4 个含沙量值，

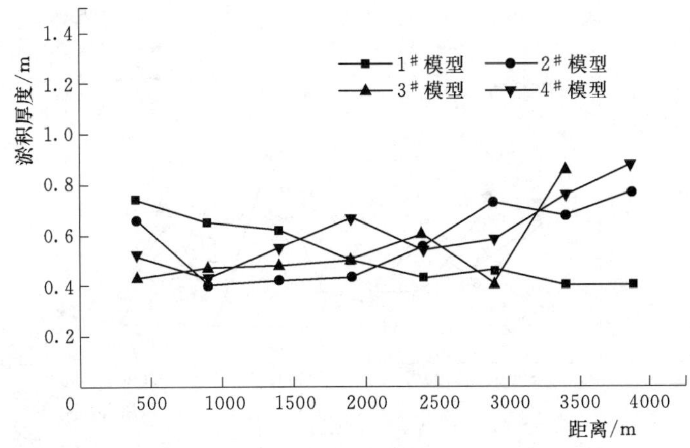

图 5.21 悬沙定床大潮无浪对丁坝时航道半年淤积厚度沿程变化

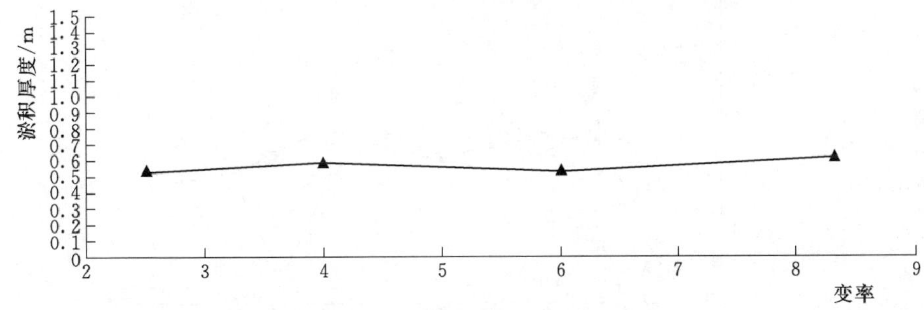

图 5.22 悬沙定床大潮无浪对丁坝时航道淤积厚度与变率的关系

平均后作为该潮的平均含沙量。航道底宽和边坡淤积厚度测量与悬沙定床试验相同。

四条丁坝时，除个别点外，1#、3# 和 4# 模型航道冲淤形态基本相似（图 5.23 和图 5.24），1#、3# 和 4# 模型航道底宽平均淤积厚度分别为 0.073m、－0.003m 和 0.008m，航道边坡平均淤积厚度分别为－0.214m、－0.173m 和－0.195m，变率对航道平均回淤厚度的影响不明显。

5.6 变率对坝头冲刷坑的影响

在各模型中进行大潮作用下的清水动床试验（动床范围见图 3.1），试验中每隔一段时间（相当于原型 1 个小时）测量一次丁坝坝头的冲刷坑深度，直至冲刷坑稳定为止，得到五个模型对丁坝布置时坝头冲刷坑深度随时间的变化，测量稳定后的冲刷坑范围和深度。

在潮流作用下各模型坝头冲刷坑不断冲深，1#、2# 和 3# 模型的冲刷坑发展过程基本一致，4# 和 5# 模型的冲刷坑一开始发展很快，在 2～3h 后就达到稳定冲刷坑深度的一半左右（图 5.25）。试验结果表明，变率越大，冲刷坑的稳定冲刷深度也越大（表 5.21）。对应于北 1 丁坝和南 1 丁坝，5# 模型坝头稳定冲刷深度分别是 1# 模型坝头冲刷

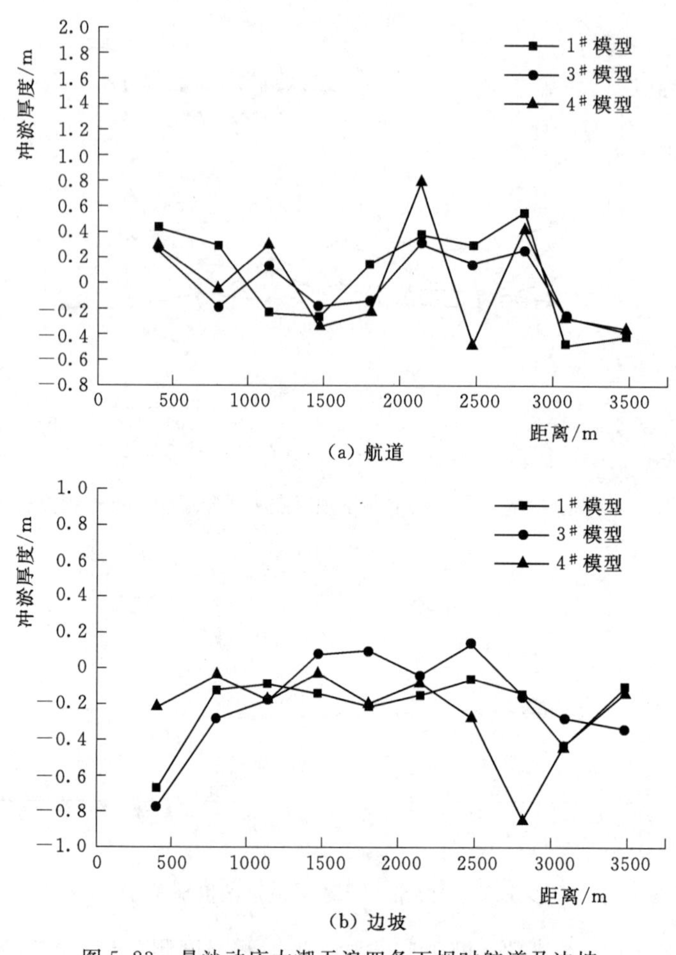

图 5.23 悬沙动床大潮无浪四条丁坝时航道及边坡半年冲淤厚度沿程变化

深度的 1.9 倍和 2.0 倍，4# 模型坝头稳定冲刷深度分别是 1# 模型坝头冲刷深度的 1.4 倍和 1.5 倍。

当冲刷坑稳定后，测量南 1 丁坝坝头和北 1 丁坝坝头冲刷坑的面积，将其换算成原型值后列于表 5.22 和图 5.26 中。对于变率小于 6 的三个模型，北 1 坝头和南 1 坝头的冲刷坑面积相差不大；当模型的变率在 8 以上时，坝头冲刷坑的面积比模型变率为 2.5 的冲刷坑面积要大 1.5～5 倍。

表 5.21　潮流作用下各模型对丁坝冲刷坑稳定冲刷深度

模型	北 1 丁坝头冲刷深度/m	南 1 丁坝头冲刷深度/m	备　注
1#	8.2	7.1	各模型冲刷坑深度均已换成原型值
2#	9	8.1	
3#	10	8.9	
4#	11.5	10.5	
5#	15.2	13.9	

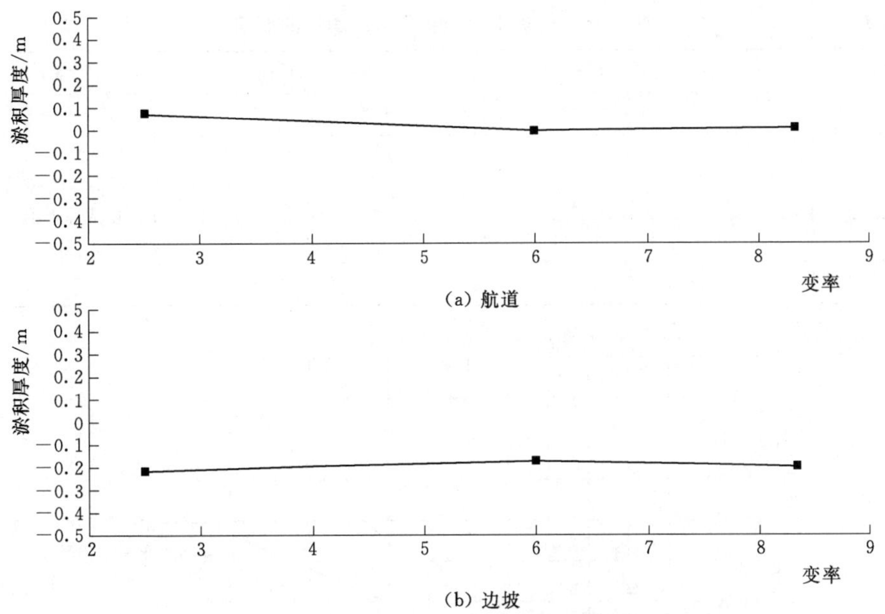

(a) 航道

(b) 边坡

图 5.24　悬沙动床大潮无浪四条丁坝时航道冲淤厚度与变率的关系

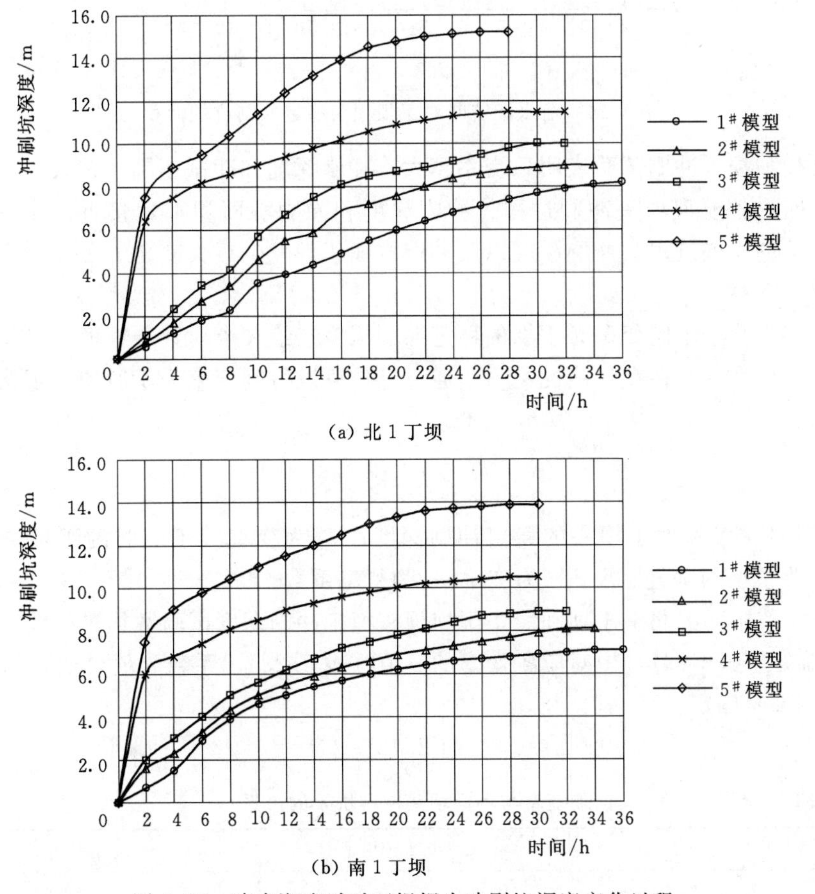

(a) 北 1 丁坝

(b) 南 1 丁坝

图 5.25　清水潮流时对丁坝坝头冲刷坑深度变化过程

表 5.22　　　　清水潮流时对丁坝坝头稳定冲刷坑的面积

模型	南 1 丁坝头冲刷坑面积/m^2	北 1 丁坝头冲刷坑面积/m^2	备　注
1#	11000	14400	各模型冲刷坑面积均已换成原型值
2#	11720	17200	
3#	13200	18800	
4#	17200	29000	
5#	35840	70660	

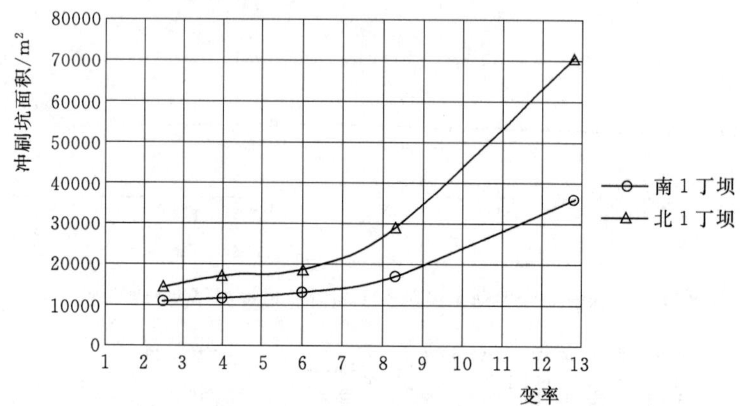

图 5.26　清水潮流时对丁坝坝头稳定冲刷坑的面积

系列模型坝头冲刷试验表明，变率越大，冲刷深度和冲刷范围也越大。当变率小于或等于 6 时，各模型坝头冲刷过程、冲刷深度和冲刷坑面积都较接近；当变率大于 6 时，冲刷坑的发展过程、冲刷深度以及冲刷坑面积都发生很大变化。因此，变率 6 是模型的临界变率。

将上述试验中不同变率时丁坝的稳定冲刷深度点绘在半对数坐标上，各丁坝坝头冲刷坑深度与模型变率存在着线性关系，通过延伸可以得到变率为 1 时的丁坝头冲刷坑深度，设

$$\frac{d_0}{d}=\lambda_h e^{-\alpha(x-1)} \tag{5.1}$$

式中：d 为不同变率时丁坝头的稳定冲刷深度；d_0 为变率等于 1 时的丁坝头稳定冲刷深度；λ_h 为模型的垂直比尺；x 为变率；α 为待定系数。

对潮流作用下的北 1 丁坝和南 1 丁坝坝头稳定冲刷深度试验数据进行线性拟合（图 5.27），确定了式（5.1）中对应各变率的 α 值（表 5.23）。系数 α 值可通过指数函数拟合由式（5.2）确定。

$$\alpha=0.528+2.43e^{-(x-2.5)/1.98} \tag{5.2}$$

表 5.23　　　　变率与不同坝头冲刷坑 α 的关系

模型变率	北 1 丁坝 α	南 1 丁坝 α
2.5	3.03	2.93

续表

模型变率	北1丁坝 α	南1丁坝 α
4	1.62	1.58
6	1.01	0.99
8.33	0.72	0.71
12.8	0.48	0.47

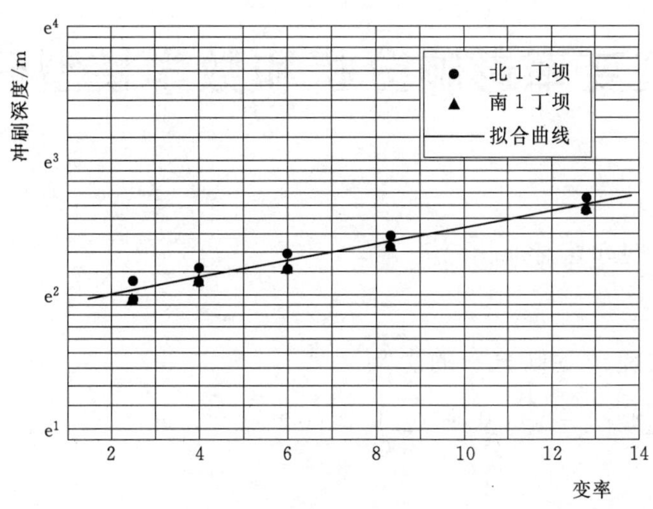

图5.27 冲刷坑深度拟合曲线

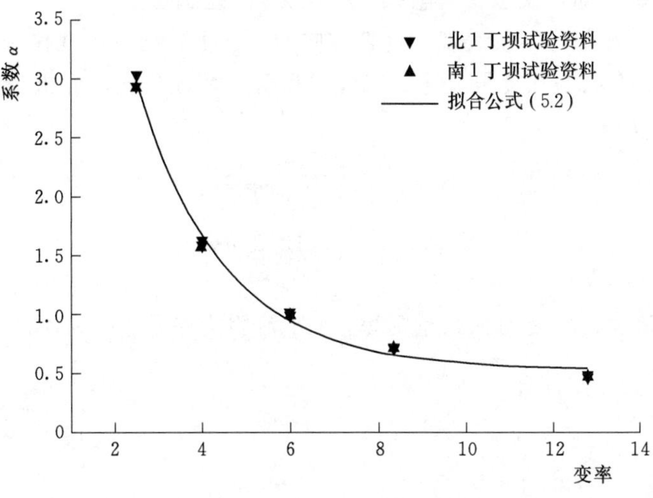

图5.28 模型变率与 α 关系

第6章

模型变率影响分析和数学模型研究

6.1 模型变率影响分析

6.1.1 变率对流速垂向分布的影响

对于正态模型有 $\lambda_l=\lambda_h$，从式（2.10）和式（2.9）可得 $\lambda_w=\lambda_u=\lambda_v$，即三个方向的流速比尺相同。

模型变率 $\delta=\dfrac{\lambda_l}{\lambda_h}$，对于变态模型，$\lambda_l\neq\lambda_h$，从式（2.10）可知 $\lambda_w=\dfrac{\lambda_u}{\delta}$，垂直流速比尺与水平流速比尺不同，模型变率愈大，$\lambda_u$ 与 λ_w 的差别也愈大。

变态模型的不相似，不仅表现在垂直方向的流速上，而且表现在流速沿垂向的分布上。李旺生[79]采用卡门-坎鲁根流速分布公式和阻力系数公式，分析了流速沿垂线分布与变率的关系。

$$v=v_* 5.75\lg\frac{30.1z\chi}{k_s} \tag{6.1}$$

$$\frac{1}{\sqrt{\lambda}}=5.75\lg\frac{12.27h\chi}{k_s} \tag{6.2}$$

式中：v 是某点流速；k_s 是河床当量糙率；λ 水流阻力系数；χ 为流区校正参变数，是 $\dfrac{v_* k_s}{\nu}$ 的函数；v_* 为摩阻流速。

对于模型

$$\begin{aligned}
v_m &= v_{*m}5.75\lg\frac{30.1z_m\chi_m}{k_{sm}}\\
&= v_{*m}5.75\lg\left\{30.1\left[\left(12.27\frac{h_p}{z_p}\right)^{\frac{\sqrt{\lambda_h}-\sqrt{\lambda_l}}{\sqrt{\lambda_l}}}\left(\frac{z_p\chi_p}{k_{sp}}\right)^{\frac{\sqrt{\lambda_h}}{\sqrt{\lambda_l}}}\right]\right\}\\
&= v_{*p}\left[5.75\frac{\sqrt{\lambda_l}}{\lambda_h}\lg30.1+5.75\frac{\sqrt{\lambda_h}-\sqrt{\lambda_l}}{\lambda_h}\lg12.27\frac{h_p}{z_p}+\frac{5.75}{\sqrt{\lambda_h}}\lg\frac{z_p\chi_p}{k_{sp}}\right]
\end{aligned} \tag{6.3}$$

对于原型

$$v_p = v_{*p} 5.75\lg 30.1 + v_{*p} 5.75\lg \frac{z_p \chi_p}{k_{sp}} \tag{6.4}$$

从式（6.3）和式（6.4）得到

$$\sqrt{\lambda_h} v_m - v_p = \frac{\sqrt{\lambda_l} - \sqrt{\lambda_h}}{\sqrt{\lambda_h}} v_{*p} \left(2.24 - 5.75\lg \frac{h_p}{z_p}\right)$$

$$= v_{*p} (\delta^{1/2} - 1) \left(2.24 - 5.75\lg \frac{h_p}{z_p}\right) \tag{6.5}$$

当模型为正态时，式（6.5）为

$$\sqrt{\lambda_h} v_m - v_p = 0$$

$$\frac{v_p}{v_m} = \lambda_h^{1/2}$$

上式与垂线平均流速比尺相同。因此，正态模型中的流速垂线分布与原型相似。

当模型变态时，从式（6.5）可以看出，随着模型变率的增大，变态模型垂线流速分布和正态模型的差别也逐渐增大。式（6.5）等号右边等于零的条件是 $2.24 - 5.75\lg \frac{h_p}{z_p} = 0$，因此有 $\frac{z_p}{h_p} = 0.408$，即在 0.408 水深处变态模型的流速与正态模型是一致的。设正态模型与变态模型的流速偏差为

$$E = (\delta^{1/2} - 1) \left(2.24 + 5.75\lg \frac{z_p}{h_p}\right)$$

则可给出各层流速偏差 E 与变率的关系。将变率 2.5、4、6、8.33 和 12.8 在不同水深处（z/h=0.2、0.4、0.6、0.8 和 1.0）的偏差求出，从图 6.1 可以看到，除 $z/h=0.4$ 附近，变态模型与正态模型的流速偏差均随着变率的增加而增加，在 $z/h=0.4$ 以上偏差随着变率正增加，在 $z/h=0.4$ 以下偏差随着变率负增加。

应该指出，由于所选的流速分布公式和阻力系数公式正好可以将 $\lg \frac{z_p \chi_p}{k_{sp}}$ 项消掉，才得到上述流速偏差表述式，如果换用其他形式的流速分布和阻力公式得到的流速偏差表述式则不同。因此，上述表达式只能用于定性分析。

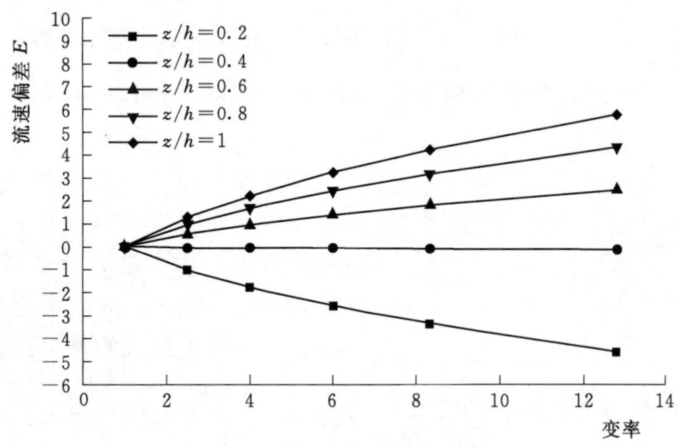

图 6.1 各层流速偏差 E 与变率的关系

6.1.2 变率对含沙量的影响

由扩散理论可以推导出含沙量沿垂线分布公式

$$\frac{s}{s_a}=\left(\frac{h-y}{y}\cdot\frac{a}{h-a}\right)^z \tag{6.6}$$

$$z=\frac{\omega_s}{\kappa u_*}$$

式中：z 为悬浮指标；s_a 为 $y=a$ 处参考点的含沙量。

将式（6.6）写成原型值并将模型值代入，有

$$\begin{aligned}s_p&=s_{ap}\left(\frac{h_p-y_p}{y_p}\cdot\frac{a_p}{h_p-a_p}\right)^{z_p}\\&=\lambda_s s_{am}\left(\frac{\lambda_h h_m-\lambda_h y_m}{\lambda_h y_m}\cdot\frac{\lambda_h a_m}{\lambda_h h_m-\lambda_h a_m}\right)^{\lambda_z z_m}\\&=\lambda_s\left[s_{am}\left(\frac{h_m-y_m}{y_m}\cdot\frac{a_m}{h_m-a_m}\right)^{z_m}\right]^{\lambda_z}\\&=\lambda_s s_m^{\lambda_z}\end{aligned} \tag{6.7}$$

$$\lambda_z=\frac{\omega_{sp}}{\kappa u_{*p}}\bigg/\frac{\omega_{sm}}{\kappa u_{*m}}=\lambda_{\omega_s}\frac{u_{*m}}{u_{*p}}=\lambda_{\omega_s}\frac{\lambda_l^{1/2}}{\lambda_h}=\frac{\lambda_h^{3/2}}{\lambda_l}\cdot\frac{\lambda_l^{1/2}}{\lambda_h}=\left(\frac{\lambda_h}{\lambda_l}\right)^{1/2} \tag{6.8}$$

将式（6.8）代入式（6.7）可得

$$s_p=\lambda_s s_m^{\lambda_z}=\lambda_s s_m^{\sqrt{\lambda_h/\lambda_l}}=\lambda_s s_m^{1/\sqrt{\delta}} \tag{6.9}$$

从式（6.9）可以看出，原型的垂线含沙量分布与模型变率有关。当模型为正态模型时，模型的含沙量沿垂线分布与原型相似，当模型为变态模型时，模型的含沙量沿垂线分布与原型不相似。

6.1.3 变率对斜坡上泥沙运动的影响

随着模型变率增加，模型中的斜坡变陡，泥沙颗粒自重沿水流方向的分力使得泥沙容易起动。按吕秀贞[84]方法，研究模型变率对航道边坡上泥沙运动的影响。

6.1.3.1 对泥沙起动流速的影响

设河床的斜坡坡度为 $m=\tan\alpha=\frac{\mathrm{d}y}{\mathrm{d}x}$，泥沙的休止角为 φ，其水下摩擦系数 $f=\tan\varphi$。当泥沙颗粒位于斜坡时，其重力可分解为垂直斜面的分量 $W\cos\alpha$ 和平行斜面的分量 $W\sin\alpha$（图 6.2）。

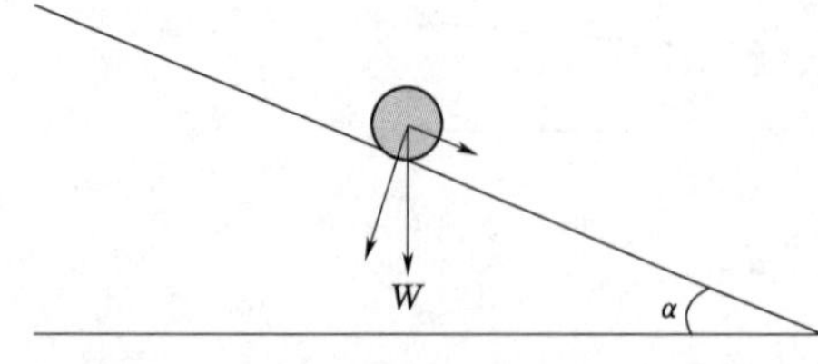

图 6.2 斜面上泥沙颗粒所受重力示意图

为推导方便，忽略泥沙受到的黏结力和水柱压力，在斜坡方向上泥沙颗粒受到水流的推力、上举力、重力分量 $W\sin\alpha$ 和摩擦力 $W\cos\alpha\tan\varphi$。根据窦国仁泥沙起动公式[146]，可以得到斜坡上泥沙的瞬时起动流速

$$V_\alpha=\alpha_1\left(\frac{d'}{d_*}\right)^{1/6}\sqrt{\alpha_2\frac{\rho_s-\rho}{\rho}gd(\cos\alpha\tan\varphi-\sin\alpha)}$$

式中：α_1 和 α_2 为系数；$d_* = 10\text{mm}$。

d'的取值为

$$d' = \begin{cases} 0.5\text{mm}, & \text{当 } d \leqslant 0.5\text{mm 时} \\ d, & \text{当 } 0.5\text{mm} < d < 10\text{mm 时} \\ 10\text{mm}, & \text{当 } d \geqslant 10\text{mm 时} \end{cases}$$

当为平床时（$\alpha=0$），$V_0 = \alpha_1 \left(\dfrac{d'}{d_*}\right)^{1/6} \sqrt{\alpha_2 \dfrac{\rho_s - \rho}{\rho} g d \tan\varphi}$。

原型和模型坡度之间有如下关系：

$$m_P = \frac{\mathrm{d}y_P}{\mathrm{d}x_P} = \frac{\lambda_y \mathrm{d}y_m}{\lambda_x \mathrm{d}x_m} = \frac{1}{\delta} \cdot \frac{\mathrm{d}y_m}{\mathrm{d}x_m} = \frac{1}{\delta} m_m$$

设 $K = V_\alpha / V_0$，

对于原型 $$K_P = \left(\frac{\tan\varphi_P - m_P}{\tan\varphi_P \sqrt{1+m_P^2}}\right)^{1/2}$$

对于模型 $$K_m = \left(\frac{\tan\varphi_m - m_P\delta}{\tan\varphi_m \sqrt{1+m_P^2\delta^2}}\right)^{1/2}$$

则模型与原型的相对偏差为

$$\frac{|K_m - K_P|}{K_P} = \left| \left(\frac{\tan\varphi_m - m_P\delta}{\tan\varphi_m \sqrt{1+m_P^2\delta^2}}\right)^{1/2} - \left(\frac{\tan\varphi_P - m_P}{\tan\varphi_P \sqrt{1+m_P^2}}\right)^{1/2} \right| \bigg/ \left(\frac{\tan\varphi_P - m_P}{\tan\varphi_P \sqrt{1+m_P^2}}\right)^{1/2} \tag{6.10}$$

如取原型泥沙的休止角等于模型沙的休止角，则正态模型（$\delta=1$）时，式（6.10）右边等于零，模型斜坡上的起动流速与原型偏差为零。当模型变态时，式（6.10）右边为模型变率引起的相对偏差。

概化物理模型航道边坡的原型坡度 m 为 1∶50，模型沙电木粉的水下休止角与粒径有关，为 34°～46°[81]，从图 6.3 中看到，斜坡上泥沙起动流速的偏差与变率成正比。

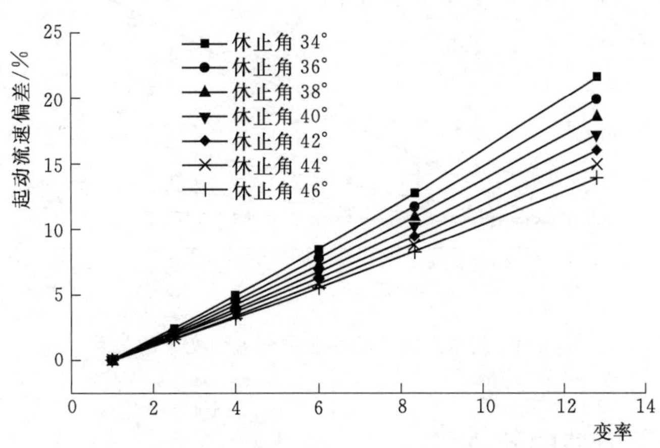

图 6.3 斜坡上泥沙起动流速偏差与变率的关系

6.1.3.2 对推移质输沙能力的影响

根据窦国仁推移质输沙能力公式[36]

$$q_b = \frac{k_F}{C_0^2} \cdot \frac{\rho}{\rho_s - \rho} \gamma_s \frac{V^3}{g\omega_b}(V - V_c) \tag{6.11}$$

式中：k_F 是系数；ω_b 为底沙沉速；γ_s 为床面泥沙容重；V 为流速；C_0 为无量纲谢才系数；V_c 为推移质颗粒的临界起动流速。

当泥沙颗粒处在斜坡时，$V_c = V_\alpha$；当泥沙颗粒处在平床时，$V_c = V_0$。有

$$q_{b\alpha} = \frac{k_F}{C_0^2} \cdot \frac{\rho}{\rho_s - \rho} \gamma_s \frac{V^3}{g\omega_b}(V - V_\alpha) \tag{6.12}$$

$$q_{b0} = \frac{k_F}{C_0^2} \cdot \frac{\rho}{\rho_s - \rho} \gamma_s \frac{V^3}{g\omega_b}(V - V_0) \tag{6.13}$$

对于原型

$$C_P = \left(\frac{q_{b\alpha}}{q_{b0}}\right)_P = \frac{V_P - V_{\alpha P}}{V_P - V_{0P}}$$

对于模型

$$C_m = \left(\frac{q_{b\alpha}}{q_{b0}}\right)_m = \frac{V_m - V_{\alpha m}}{V_m - V_{0m}}$$

经推导，模型与原型斜坡上推移质输沙能力的相对偏差为

$$\frac{|C_m - C_P|}{C_P} = \left|(K_P - K_m)\frac{(V_{0P}/V_P)}{1 - K_P(V_{0P}/V_P)}\right| \tag{6.14}$$

通过式（6.14）可以得到模型变率对推移质输沙能力的影响，当平床起动流速与水流流速之比较小时，变率对推移质输沙能力的影响较小；当平床起动流速与水流流速之比较大时，变率对推移质输沙能力的影响较大（图 6.4）。

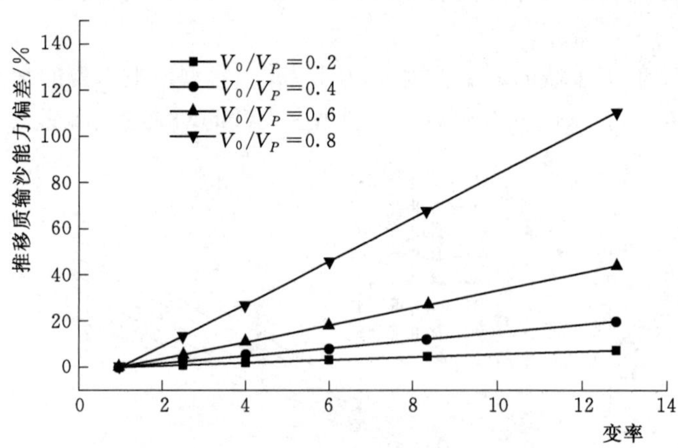

图 6.4　斜坡上泥沙输移能力偏差与变率的关系

6.2 数学模型的建立

采用系列变率物理模型进行变率影响研究工作量相当大，本节探讨用数学模型的方法来研究模型变率对流场和泥沙运动的影响。

6.2.1 潮流运动基本方程

在正交曲线坐标系 $\xi-\eta$ 下，二维潮流运动基本方程为

$$\frac{\partial \zeta}{\partial t}+\frac{1}{g_\xi g_\eta}\cdot\frac{\partial}{\partial \xi}(Hug_\eta)+\frac{1}{g_\xi g_\eta}\cdot\frac{\partial}{\partial \eta}(Hvg_\xi)=0 \tag{6.15}$$

$$\frac{\partial u}{\partial t}+\frac{u}{g_\xi}\cdot\frac{\partial u}{\partial \xi}+\frac{v}{g_\eta}\cdot\frac{\partial u}{\partial \eta}+\frac{uv}{g_\xi g_\eta}\cdot\frac{\partial g_\xi}{\partial \eta}-\frac{v^2}{g_\xi g_\eta}\cdot\frac{\partial g_\eta}{\partial \xi}+g\frac{u\sqrt{u^2+v^2}}{C^2H}$$
$$-fv+\frac{g}{g_\xi}\cdot\frac{\partial \zeta}{\partial \xi}=E\left(\frac{1}{g_\xi}\cdot\frac{\partial A}{\partial \xi}-\frac{1}{g_\eta}\cdot\frac{\partial B}{\partial \eta}\right) \tag{6.16}$$

$$\frac{\partial v}{\partial t}+\frac{u}{g_\xi}\cdot\frac{\partial v}{\partial \xi}+\frac{v}{g_\eta}\cdot\frac{\partial v}{\partial \eta}+\frac{uv}{g_\xi g_\eta}\cdot\frac{\partial g_\eta}{\partial \xi}-\frac{u^2}{g_\xi g_\eta}\cdot\frac{\partial g_\eta}{\partial \xi}+g\frac{v\sqrt{u^2+v^2}}{C^2H}$$
$$+fu+\frac{g}{g_\eta}\cdot\frac{\partial \zeta}{\partial \eta}=E\left(\frac{1}{g_\xi}\cdot\frac{\partial B}{\partial \xi}+\frac{1}{g_\eta}\cdot\frac{\partial A}{\partial \eta}\right) \tag{6.17}$$

其中

$$A=\left[\frac{\partial}{\partial \xi}(ug_\eta)+\frac{\partial}{\partial \eta}(vg_\xi)\right]/g_\xi g_\eta$$

$$B=\left[\frac{\partial}{\partial \xi}(vg_\eta)-\frac{\partial}{\partial \eta}(ug_\xi)\right]/g_\xi g_\eta$$

$$\left.\begin{aligned}g_\xi&=\sqrt{x_\xi^2+y_\xi^2}\\ g_\eta&=\sqrt{x_\eta^2+y_\eta^2}\end{aligned}\right\}\text{Lami 系数}$$

式中：u、v 分别为 ξ 和 η 方向上的流速分量；ζ 为水位；H 为总水深；C 为谢才系数；g_ξ、g_η 为 Lami 系数；E 为水流紊动黏滞系数。

本模型采用有限差分方法，节点布置为交错网格。对于式（6.15）～式（6.17）写出相应的差分方程，对差分方程用 ADI 法求解，即在 $n\rightarrow n+\frac{1}{2}$ 时段内，沿 ξ 方向联立求解式（6.15）、式（6.16）的差分方程，得到 ξ 和 u，显示求解式（6.17）的差分方程得到 v；在 $n+\frac{1}{2}\rightarrow n+1$ 时段内，沿 η 方向，联立求解式（6.15）和式（6.17）的差分方程，得到 ξ 和 v，再求解式（6.16）的差分方程得到 u。这样就求得出了（$n+1$）时刻的 u、v 和 ξ。

6.2.2 悬移质不平衡输沙方程

正交曲线坐标系下，窦国仁平面二维悬沙输沙方程[36]为

$$\frac{\partial (hs)}{\partial t}+\frac{1}{g_\xi g_\eta}\left[\frac{\partial (husg_\xi)}{\partial \xi}+\frac{\partial (hvsg_\xi)}{\partial \eta}\right]+\alpha\omega(s-s_*)=0 \tag{6.18}$$

式中：h 为水深；u 和 v 分别为 ξ 和 η 方向上的流速分量；g_ξ、g_η 为 Lami 系数；s 为垂线平均含沙量；α 为一待定系数，可通过验证计算确定；ω 为泥沙沉速，在絮凝条件下则为絮凝沉速；s_* 为水流的挟沙能力，按窦国仁公式，在潮流和波浪共同作用下可表示为

$$s_*=\alpha_0\frac{\gamma\gamma_s}{\gamma_s-\gamma}\left[\frac{(u^2+v^2)^{3/2}}{C^2H\omega}+\beta_0\frac{H_w^2}{HT\omega}\right] \tag{6.19}$$

式中：γ 和 γ_s 分别为水和泥沙颗粒容重；H_w 和 T 分别为平均波高和周期。

根据多处海域资料求得 $\alpha_0=0.023$，$\beta_0=0.04f_w$，f_w 为波浪摩阻系数。谢才系数用满宁公式确定，即 $C=\frac{1}{n}H^{1/6}$，n 为床面糙率系数。

6.2.3 推移质不平衡输沙方程

窦国仁推移质不平衡输沙方程式为[147]

$$\frac{\partial(hN)}{\partial t}+\frac{\partial(hNu)}{\partial x}+\frac{\partial(hNv)}{\partial y}+\alpha_b\omega_b(N-N^*)=0 \tag{6.20}$$

式中：N 为单位体积内推移质泥沙量；u 和 v 为流速在 x 和 y 轴上的分量；α_b 为推移质沉降系数；ω_b 为推移质颗粒沉速。N^* 可由下式确定

$$N^*=\frac{q_b^*}{h\sqrt{u^2+v^2}} \tag{6.21}$$

式中：q_b^* 为推移质在单位时间内的单宽输沙能力。

在正交曲线坐标系下，上述不平衡输沙方程式为

$$\frac{\partial(hN)}{\partial t}+\frac{1}{g_\xi g_\eta}\left[\frac{\partial(huNg_\eta)}{\partial\xi}+\frac{\partial(hvNg_\xi)}{\partial\eta}\right]+\frac{\alpha_b}{\beta}\omega_b(N-N^*)=0 \tag{6.22}$$

式（6.21）中的推移质输沙能力 q_b^*，可用窦国仁公式确定

$$q_b^*=\frac{k_2}{c^2}\cdot\frac{\gamma\gamma_s}{\gamma_s-\gamma}\cdot m\frac{(u^2+v^2)^{3/2}}{\omega_b} \tag{6.23}$$

式中：k_2 为系数。对于细沙可以认为 $\gamma_0=\gamma_{0*}$。

其中

$$m=\begin{cases}\sqrt{u^2+v^2}-V_k, & \text{当 } V_k\leqslant\sqrt{u^2+v^2} \text{ 时}\\ 0, & \text{当 } V_k>\sqrt{u^2+v^2} \text{ 时}\end{cases}$$

式中：V_k 为推移质颗粒的临界起动流速，按窦国仁公式可写作

$$V_k=0.265\ln\left(11\frac{H}{\Delta}\right)\sqrt{\frac{\gamma_s-\gamma}{\gamma}gd_{50}+0.19\left(\frac{\gamma_0}{\gamma_{0*}}\right)^{2.5}\frac{\varepsilon_k+gH\delta}{d_{50}}} \tag{6.24}$$

式中：γ_0 为床面泥沙干容重；γ_{0*} 为稳定干容重；d_{50} 为推移质的中值粒径；ε_k 为黏结力参数（天然沙 $\varepsilon_k=2.56\text{cm}^3/\text{s}^2$）；$\delta$ 为薄膜水厚度，$\delta=0.21\times10^{-4}$ cm；Δ 为床面糙率高度。

$$\Delta=\begin{cases}0.5\text{mm}, & \text{当 } d_{50}\leqslant0.5\text{mm 时}\\ d_{50}, & \text{当 } d_{50}>0.5\text{mm 时}\end{cases}$$

6.2.4 河床变形方程式

由悬移质引起的河床变形方程式为

$$\gamma_0\frac{\partial\eta_s}{\partial t}=\alpha\omega(S-S_*) \tag{6.25}$$

式中：η_s 为悬移质引起的冲淤厚度。

由推移质引起的河床变形方程式为

$$\gamma_0 \frac{\partial \eta_b}{\partial t}=\alpha_b \omega_b (N-N^*) \tag{6.26}$$

式中：η_b 为推移质引起冲淤厚度。

由悬移质和推移质引起的河床冲淤厚度为

$$\eta=\eta_s+\eta_b \tag{6.27}$$

6.2.5 二维潮流泥沙数学模型

对 1# 模型、3# 模型和 5# 模型分别建立二维潮流、泥沙数学模型，数学模型的地形及边界控制条件与所模拟的各概化物理模型相同。各数学模型的计算网格均为 164×45 个（图 6.5），在南 1 丁坝和北 1 丁坝附近网格加密。1# 模型的网格步长为 10～40cm、3# 模型的网格步长为 5～20cm、5# 模型的网格步长为 1.25～5cm。各模型糙率均为 0.012。紊动黏滞系数按下式：

$$E=K\Delta x_{\min}\lambda_{l1}/\lambda_{ln}\sqrt{\lambda_{h1}/\lambda_{hn}}$$

式中：K 为 0.77；$\Delta x_{\min}$ 为最小计算网格的空间步长；λ_{l1} 为 1# 模型的水平比尺；λ_{ln} 为某模型的水平比尺，λ_{h1} 为 1# 模型的垂直比尺；λ_{hn} 为某模型的垂直比尺。

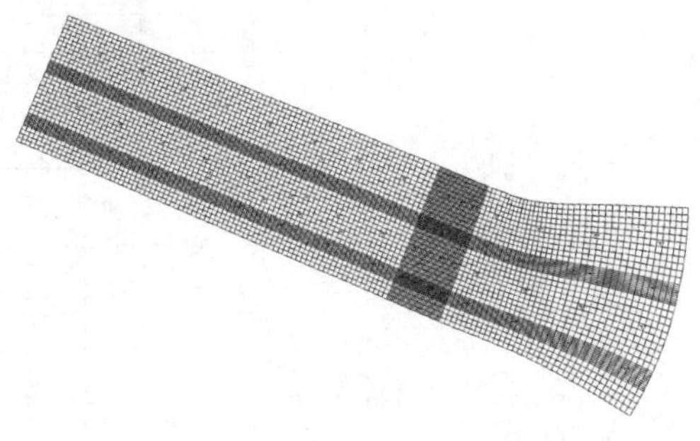

图 6.5 数学模型计算网格

1# 模型和 3# 模型潮流计算时间步长为 0.01s，5# 模型的潮流计算时间步长为 0.001s。1#、3# 和 5# 模型泥沙计算时间步长均为 0.1s。

通过比较各数学模型的潮位、流速和航道冲淤变化，得出模型变率的影响。

6.3 变率对潮流的影响

6.3.1 无丁坝时变率对潮流的影响

图 6.6 和图 6.7 分别为 1# 模型无丁坝时的涨潮流态和落潮流态。从 1#、3# 和 5# 模型潮位和流速计算结果比较看，三个潮位站的潮位基本相同（图 6.8）；航道中四个测点的流速均呈相同趋势，落潮流速 1# 模型最小、3# 模型次之、5# 模型最大，各模型涨潮流速基本相同（图 6.9）。图 6.10 中的直线为三个数学模型流速在潮周期内的平均值，点据为某一数学模型在潮周期内的流速平均值，可以看出流速随着变率的增大而增大。

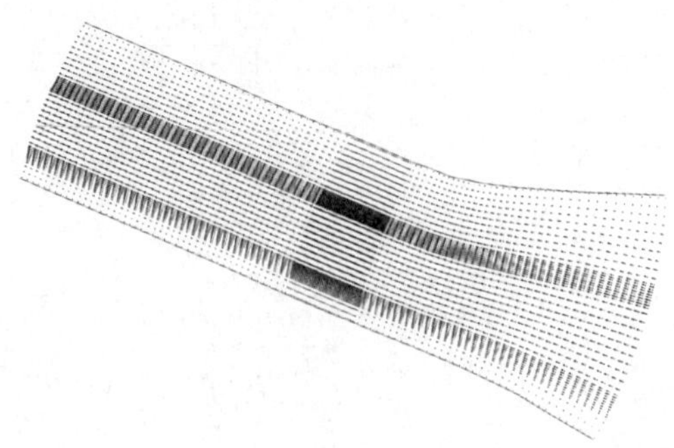
图 6.6 1#模型无丁坝时的涨潮流态

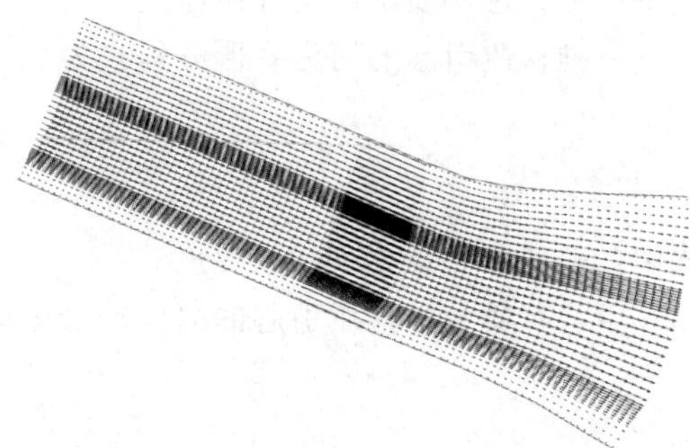
图 6.7 1#模型无丁坝时的落潮流态

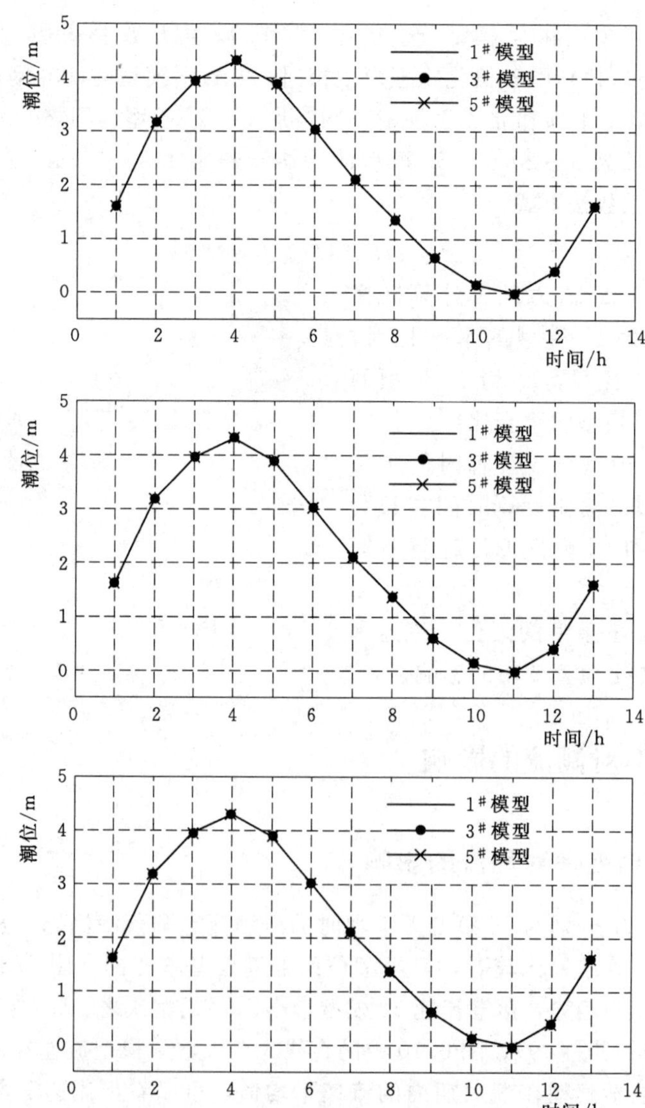

图 6.8 无丁坝时各数学模型潮位过程比较

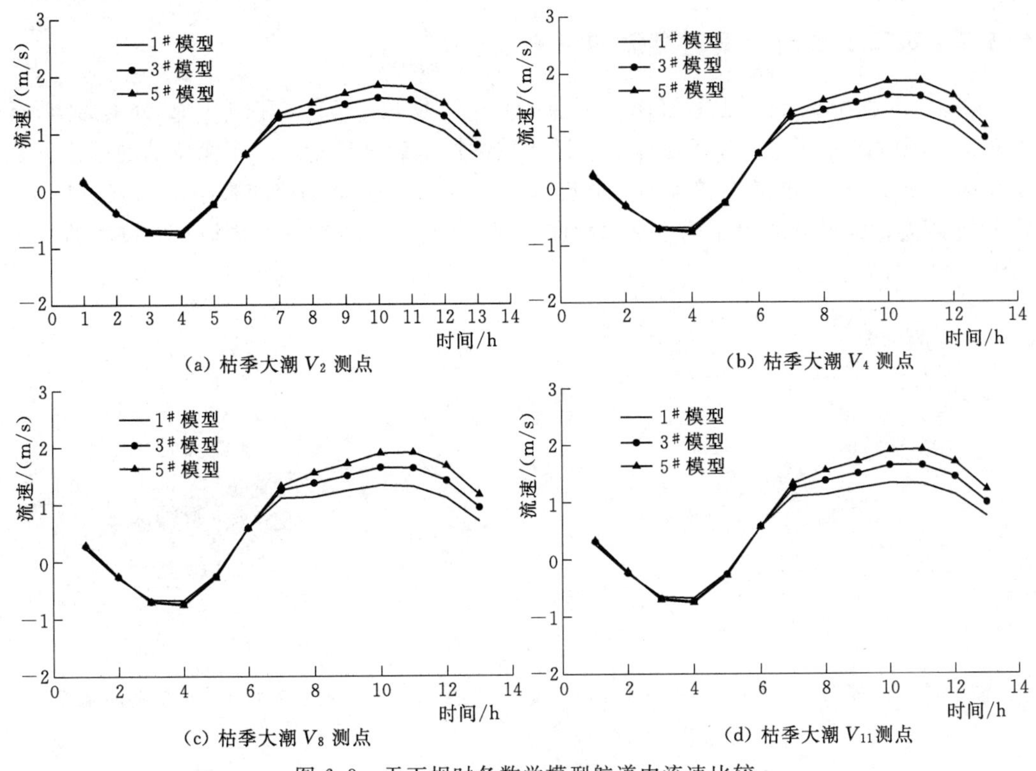

(a) 枯季大潮 V_2 测点
(b) 枯季大潮 V_4 测点
(c) 枯季大潮 V_8 测点
(d) 枯季大潮 V_{11} 测点

图 6.9 无丁坝时各数学模型航道内流速比较

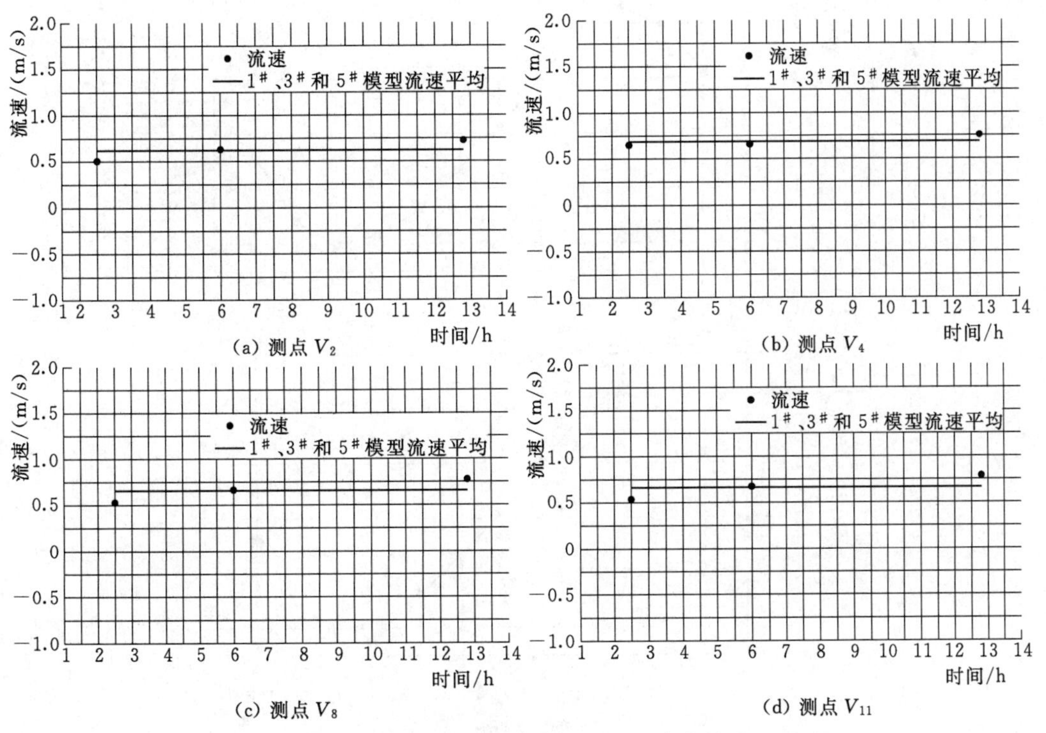

(a) 测点 V_2
(b) 测点 V_4
(c) 测点 V_8
(d) 测点 V_{11}

图 6.10 无丁坝时航道内流速与变率的关系

6.3.2 对口丁坝时变率对潮流的影响

在 $1^{\#}$、$3^{\#}$ 和 $5^{\#}$ 模型上布置南 1 丁坝和北 1 丁坝，图 6.11 和图 6.12 分别为 $1^{\#}$ 模型对口丁坝时的涨潮流态和落潮流态。潮流数学模型计算显示，三个潮位站的潮位也基本相同（图 6.13）；航道中四个测点的流速仍是 $1^{\#}$ 模型的落潮流速最小、$3^{\#}$ 模型次之、$5^{\#}$ 模型最大，各模型涨潮流速也基本相同（图 6.14），随着变率的增加，航道内的流速增大（图 6.15）。

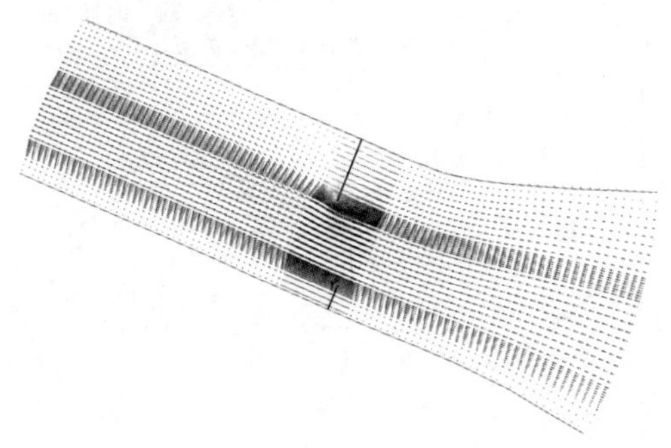

图 6.11　$1^{\#}$ 模型对口丁坝时的涨潮流态

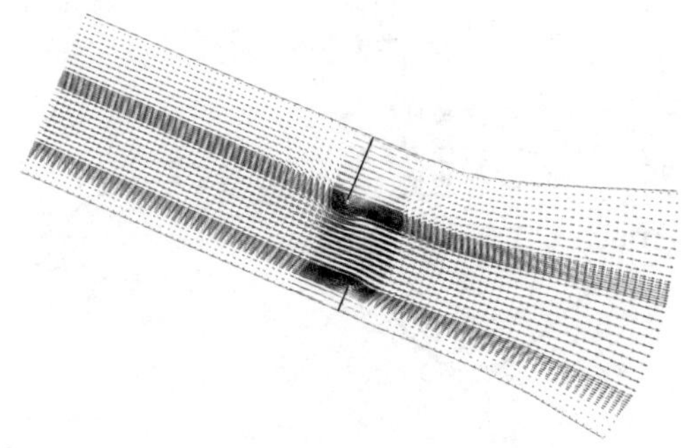

图 6.12　$1^{\#}$ 模型对口丁坝时的落潮流态

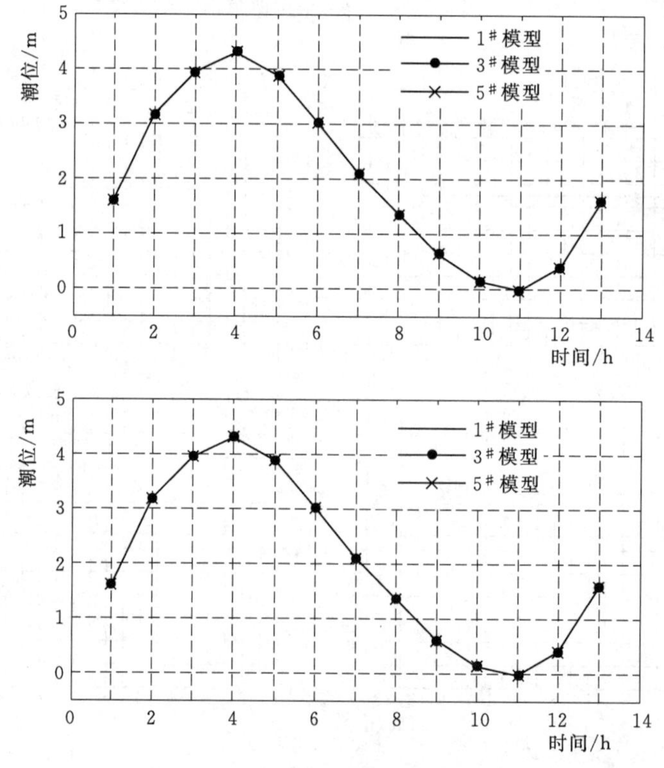

图 6.13（一）　对口丁坝时各数学模型潮位过程比较

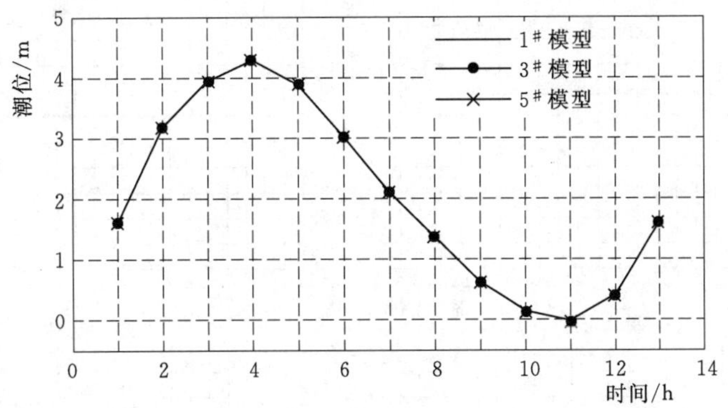

图 6.13（二） 对口丁坝时各数学模型潮位过程比较

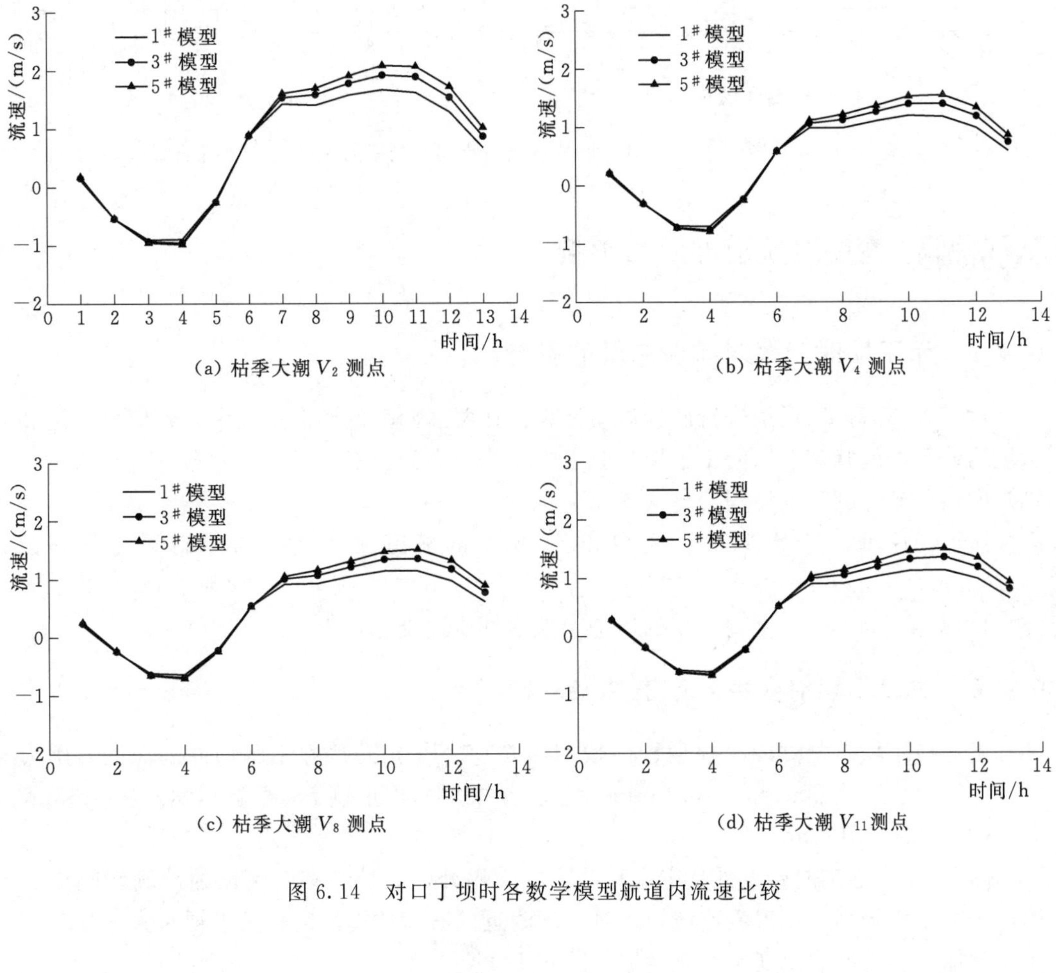

(a) 枯季大潮 V_2 测点

(b) 枯季大潮 V_4 测点

(c) 枯季大潮 V_8 测点

(d) 枯季大潮 V_{11} 测点

图 6.14 对口丁坝时各数学模型航道内流速比较

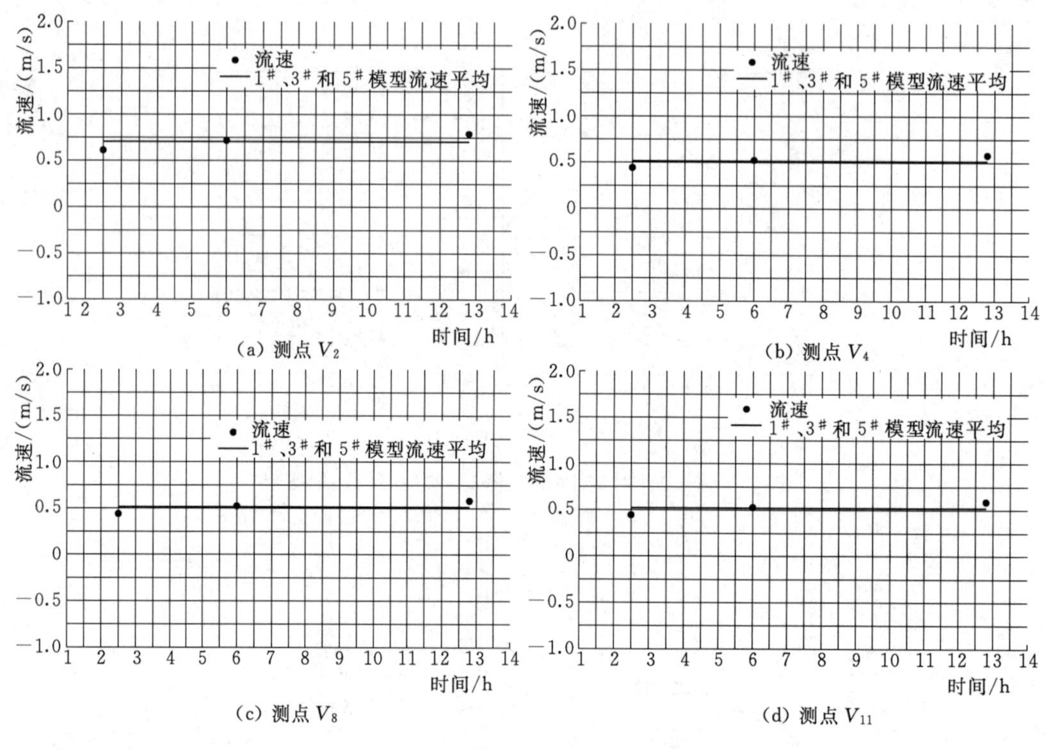

图 6.15　对口丁坝时航道内流速与变率的关系

6.4　变率对航道冲淤的影响

6.4.1　无丁坝时变率对航道冲淤的影响

对 1#、3#和 5#模型进行底沙运动计算，在两涨两落的潮流运动中，各模型航道和边坡均处于冲刷状态，以南 1 丁坝与航道中心线交点为起点，沿航道每隔 350m 取一冲刷深度，得到冲刷深度沿程变化（图 6.16）。

换算至原型，1#模型、3#模型和 5#模型的航道底宽上平均冲刷深度分别为 −0.022m，−0.08m 和 −0.107m，边坡上的平均冲刷深度分别为 −0.031m，−0.111m和−0.16m，随着变率的增加，航道冲刷深度也增大（图 6.17）。

6.4.2　对口丁坝时变率对航道冲淤的影响

当对口丁坝布置时，1#模型、3#模型和 5#模型的航道底宽上平均冲刷深度分别为 −0.052m，−0.103m 和 −0.138m，边坡上的平均冲刷深度分别为 −0.063m，−0.127m和−0.171m。

图 6.18 中距离起始点处是定床和动床的交界处，此处变率对河床的冲刷影响更加明显。由于丁坝缩窄使得流速增加，对丁坝附近的航道冲刷深度较无丁坝时大。随着变率的增加，航道冲刷深度也相应增加（图 6.19）。

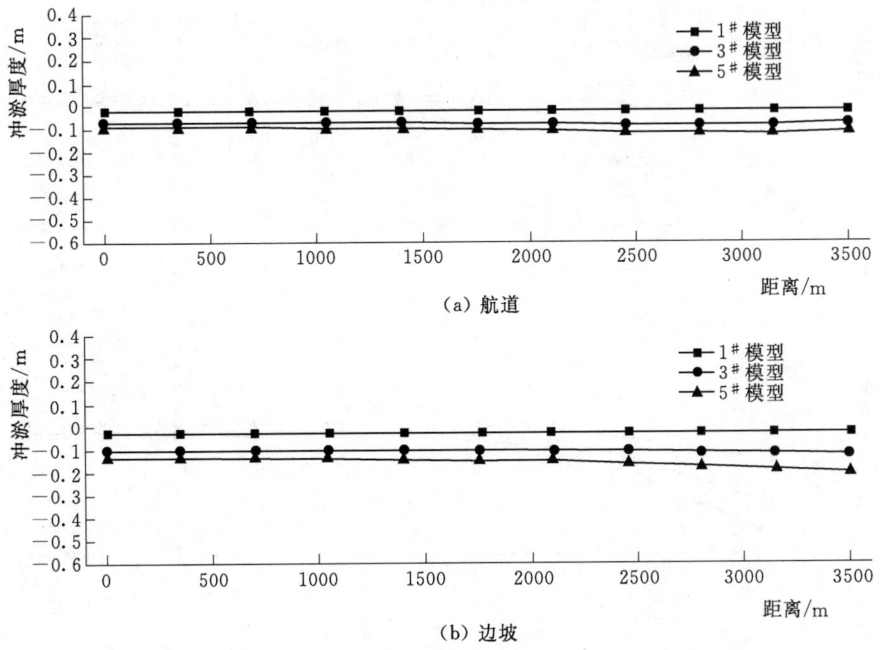

(a) 航道

(b) 边坡

图 6.16 清水动床大潮无浪无丁坝时航道及边坡冲淤厚度沿程变化

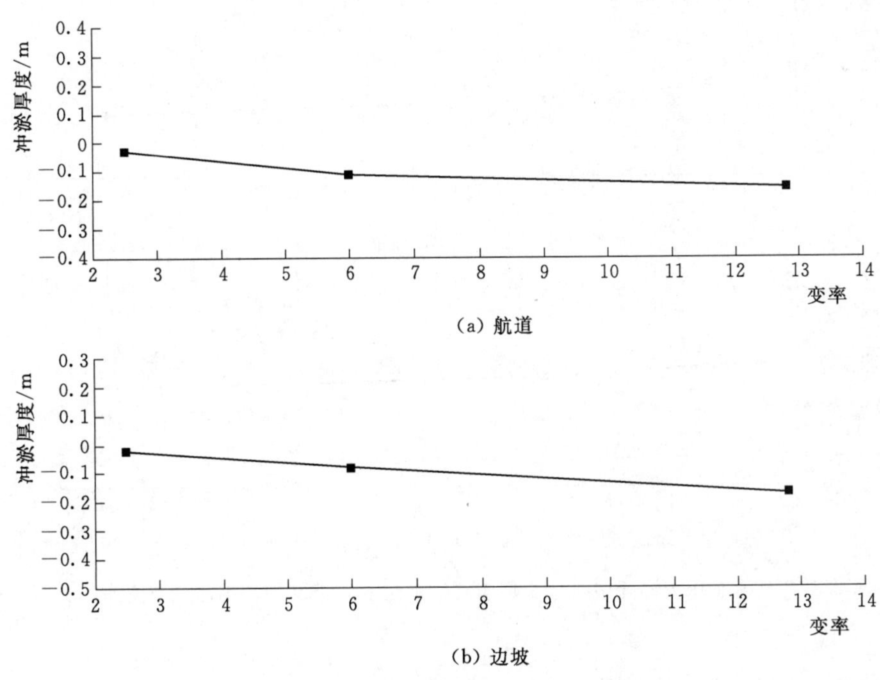

(a) 航道

(b) 边坡

图 6.17 清水动床大潮航道及边坡平均冲淤厚度与变率的关系

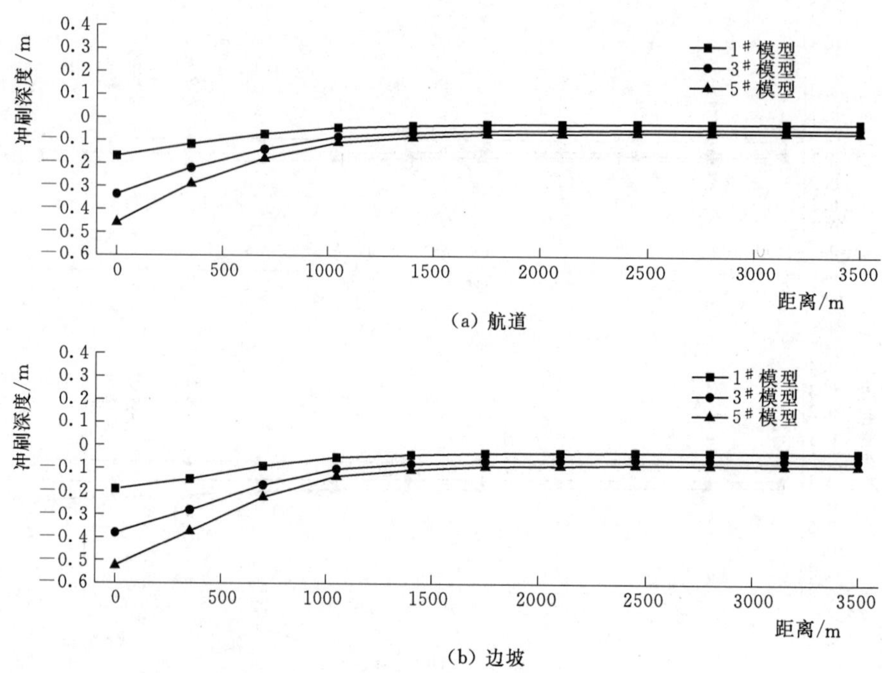

(a) 航道

(b) 边坡

图 6.18　清水动床大潮无浪对口丁坝布置时航道及边坡冲刷深度沿程变化

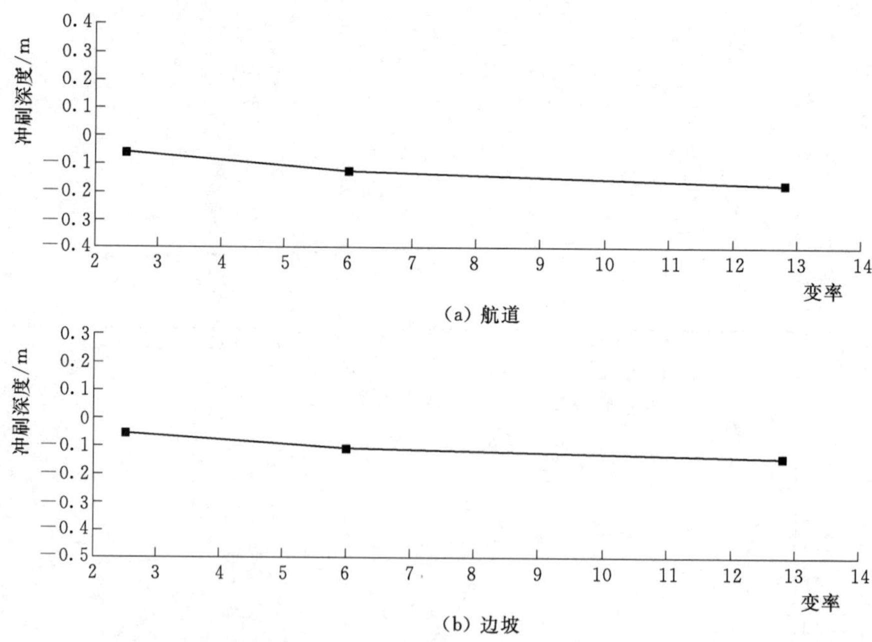

(a) 航道

(b) 边坡

图 6.19　清水动床大潮无浪对口丁坝布置时航道及边坡平均冲刷深度与变率的关系

6.5　变率对丁坝坝头局部冲刷的影响

局部冲刷是一个典型的三维水流泥沙问题，由于泥沙冲刷的模拟难度远远大于泥沙淤积的模拟，因此在进行实际工程局部冲刷研究时，大多仍需要进行物理模型试验。在局部冲刷模拟中垂向水流的运动是关系到冲刷坑深度和形态的因素之一，必须选用正态物理模型才能正确地模拟垂向水流的变化。当模型的变率过大时，会影响丁坝近体的水流形态，从而影响到丁坝附近局部冲刷的深度、位置和范围。但是由于场地因素或模型沙选择的困难，又很难设计出既可行又能严格符合相似定律的正态物理模型。在这种情况下，需要对局部冲刷的特性和变率影响进行研究。

6.5.1 潮流作用下的局部冲刷特性

通过对潮流作用下丁坝近体水流流态和局部冲刷的模拟计算，可以总结出感潮河段局部冲刷的一般特性，主要有以下几点。

6.5.1.1 与建筑物近体水流结构密切相关

在数学模型计算和物理模型试验中可以发现，当行进流速尚未达到引起一般冲刷的泥沙起动流速时，丁坝、桥墩等水工建筑物附近便开始产生了冲刷现象，这表明，局部冲刷的发生不只是和水流流速有很大关系，还和建筑物近体的整体水流紊动结构有关。这主要是由于建筑物的设置起到了阻水作用，当水流涌向建筑物时，水流对建筑物产生冲击压力，这种冲击压力由于建筑物上游行近流速沿水深垂线分布的不同而不同，因而形成压差，使得压强和流速分布发生巨变，水流从高压处折向低压处，在压差的作用下，水深垂线最大流速点以上的各流线必将折转向上形成扩散的扇形流动，而在最大流速点以下的各流线将折转向下，形成向下的扇形流动，进而在建筑物近体形成下潜水流和各种旋涡体系。下潜水流到达床面后冲击床面泥沙将其推举起来之后带走，形成初始的冲刷坑，这时建筑物附近的流速均进行重新分布。由于旋涡体系的作用，泥沙从冲刷坑内输运到坑外时呈螺旋上升，其中一部分被带到主流区，参与沿程冲刷，另一部分被输运到淤积体表面，从试验中可以清楚地看到这种现象。因此可以认为，局部冲刷的形成不仅和行进流速有关，还和建筑物近体的下潜水流和各种旋涡体系有关，总之，是和建筑物近体的水流紊动结构有关。

6.5.1.2 与河床底质组成密切相关

河床底质组成也是影响冲刷深度的主要因素，泥沙粒径越大，泥沙抵抗外界水流破坏作用的能力也越大。对于非黏性沙，随泥沙粒径的增大也就越难于起动，局部最大冲刷深度会减小。另外，泥沙粒径还影响着河床的形态，如果河床形态发生改变，出现沙波或沙丘以及深潭时都会产生较大的床面绕流，这样就对床面近底流速产生较大影响。当床面为非均匀沙组成时，泥沙的级配对冲深也有影响。在冲刷过程中，非均匀沙中粒径较细的部分首先被水流冲走，使得坑面产生粗化，提高了泥沙的抗冲强度，和相同中值粒径的均匀沙相比，冲刷坑的深度减小。最后，泥沙的粒径和级配与泥沙本身的物理性质有很大关系，比如，会对泥沙的水下休止角产生影响，研究[148]表明，冲刷边坡基本与其相应的休止角相当，休止角的变化直接能影响到冲刷坑的形态，从而影响到建筑物前的流速重新分配，进而影响到冲刷坑的进一步发展。河床底质组成对局部冲刷的影响在清水冲刷时尤其显著，而在动床冲刷时，其影响就会小些。

6.5.1.3 局部冲刷是典型的三维问题

水工建筑物近体的水流结构决定了感潮河段局部冲刷是典型的三维问题。从许多局部冲刷室内试验中可以看出，建筑物近体的垂向水流分布和各种旋涡体系对局部冲刷的发展过程和冲刷坑的形态有决定性的影响。这就充分说明，局部冲刷问题采用二维的方法可能得不到合理的冲刷坑形态，必须考虑建筑物近体的水流紊动结构才能更好地模拟和预测局部冲刷的深度和形态。二、三维水流泥沙数学模型计算结果的对比也可以说明局部冲刷的三维特性。二维数值计算只能得到沿水深平均的流速和含沙量分布，而河床的冲淤主要发生在近底河床水沙交界面处，局部冲刷与河床交界面处的近底流速有很大关系。二维沿水深平均流速分布和三维模型计算得到的近底流速分布有很大的不同，这也就使得二维数学模型计算的局部冲刷形态和三维数学模型计算结果有很大的不同，三维数学模型计算得到的局部冲刷形态更符合实际情况。

6.5.1.4 潮流和单向水流作用下的局部冲刷特性

单向水流作用下，水流流向不变，泥沙运动方式单一，局部冲刷有比较一致的特性。而在潮流作用下，水流和泥沙都呈现出往复运动，另外受潮流运动涨落及转流和憩流的影响，使得建筑物近体的水流结构更加复杂。这样就造成两种水流作用下的局部冲刷特性有明显的不同。

在单向水流作用下，丁坝头的迎水面发生冲刷，背水面发生淤积，冲刷和淤积都是呈现持续增长的趋势；而在潮流作用下，丁坝头上下游两端均发生冲刷，这与单向水流作用下的局部冲刷现象明显不同，冲刷深度随着涨落潮的历时和强弱呈现出周期性阶梯式的增长。从冲刷坑的形态上看，潮流作用下，最终沿涨潮和落潮主流方向形成一个狭长的冲刷带，最深处出现在丁坝头位置，然后沿涨潮流和落潮流方向都形成一定的坡度，冲刷带两端也均出现了泥沙的淤积；而单向水流作用下，由于流向不变，形成的冲刷带也向水流流向方向偏移，而沿水流相反方向，冲刷坑坡度比潮流作用下的冲刷坑坡度要陡峭很多。

6.5.2 变率对丁坝坝头流速的影响

对于正态模型有 $\lambda_l=\lambda_h$，且 $\lambda_w=\lambda_u=\lambda_v$，即三个方向的流速比尺相同。对于变态模型，模型变率 $\delta=\lambda_l/\lambda_h$，$\lambda_l\neq\lambda_h$，垂向流速比尺 $\lambda_w=\lambda_u/\delta$，垂直流速比尺与水平流速比尺不同，模型变率越大，$\lambda_u$ 与 λ_w 的差别也越大。由 1# ～5# 模型的变率和水平流速比尺可得出，1# ～5# 模型的垂向流速比尺分别是 3.58、2.5、1.75、1.32、0.87，而对丁坝局部冲刷发展起决定作用的是落急或涨急时刻水流条件。因此，从三维数学模型计算结果中提取落急时刻各个模型的丁坝头垂向流速，研究变率对垂向流速的影响。表 6.1 和表 6.2 分别列出了 N1、S1 丁坝头的垂向流速计算值和换算后的原型值。

表 6.1　N1 丁坝头垂向流速统计　　单位：m/s

位置	1# 模型		2# 模型		3# 模型		4# 模型		5# 模型	
	计算值	换算值	计算值	换算值	计算值	换算值	计算值	换算值	计算值	换算值
0.95H	0.0052	0.0186	0.0074	0.0186	0.0095	0.0166	0.0117	0.0154	0.0148	0.0129
0.9H	0.0130	0.0464	0.0201	0.0502	0.0285	0.0499	0.0374	0.0492	0.0518	0.0453

续表

位置	1# 模型		2# 模型		3# 模型		4# 模型		5# 模型	
	计算值	换算值	计算值	换算值	计算值	换算值	计算值	换算值	计算值	换算值
0.8H	0.0203	0.0724	0.0299	0.0747	0.0425	0.0744	0.0543	0.0713	0.0734	0.0641
0.7H	0.0234	0.0838	0.0335	0.0838	0.0476	0.0832	0.0602	0.0792	0.0791	0.0691
0.6H	0.0238	0.0850	0.0333	0.0831	0.0473	0.0827	0.0588	0.0772	0.0749	0.0654
0.5H	0.0220	0.0788	0.0304	0.0760	0.0433	0.0757	0.0530	0.0696	0.0651	0.0568
0.4H	0.0189	0.0675	0.0258	0.0644	0.0367	0.0642	0.0447	0.0587	0.0528	0.0461
0.3H	0.0148	0.0529	0.0200	0.0500	0.0285	0.0498	0.0346	0.0455	0.0398	0.0348
0.2H	0.0101	0.0362	0.0136	0.0339	0.0195	0.0340	0.0239	0.0314	0.0269	0.0235
0.1H	0.0051	0.0184	0.0068	0.0171	0.0100	0.0175	0.0121	0.0160	0.0139	0.0121
平均值	0.0157	0.0560	0.0221	0.0552	0.0313	0.0548	0.0391	0.0514	0.0492	0.0430
最大值	0.0238	0.0850	0.0335	0.0838	0.0476	0.0832	0.0602	0.0792	0.0791	0.0691

表 6.2　　S1 丁坝头垂向流速统计　　单位：m/s

位置	1# 模型		2# 模型		3# 模型		4# 模型		5# 模型	
	计算值	换算值	计算值	换算值	计算值	换算值	计算值	换算值	计算值	换算值
0.95H	0.0031	0.0111	0.0043	0.0107	0.0056	0.0099	0.0067	0.0088	0.0081	0.0070
0.9H	0.0078	0.0278	0.0119	0.0298	0.0169	0.0296	0.0214	0.0281	0.0282	0.0247
0.8H	0.0125	0.0446	0.0185	0.0463	0.0257	0.0450	0.0318	0.0417	0.0402	0.0351
0.7H	0.0146	0.0521	0.0209	0.0523	0.0291	0.0509	0.0355	0.0466	0.0439	0.0384
0.6H	0.0148	0.0531	0.0208	0.0520	0.0291	0.0509	0.0352	0.0463	0.0430	0.0375
0.5H	0.0138	0.0493	0.0190	0.0474	0.0266	0.0465	0.0322	0.0423	0.0391	0.0341
0.4H	0.0118	0.0423	0.0160	0.0400	0.0224	0.0391	0.0273	0.0358	0.0331	0.0289
0.3H	0.0093	0.0331	0.0124	0.0311	0.0173	0.0303	0.0212	0.0279	0.0260	0.0227
0.2H	0.0064	0.0227	0.0085	0.0213	0.0120	0.0210	0.0151	0.0198	0.0182	0.0159
0.1H	0.0032	0.0115	0.0043	0.0108	0.0067	0.0117	0.0080	0.0106	0.0097	0.0085
平均值	0.0105	0.0374	0.0147	0.0368	0.0206	0.0361	0.0253	0.0332	0.0313	0.0273
最大值	0.0148	0.0531	0.0209	0.0523	0.0291	0.0509	0.0355	0.0466	0.0439	0.0384

从统计表中可以看出，垂向流速是随着变率的增大而明显减小。将计算值换算成原型值，并将垂向流速的平均值和最大值与变率建立关系（图 6.20 和图 6.21）。

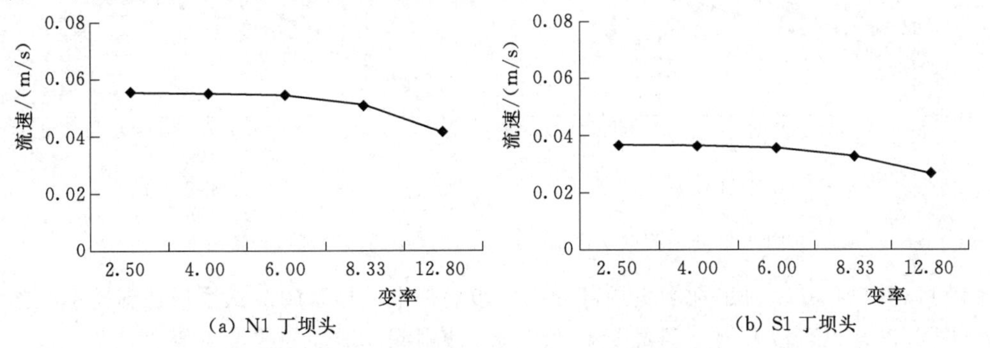

(a) N1 丁坝头　　(b) S1 丁坝头

图 6.20　变率对丁坝头垂向平均流速的影响

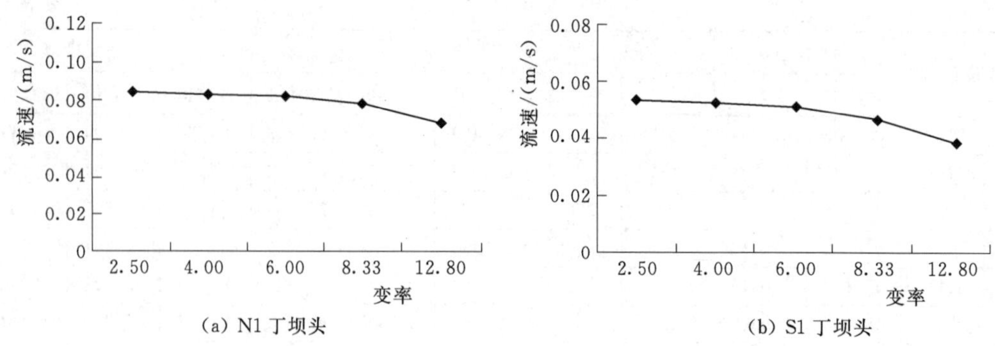

(a) N1 丁坝头　　(b) S1 丁坝头

图 6.21　变率对丁坝头垂向最大流速的影响

从计算结果看，无论是垂向平均流速还是垂向最大流速都是随着变率的增大而减小的，而且变率越大，减小的幅度也随着增大，这和理论分析是对应的，模型变率越大，λ_u 与 λ_w 的差别也越大。

6.5.3　变率对局部冲刷的影响

采用所建立的潮流泥沙数学模型对 1# ～5# 模型进行局部冲刷计算，得出系列数学模型中各个模型丁坝头冲刷坑深度随时间变化的过程（图 6.22）。从图中可以看出，随着变率的增大，丁坝头冲刷坑的深度也随着增大。在同一个模型中，S1 短丁坝靠近航道主流，在开始阶段冲刷坑发展比 N1 丁坝头的冲刷坑发展速度快，但是 N1 是长丁坝，阻水作用明显，冲刷深度也比 S1 丁坝的冲刷坑深。随着变率的增大，初始时刻 2～4h 内的冲刷深度的增加速度也随之变大，对于 5# 模型，在冲刷开始的 3h 内即达到了最终冲刷深度的一半左右。变率越大，初期局部冲刷的发展速度越快，达到冲刷平衡的时间越长，冲刷坑的深度也越大。可以看出，变率对丁坝坝头局部冲刷的影响是十分显著的。

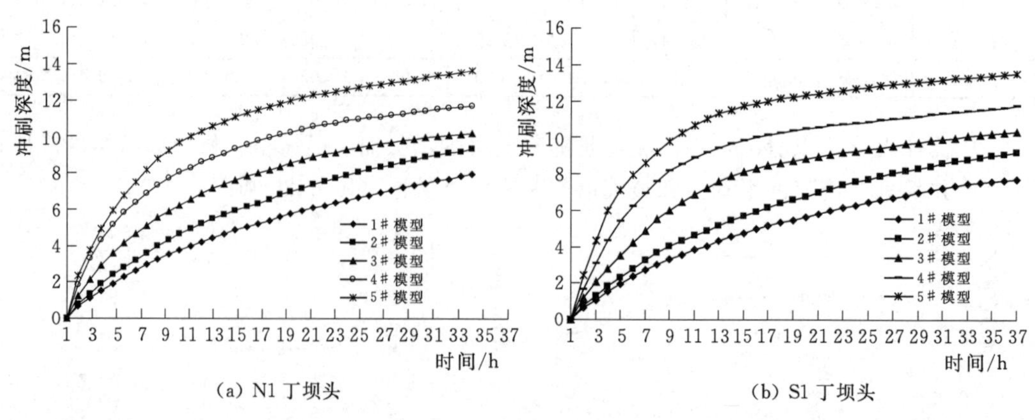

(a) N1 丁坝头　　(b) S1 丁坝头

图 6.22　系列数学模型 N1、S1 丁坝头局部冲刷过程比较

可以看出，变率对丁坝坝头局部冲刷的影响是十分显著的。从系列物理模型试验结果（图 6.23）也可以看出，随着变率的增大，冲刷深度增加的幅度也变大。尤其是当变

率超过 8 时（4# 和 5# 物理模型），稳定冲刷深度增加了近一倍，在开始的 2～3h 内，冲刷深度即可达到稳定冲刷深度的一半左右，这种现象和大多学者的室内水槽实验结果比较吻合，数学模型计算结果也基本反映了这种规律。这可以说明，在运用物理模型试验研究局部冲刷现象时，变率的影响十分显著，必须通过多组不同的系列模型试验来确定一个比较合理的稳定冲刷深度。

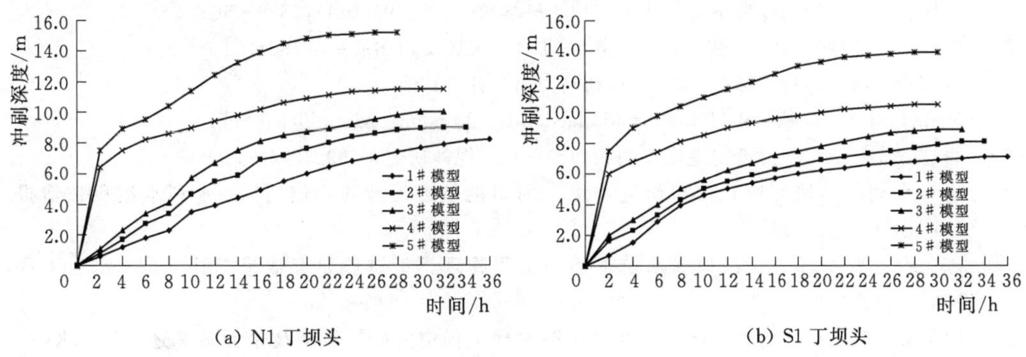

图 6.23　系列物理模型清水潮流时丁坝头冲刷坑深度变化过程

参 考 文 献

［1］ 窦国仁．全沙河工模型试验的研究［J］．科学通报，1979，(14)：659－663.

［2］ 李昌华，金德春．河工模型试验［M］．北京：人民交通出版社，1981.

［3］ 谢鉴衡．河流模拟［M］．北京：水利电力出版社，1990.

［4］ Yalin，M. S. Theory of Hydraulic Models［M］．London：Macmillan，1971.

［5］ 张红武．复杂河型河流物理模型的相似律［J］．泥沙研究，1992，(4)：1－13.

［6］ 南京水利科学研究所长江口研究小组．河口港航道治理的实例［J］．水利水运科技情报，1975，(1)：43－86.

［7］ 陈志昌，罗小峰．长江口深水航道治理工程物理模型试验研究成果综述［J］．水运工程，2006，(12)：134－140.

［8］ 吴华林，戚定满，刘杰．长江口深水航道治理工程中科研及监测技术创新综述［J］．水运工程，2006，(12)：141－147.

［9］ 吴小明，邓家泉，吴天胜，等．珠江河口大型潮汐整体物理模型设计与应用［J］．人民珠江，2002，(6)：14－16.

［10］ 熊绍隆，方正，韩海骞，等．杭州湾跨海大桥河工模型设计与验证［J］．东海海洋，2002，20(4)：51－56.

［11］ 程义吉，等．黄河口实体模型研究与建设［M］．郑州：黄河水利出版社，2010.

［12］ Maquet，J. F. Amenagement de l' estuaire de la Loire［J］．La Houille Blanche，1974，(1－2)，79－89.

［13］ Jurgen Thiemann，Gottfried Wolf. Dredging on the River Elbe［J］．World Dredging and Marine Construction，1974，10 (13)：30－35.

［14］ Hans－H. Nagel，Development and construction of the federal waterway Elbe［C］//Bulletin of the Permanent International Association of Navigation Congress，1975，No. 20，p. 19.

［15］ Heinz Ramachen. Der Ausbau von Unter－und Außenweser［J］．Mitteilungen des Franzius－Instituts für Wasserbau und Küsteningenieurwesen der Technischen Universität Hannover，1974，Heft 41：257－276.

［16］ 王御华，恽才兴．河口海岸工程导论［M］．北京：海洋出版社，2004.

［17］ Lespine，E. Amenagement de l' estuaire de la Gironde［J］．La Houille Blanche，1974，(1－2)，71－78.

［18］ 长江口航道整治领导小组．国外河口治理文集［R］．南京：长江口航道整治领导小组，1982.

［19］ John Howard. Reclamation on Maplin Sands［J］．The Consulting Engineer，1973，37 (7)：37－44.

［20］ John Black. Maplin：Seaport of the future［J］．The Consulting Engineer，1972，36 (7)：44－47.

［21］ 黄胜．联邦德国河口海岸研究［R］．南京：南京水利科学研究院，1984.

［22］ Programm für die Elbevertiefung［J］．Hansa，1973，110 (21)：1837－1838.

［23］ O'Brien，M. P. Equilibrium flow areas of tidal inlets on sandy coasts［C］//Proceedings of the Tenth Conference on Coastal Engineering，1966，pp. 676－689.

［24］ Johnson，J. W. Characteristics and behavior of Pacific coast tidal inlets［J］．Journal of Waterways, Harbors and Coastal Engineering Division, ASCE, 1973, 99 (3): 325-339.

[25] 須賀堯三. 河口附近の流かと堆沙の特性 [J]. 土木技术资料, 1971, 13 (10): 7-10.

[26] Ir. J. Van Dixhoorn, Rotterdam/Europoort Now and in the future [C] //Bulletin of the Permanent International Association of Navigation Congress, No. 17, 1974.

[27] Hans Rohde. Eine Studie über die Entwicklung der Elbe als Schiffahrtsstraße [J]. Mitteilungen des Franzius-Instituts für Grund- und Wasserbau der Technischen Universität Hannover, 1971, Heft 36: 17-241.

[28] 南京水利科学研究所. 国内外河口治理概况及动向 [R]. 南京: 南京水利科学研究所, 1977.

[29] 南京水利科学研究所. 黄浦江河口整治试验报告 [R]. 南京: 南京水利科学研究所, 1959.

[30] 严恺. 中国海岸工程 [M]. 南京: 河海大学出版社, 1992.

[31] 严恺, 梁其荀. 海岸工程 [M]. 北京: 海洋出版社, 2002.

[32] 南京水利科学研究所与华东水利学院等江心沙模型试验组. 长江口海门江心沙北泓河段地形复演试验报告 [R]. 南京: 南京水利科学研究所, 1973.

[33] 罗肇森. 潮汐河口悬沙淤积和局部动床冲淤模型试验研究——射阳河闸下淤裁弯实例 [R]. 南京: 南京水利科学研究所, 1978.

[34] Komar, P. D. Beach processes and sedimentation [M]. New Jersey: Prentice-Hall Inc., 1976.

[35] Battjes, J. A. Surf similarity [C] //Proceedings of the 14th International Conference on Coastal Engineering, 1977: 466-480.

[36] 窦国仁, 董凤舞, 窦希萍, 等. 河口海岸泥沙数学模型研究 [J]. 中国科学 (E辑), 1995, 25 (9): 995-1001.

[37] 窦国仁, 窦希萍. 波浪作用下的泥沙起动规律 [J]. 中国科学 (E辑), 2001, 31 (6): 566-573.

[38] Dou, G. R., Dou, X. P., Li, T. L. Incipient motion of sediment by currents and waves [C] //Proceedings of the First Conference on Asian and Pacific Coastal Engineering, Dalian, 2001: 918-927.

[39] Bailard, J. A. An energetic total load sediment transport model for a plane sloping beach [J]. Journal of Geophysical Research-Oceans, 1981, 86 (C11): 10938-10954.

[40] Chung, D. H., Grasmeijer, B. T., Van Rijn, L. C. Wave-related suspended transport in the ropple regime [C] //Proceedings of the 27th International Conference on Coastal Engineering, Sydney, Australia, 2000.

[41] Davies, A. G., Ribberink, J. S., Temperville, A., Zyserman, J. A. Comparisons between sediment transport models and observations made in wave and current flows above plane bed [J]. Coastal Engineering, 1997, 31 (1-4): 163-198.

[42] Dibajnia, M., Watanabe, A. Sheet flow under nonlinear waves and currents [C] //Proceedings of the 24th International Conference on Coastal Engineering, Venice, Italy, 1992, 2015-2028.

[43] Fredsoe, J. Turbulent boundary layers in wave-current motion [J]. Journal of Hydraulic Engineering, ASCE, 1984, 110 (8): 1103-1120.

[44] Fredsoe, J., Deigaard, R. Mechanics of coastal sediment transport [M]. Advanced Series on Ocean Engineering, 1992, Singapore: World Scientific.

[45] Grant, W. D., Madsen, O. S. Combined wave and current interaction with a rough bottom [J]. Journal of Geophysical Research-Oceans, 1979, 84 (C4): 1797-1808.

[46] King, D. B. Studies in oscillatory flow: bed load sediment transport [D]. San Diego: University of California, 1991.

[47] Lee, T. H., Hanes, D. M. Comparison of field observations of the vertical distribution of sus-

pended san and its prediction by models [J]. Journal of Geophysical Research - Oceans, 1996, 101 (C2): 3561 - 3572.

[48] Madsen, O. S. , Grant, W. D. Sediment transport in the coastal environment [R]. Report No. 209, R. M. Parsons Lab. , Dep. of Civ. Eng. , M. I. T. , 1976, Cambridge, Massachusetts, USA.

[49] Murry, P. B. , Davies, A. G. , Soulsby, R. L. Sediment pick - up in wave and current flows [C] // Proceedings of EUROMECH 262 Colloquium on Sand Transport in Rivers, Estuaries and the Sea. Wallingford, 1990, 1: 37 - 43.

[50] Osborne, P. D. , Vincent, C. E. Vertical and horizontal structure in suspended sand concentrations and wave - induce fluxes over bed forms [J]. Marine Geology, 1996, 131 (3 - 4): 195 - 208.

[51] Perrier, G. Numerical modeling of the flow and sand transport by waves and currents over a rippled bed [D]. Orsay: Orsay Universite, 1996.

[52] Ribberink, J. S. Bed load transport for steady flows and unsteady oscillatory flows [J]. Coastal Engineering, 1998, 34 (1 - 2): 59 - 82.

[53] Sawamoto, M. , Yamashiita, T. Sediment transport rate due to wave action [J]. Journal of Hydroscience and Hydraulic Engineering, 1986, 4 (1): 1 - 15.

[54] Sleath, J. F. A. Velocities and shear stresses in wave - current flows [J]. Journal of Geophysical Research - Oceans, 1991, 96 (C8): 15237 - 15244.

[55] Staub, C. , Jonsson, I. G. , Svendsen, I. A. Variation of sediment suspension in oscillatory flow [C] //Proceedings of the 19th International Conference on Coastal Engineering, Houston, USA, 1984.

[56] Van Rijn, L. C. Principles of sediment transport in rivers, estuaries and coastal seas [M]. Aqua Publications, Amsterdam, The Netherlands, 1993.

[57] Van Rijn, L. C. , Nieuwjaar, M. , Van der Kaaij, T. et al. Transport of fine sands by currents and waves [J]. Journal of Waterway, Port, Coastal and Ocean Engineering, 1993, 119 (2): 123 - 143.

[58] Van Rijn, L. C. , Havinga, F. J. Transport of fine sands by currents and waves: Ⅱ [J]. Journal of Waterway, port, Coastal and Ocean Engineering, 1995, 121 (2): 123 - 133.

[59] 窦国仁 . 河口海岸全沙模型相似理论 [J]. 水利水运工程学报, 2001, (1): 1 - 12.

[60] 杨华, 吴明阳 . 波流泥沙淤积模型相似律及选沙研究 [J]. 水道港口, 1998, (4): 31 - 39.

[61] Sorensen, R. M. Basic Coastal Engineering [M]. New Jersey, USA: A Wiley - Interscience Publication, John Wiley & Sons Inc. , 1978.

[62] Hidayat, R. , Irie, I. , Morimoto, K. , Ono, N. The recent experience of siltation problem in Asian ports [C] //Proceedings of the 28th International Conference on Coastal Engineering, Cardiff, Wales, 2002: 3130 - 3142.

[63] Hennessy, R. , Hu, K. , Ahmed, S. Feasibility study of deeping and widening of Port Qasim Navigation Channel [C] //Proceedings of the 28th International Conference on Coastal Engineering, Cardiff, Wales, 2002: 3205 - 3217.

[64] Osborne, P. D. , Hericks, D. B. , Kraus, N. C. , Parry, R. M. Wide - area measurements of sediment transport at a large inlet, Grays Harbor, Washington [C] //Proceedings of the 28th International Conference on Coastal Engineering, Cardiff, Wales, 2002: 3053 - 3064.

[65] http: //news. sina. com. cn/c/2005 - 04 - 02/1120626619l. shtml: 广东投资 400 亿元打造世界上最大治水模型.

[66] Hudson, R. Y. et al. Coastal hydraulic models [R]. U. S. Army, Corps of Engineer, 1979.
[67] Chanson, H. The hydraulics of open channel flow: an introduction [M]. Butterworth Heinemann, 2004.
[68] Hughes, S. A. Physical model and laboratory techniques in coastal engineering [M]. Advanced Series On Ocean Engineering, World Scientific Publishing Co Pte Ltd, 1993.
[69] Abbott, M. B., Price, W. A. Coastal, estuarial and harbour engineers' reference book [M]. CRC Press, 1993.
[70] 熊绍隆，胡玉棠．潮汐河口悬移质动床实物模型的理论与实践 [J]. 泥沙研究，1999，(1)：1-6.
[71] 白世录，于荣海．河工模型相似设计及特殊处理技术 [J]. 泥沙研究，1999，(1)：39-43.
[72] 左东启．模型试验的理论和方法 [M]. 北京：水利电力出版社，1984.
[73] 李保如．我国河流泥沙物理模型的设计方法 [J]. 水动力学研究与进展（A 辑），增刊，1991，(6)：113-122.
[74] Baker, W. E., Westine, P. S., Dodge, F. T. Similarity methods in engineering dynamics: theory and practice of scale modeling [M]. New York, USA : Hayden Book Co., 1973.
[75] 张瑞瑾，段文忠，吴卫民．论河道水流比尺模型变态问题 [C] //第二次河流泥沙国际学术讨论会论文集 [M]. 北京：水利电力出版社，1983.
[76] 彭瑞善．关于动床变态河工模型的几个问题 [J]. 泥沙研究，1988，(3)：86-94.
[77] 屈孟浩．黄河动床模型试验相似原理及设计方法 [C] //黄河水利委员会科研论文集（第二集）[M]. 郑州：河南科学出版社，1990.
[78] Wei, B. Q., Uchijima, K., Hayakawa, H. Study on similarity laws of a distorted river with a movable bed [J]. Journal of Hydrodynamics (Ser. B), 2001, 13 (1): 86-91.
[79] 李旺生．变态河工模型垂线流速分布不相似问题的初步研究 [J]. 水道港口，2001，22 (3)：113-117.
[80] 张红武，冯顺新．河工动床模型存在问题及其解决途径 [J]. 水科学进展，2001，12 (3)：418-423.
[81] 崔喜凤，李旺生．悬移质泥沙变态模型的沉降相似问题 [J]. 水道港口，2003，24 (2)：60-64.
[82] 朱鹏程．论变态动床河工模型及变率的影响 [J]. 泥沙研究，1986，(1)：14-29.
[83] 彭瑞善．论变态动床河工模型及变率的影响 [J]. 泥沙研究，1986，(4)：94-96.
[84] 吕秀贞．河工模型几何变态对坡面上推移质输移相似性的影响 [J]. 泥沙研究，1992，(1)：9-20.
[85] 吕秀贞，彭润泽．几何变态模型中悬沙输移相似性研究 [J]. 泥沙研究，1996，(1)：37-47.
[86] 虞邦义，俞国青．河工模型变态问题研究进展 [J]. 水利水电科技进展，2000，20 (5)：23-26.
[87] de Vries, M. Application of physical and mathematical models for river problems [C] //ISRM, Bangkok, Thailand, 1973.
[88] Herrmann, Jr., F. A. Overview of physical estuary practice [C] // Proceedings of the Symposium on Modeling Techniques, San Francisco, California, United States, 1975, Vol. 2, pp. 1270.
[89] Model cuntersuchung fur die deutschen tideastuarien [R]. Milleiungen des Franzius - Institute fur Grundund Wasserbau der Technischen Universitat Hannover, 1972, Heft 37: 317-326.
[90] Outer Thames estuary [R]. Department of Environment (U. K.), Hydraulics research, 1974.
[91] 須賀堯三，松村圭二．河口処理手法に関するる杂考 [J]. 土木技术资料，1971，13 (2)：3-7.

[92] 韩曾萃，戴泽蘅，李光炳，等．钱塘江河口治理开发［M］．北京：中国水利水电出版社，2003.

[93] Shen，H. W. Principles of Physical Modeling Chapter 6：Modeling of River［M］．John Wiley & Sons，U. S. A.，1979，pp. 1－27.

[94] 张红武．河工动床模型相似律研究进展及存在问题［R］．郑州：第二届全国泥沙工作交流促进会专题报告，1999.

[95] 张红武，汪家寅．沙石和模型沙水下休止角试验研究［J］．泥沙研究，1989，(3)：90－96.

[96] Migniot，P. C. Etude des Proprietes de Differents Sediments Tres Fins et de Comportement sous des Actions Hydrodynamiques［J］．La Houille Blanche，1968，7：591－620.

[97] 窦国仁，柴挺生，樊明，等．丁坝回流及其相似律的研究［J］．确规定水利水运科技情报，1978，(3)：1－24.

[98] 张红武，李保如．河工模型变率对流场影响的试验研究［J］．黄河科研，1989，(2)：18－24.

[99] 颜国红．模型变率对弯道动力轴线影响的试验研究［D］．武汉：武汉水利水电大学，1996.

[100] 陈德明，郭炜，等．河工模型变率问题研究综述［J］．长江科学院院报，1998，15 (3)：20－34.

[101] 廖志丹．变率对凹入式港池回流相似性影响初步研究［J］．人民长江，2003，34 (6)：23－25.

[102] 潘庆燊，杨国录，府仁寿．三峡工程泥沙问题研究［M］．北京：中国水利水电出版社，1999.

[103] 姚仕明，张玉勤，李会云．实体模型变率研究［J］．长江科学院院报，1999，16 (5)：1－4.

[104] 陆浩．系列模型延伸法及其试验沙的选择［J］．泥沙研究，1987，(1)：10－18.

[105] 刘顺宽．用模型延伸法进行丹东电厂排水口冲刷形态的试验研究［C］//中国水利学会泥沙专业委员会．第二届全国泥沙基本理论研究学术讨论会论文集．北京：中国建材工业出版社，1995.

[106] 高正荣，袁文志．苏通长江公路大桥主桥墩冲刷防护试验研究［R］．南京：南京水利科学研究院，2004.

[107] 赵晓冬，吴丽华．崇明越江通道工程河床演变分析及建桥方案物理模型试验研究［R］．南京：南京水利科学研究院，2001.

[108] 朱立俊，赵晓冬．模型变率对斜坡上泥沙起动相似影响研究［J］．海洋工程，1997，15 (2)：65－73.

[109] Allen，J. Scale models in hydraulic engineering［M］．London：Longmans，Green and Co.，1947.

[110] Ahmad，M. Effect of scale distortion，size of model bed material and time scale on the geometrical similarity of localized scour［C］//IAHR Proceedings of the sixth General Meeting，the Hague，1955.

[111] 沙玉清．泥沙运动学引论［M］．北京：中国工业出版社，1965.

[112] ЗреловН. П. Метод зкстрапоряционного моделирования гидравлических лроцессов. труды гидрав［C］// Лабор. Водгео，1957.

[113] 陆浩，高冬光．桥梁水力学［M］．北京：人民交通出版社，1991.

[114] Ahmad，M. Experiments on Design and Behavior of Spur Dikes［C］//Proceedings of the IAHR，ASCE Joint Meeting，University of Minnesota，1953.

[115] Gill，M. A. Erosion of sand beds around spur dikes［J］．Journal of the Hydraulic Division，ASCE，1972，98 (9)：1587－1602.

[116] Jain，S. C.，Fischer，E. E. Scour around circular bridge piers at high Froude numbers［R］．Report FHWA－RD－79－104，Federal Highway Administration，U. S. Department of Trans-

portation, April, 1979.

[117] Jones, J. S. Comparison of prediction equations for bridge pier and abutment scour [R]. Transp. Res. Rec., 950 (2), Transportation Research Board, National Research Council, September, 1984.

[118] Karaki, S. S. Hydraulic model studies of spur dikes for highway bridge openings [R]. Report No. CER59 - SSK36, Colorado State University, 1959.

[119] Tison, L. J. Local scour in rivers [J]. Journal of Geophysical Research, 1961, 66 (12): 4227 - 4232.

[120] Culbertson, D. M., Young, L. E., Brice, J. C. Scour and fill in alluvial channels with particular reference in bridges sites [R]. USGS Open - File Report, 1967.

[121] Neill, C. R. River bed scour: A review for bridge engineers [R]. Canadian Good Road Association. Tech. Publication 23, Ottawa, Canada, 1970.

[122] Shen, H. W., Hung, C. S. An engineering approach to total bed - material load by regression analysis [C] // Proceedings of Sedimentation Symposium, Berkeley, 1971.

[123] Norman, V. W. Scour at selected bridge sites in Alaska [R]. U. S. Geological Survey, Water Resources Investigation Report, 1975.

[124] Jarrett, R. D., Boyle, J. M. Pilot study for collection of bridge - scour data [R]. U. S. Geological Survey, Water Resources Investigation Report. Denver, Colorado, 1986.

[125] Laursen, E. M. Scour at bridge crossings [J]. Journal of Hydraulics Division, ASCE, 1960, 86 (2): 39 - 54.

[126] Melville, B. W. Local scour at bridge sites [R]. Report No. 117, University of Auckland, New Zealand, 1975.

[127] Breusers, H. N. C., Nicollet, G., Shen, H. W. Local scour around cylindrical piers [R]. Vol. 1 and 2, FHWA - RD - 78 - 162&163, Federal Highway Administration, U. S. Department of Transportation, Washington, D. C., 1977.

[128] Ettema, R. Scour at bridge piers [R]. Report No. 216, Department of Civil Engineering, University of Auckland, New Zealand, 1980.

[129] Chee, R. K. W. Live - bed scour at bridge piers [R]. Report No. 290, School of Engineering, University of Auckland, New Zealand, 1982.

[130] Kwan, T. F. Study of abutment scour [R]. Report No. 328, Department of Civil Engineering, University of Auckland, New Zealand, 1984.

[131] Gradowczyk, M. H., Maggiolo, O. J., Folguera, H. C. Localized scour in erodible - bed channels [J]. Journal of Hydraulic Research, 1968, 6 (4): 289 - 326.

[132] Froehlich, D. C., Trent, R. E. Hydraulic analysis of the Schoharie Creek Bridge [C] //National Conference on Hydraulic Engineering and International Symposium on Sediment Transport Modeling, ASCE Hydraulics Division, 1989.

[133] Molinas, A., Santoro, V. C. BRI - STAR model and its application [C] //Proceedings of the Bridge Scour Symposium, Federal Highway Administration, U. S. Department of Transportation, 1989.

[134] Olsen, N. R. B., Melaaen, M. C. Three - dimensional calculation of scour around cylinders [J]. Journal of Hydraulics Division, ASCE, 1993, 123 (9): 1048 - 1054.

[135] Wilcox, D. C. Turbulence modeling for CFD [M]. La Canada, CA: DCW Industries, Inc., 1993.

[136] Dou, X. A numerical simulation of local scour process around rectangular piers. Master Thesis,

Oxford：The University of Mississippi，1991.

[137] Jia，Y. F.，Wang，S. S. Y. A modeling approach to predict local scour around spur dike - like structures [C] //Proceedings of the Sixth Federal Interagency Sedimentation Conference，Las Vegas，Nevada，1996.

[138] Dou，X. B. Numerical simulation of three - dimensional flow field and local scour at bridge crossings [D]. Doctor Thesis，Oxford：The University of Mississippi，1997.

[139] 吴丽华，赵晓冬．长江口深水航道治理一期工程丁坝头部及分流口潜堤局部冲刷试验研究 [R]. 南京：南京水利科学研究院，1998.

[140] 窦国仁．紊流力学（下册）[M]. 北京：高等教育出版社，1987.

[141] 夏震寰．现代水力学 [M]. 北京：高等教育出版社，1992.

[142] 蒋德才．海洋波动力学 [M]. 青岛：海洋大学出版社，1992.

[143] 日本港湾协会．港口建筑物设计标准（第一分册）[M]. 北京：人民交通出版社，1979.

[144] Eagleson，P. S. Theoretical study of longshore currents on a plane beach [R]. Cambridge：Massachusetts Institute of Technology Hydrodynamic Lab，1965.

[145] 窦国仁，董凤舞，窦希滨．潮流和波浪的挟沙能力 [J]. 科学通报，1995，40（5）：443 - 446.

[146] 窦国仁．再论泥沙起动流速 [J]. 泥沙研究，1999，（6）：1 - 9.

[147] 窦希萍，李禔来，窦国仁．长江口全沙数学模型研究 [J]. 水利水运科学研究，1999，（2）：136 -145.

[148] 刘书伦．丁坝设计 [C] //山区航道整治论文集．北京：人民交通出版社，1981.

第 2 篇

物理模型时间变态影响研究

第 7 章

河流物理模型与时间变态影响研究现状

7.1 问题的提出

河流是水流与河床相互作用的产物。水流作用于河床，使河床发生变化；河床也反过来作用于水流，影响水流结构。两者相互依存，相互影响，相互制约，永远处于变化和发展的过程中。泥沙运动是水流与河床相互作用的纽带，水流挟带泥沙通过泥沙冲淤改变河床形态。天然河流的水流泥沙运动以及河床演变等问题，目前采用的研究手段主要是原型水文泥沙、地形等的测验和理论分析、水流泥沙数学模型计算和泥沙物理模型试验等[1]。

理论分析计算是在大量原型观测资料进行定性和定量分析的基础上，根据所研究河流的水文、泥沙特征，利用水力学及河流动力学和相关学科理论，探讨河床的历史演变、近期演变和将来的演变趋势。

水流泥沙数学模型计算是运用一定的离散方法，数值求解水流及泥沙运动方程，得到水位、流速和河床冲淤厚度等，分析和预测拟建工程前后的水动力场和河床变化情况。泥沙物理模型试验依据水流、泥沙的运动学和动力学方程，按照相似准则，将原型河流缩制成模型河流，在模型上进行水流泥沙运动试验研究，预测拟建工程的作用与效果以及工程对附近水流和河床的影响。目前大中型水利水电航运枢纽的建设问题，一般都要通过泥沙物理模型试验的论证研究才能付诸实施[2]。我国在长江、黄河、珠江、淮河、汉江、赣江、湘江、钱塘江、瓯江等河流的河床演变、河道整治、航道整治、跨河建筑物等有关问题的研究中均开展了大量的泥沙物理模型试验。

数学模型具有节省人力、物力和时间的优点，目前一维和二维水流、泥沙数学模型已经广泛应用在实际工程的研究中，三维水流泥沙数学模型也有所研究和应用。有学者曾预言河工模型试验将逐步被河流数学模型计算所替代[3]。但是，由于水流与泥沙之间的相互作用机理还不十分清楚，泥沙运动规律有待进一步完善，在解决工程泥沙问题时，泥沙物理模型试验以水流泥沙相互作用自相适应及直观可视的特点仍然具有不可替代的作用。

泥沙物理模型试验以牛顿提出的相似理论为基础，主要是在方程与因次分析两个方向上发展[2]。我国在20世纪50年代初期，从苏联引入方程分析法和爱因斯坦模型相似律开始，通过大量的泥沙物理模型试验研究工作，模型相似理论有很大的发展。至20世纪70年代末，提出不少泥沙物理模型的相似理论[4-7]成果。20世纪80年代以来，在模型变态、模型沙选择、宽级配非均匀沙模拟、模型人为转弯、泥沙起动和扬动相似条件、沉降相似以及各相似条件偏移等方面有进一步的研究[8]。但是，现有模型试验理论与技术尚不完善，其中时间变态（特别是长河段时间变态）问题还需进行深入研究，若以较高的标准来衡量，则相当一部分已经完成的和正在进行的泥沙物理模型在设计及试验过程中都存在问题[9-10]。

7.2 泥沙物理模型试验研究

7.2.1 泥沙物理模型试验的发展

泥沙物理模型实质上是水力模型的延伸和发展，按照所模拟的对象不同，可以分为河道泥沙物理模型、库区泥沙物理模型、河口海岸泥沙物理模型，以及关于水利枢纽水力学或泥沙问题的水工模型等。模型试验作为研究工程问题的一种技术手段，早在140多年前得到了应用。1870年，弗鲁德就进行了船舶模型试验并提出了著名的Froude准则。1875年，法国学者法格为整治波尔多市的加龙河，进行了最早的泥沙物理模型试验。1898年德国德累斯顿工科大学教授恩格斯设立了世界第一个水工试验室后[11]，世界各国相继成立了许多从事水利科学方面的研究机构，从此后河工模型试验技术得到迅速的发展。泥沙物理模型试验是由河工模型试验发展提高的一项实验技术[2]。20世纪70年代，苏联和美国在泥沙物理模型试验方面处于领先地位，密西西比河航道整治和港口工程是通过泥沙物理模型试验研究而实现的成功范例。

我国1935年成立中央水工试验所，开展的第一个模型试验是导淮入海水道杨庄活动坝试验。20世纪50年代初期，我国开始从苏联引入方程分析法和爱因斯坦模型相似律[2,12]。随后，我国学者在模型比尺变态、模型沙选取、宽级配非均匀沙沙模拟、泥沙起动相似、沉降相似等方面不断提出了新的理论和方法，形成了一整套泥沙物理模型的相似理论、设计方法和实验技术[11,13-16]。几十年来，泥沙物理模型试验在黄河三门峡工程与小浪底工程、长江葛洲坝工程与三峡工程，以及其他大江大河的河道整治工程中发挥了重要作用，积累了丰富经验。

7.2.2 国外河流泥沙物理模型研究概述

1875年，法国学者法格为整治波尔多市的加龙河制作了泥沙物理模型（水平比尺100），进行了河道疏浚措施试验研究。1885年，奥斯本·雷诺兹首次将时间比尺引入模型设计中，进行了河道泥沙物理模型试验。19世纪末和20世纪初，在欧洲有较多工程师和学者利用泥沙物理模型试验研究河流演变及河流治理工程问题。1908年贾加尔[17]利用泥沙物理模型复演弯道、河流发育的过程。1917年吉尔本[18]采用模型试验研究水流输沙规律。在1944年，爱因斯坦通过对模型和原型相似性问题的专题讨论，认识到两者要相似必须被相同方程来表达，这是泥沙物理模型试验重要的理论依据。20 世纪 20 年代末期，美国归纳了当时的研究成果，对相似问题进行了系统的研究，提出模型试验的几何相似、机械相似、动态相似和动力相似等四个方面的相似要求，随后进行了完善相似条件的研究[19]。

随着模型试验理论和技术的发展，在 20 世纪 50 年代初期，国外开始制作河网和大规模的模型。美国为了研究密西西比河段的防洪和河道治理规划，在野外制作了占地面积 4000hm^2 的变态河道模型，模型水平比尺 2000，垂直比尺 100[20]，该模型现在仍具有较大的使用价值。20 世纪中期，在美国开始采用泥沙物理模型复演河床演化，1945 年，莱德金[21]在维克斯堡实验室中，运用沙质材料采用平滩水位塑造深泓弯曲河型，研究了细沙和淤泥混合物等模型对模拟弯曲性河道的适用性。布鲁斯和沃尔曼[22]运用模型实验研究侵蚀和堆积过程形成的河谷形态。利奥波德等[23]研究江心洲发育过程，进行了分汊河型的泥沙物理模型试验。

苏联在 20 世纪 30 年代开始，泥沙物理模型试验也有了一定的发展[24]。如在 1947 年 M. A. 米米考开展了大型河流演变试验研究，研究河流侵蚀发育过程[25]。

随着模型试验的增多，学者们对模型相似率和模型设计开始了较深入的研究。托马斯顿[26]通过研究河渠自动调整问题，对河道泥沙物理模型的比尺关系进行了探讨。1956 年爱因斯坦和钱宁[27]基于水流运动和泥沙输移方程，提出变态河工动床泥沙物理模型相似律。1960 年伯克霍夫[28]对比尺模型的基本原理也进行了专门的应用研究。哈顿曾在 1965 年和 1970 年先后对河道模型的率定、模拟糙率的方法进行过较系统的研究[29]。1975 年福斯特[30]对河工模型发展过程进行了总结，并评述河道比尺模型的模拟技术问题，定义了模型类型。Hartung 和 Scheuerlein[31]利用泥沙物理模型研究河流交汇处航槽位置的确定，模型沙采用塑料沙。Song 和 Yang 等人[32]以无量纲单位水流能量作为相似准则，采用建立 Chippewa 和 Mississippi 河交汇处的物理模型，研究维持航深的措施。1981 年 H. Kobus[29]主编的《Hydraulic Modelling》书中有两章主要介绍河道模型设计的方法，着重介绍德国莱茵河模型试验情况，其方法对于粗沙少沙河流模型设计具有指导意义，对于细沙多沙河流模型设计是不适宜的。1982 年 Yalin[33]进一步对河工模型相似准则作了论述。Pokrefke（1988）[34]较系统地回顾并总结了美国水道试验站水力学实验室所开展的河工模型试验。Yalin 和 da Silva（1990）[35]按照 Yalin（1982）提出的相似准则，建立了变态物理模型，模型沙采用沙和卵石，研究冲积河流形成机理。Alam 和 Laukhuff（1995）[36]建立了比尺为 100 的正态模型采用轻质沙复演河流细沙和淤泥输移。

近年来，随着数学模型的较快发展，国外开展的大尺度的物理模型有所减少。但在开展基础理论和重要工程技术研究方面，仍主要依靠物理模型试验的方法。1996 年英国学者 Gregory H. 等[37]采用模型试验研究凹型河流纵剖面变化过程。Thomas E. Lise 和 Bonnie Smith[38]在砂砾河床河道模型试验中研究了河流输沙能力。Sellin、Bryant 和 Loveless[39]探讨了河道滩区模型中糙率模拟的方法，并通过试验提出了改进。

目前，国外不少科学家和工程师利用泥沙物理模型试验来研究解决数学模型的构建问题，主要是利用模型试验所发现的现象和揭示的规律，为数学模型提供基本理论，以及采用试验量测的数据为数学模型提供物理参数和率定资料[40]。近几十年，国外泥沙物理模型模拟理论和技术研究相对于数学模型进展较慢，新的成果不多。

7.2.3 国内河流泥沙物理模型研究进展

我国自 20 世纪 50 年代从苏联引入方程分析法和爱因斯坦模型相似律开始，主要有皮卡洛夫的悬沙模型律、爱因斯坦-钱宁的动床泥沙物理模型律、李昌华、屈孟浩的动床泥沙模型律、窦国仁的全沙模型律、武汉水利电力学院的动床泥沙模型律，结合水利工程建设所进行的模型试验，开展了大量的泥沙物理模型模拟理论与试验技术研究。

7.2.3.1 泥沙物理模型相似理论研究

1953 年郑兆珍[41]提出悬移质泥沙物理模型相似律；1957 年钱宁[42]主编了《动床变态河工模型律》；李昌华[4]提出动床河工模型相似律，1977 年研究了悬沙水流模型试验的相似律[43]，并于 1981 年主编了《河工模型试验》[13]；窦国仁[5]提出全沙模型相似律；1978 年屈孟浩[6]通过对黄河模型试验的研究提出了黄河动床模型律。谢鉴衡曾全面、系统地研究了动床河工模型及试验中的若干问题[44]。张红武[45-46]自 1988 年以来系统开展了动床模型相似理论的研究，并于 2001 年综述了河工动床模型相似律研究的重要进展和最新成就，对该领域的发展趋势进行了阐述[3]。李保如[47]介绍了我国大江大河泥沙物理模型的设计方法，并对模型相似条件及设计中的某些具体问题进行了讨论。魏炳乾、内岛邦秀[48]通过假定模型与原型纵、横两轴无因次数相等，结合阻力公式、泥沙输移方程及输沙量公式推导了一种尺度动床变态模型试验的相似律，并进行了试验验证。胡春宏、王延贵等[8]系统总结了河流模拟技术的发展过程和研究成果。廖小永、卢金友[49]根据紊流扩散理论所得的三维非恒定悬移质泥沙运动方程，利用相似理论对悬移质泥沙悬移相似条件进行了初步探讨。窦希萍[50]对近 10 年物理模型模拟技术进行了概述和研究展望。

7.2.3.2 泥沙物理模型时间变态问题研究进展

常规泥沙物理模型存在着 3 个时间比尺，即水流时间比尺 α_{t_1}（$\alpha_{t_1}=\alpha_l/\alpha_u$）、悬移质泥沙冲淤时间比尺 α_{t_2}［$\alpha_{t_2}=(\alpha_{\gamma_0}/\alpha_s)\times(\alpha_l/\alpha_u)=(\alpha_{\gamma_0}/\alpha_s)\alpha_{t_1}$］、推移质泥沙冲淤时间比尺 α_{t_3}（$\alpha_{t_3}=\alpha_l\alpha_h\alpha_{\gamma_0}/\alpha_{g_b}$）。泥沙物理模型为了保证水流运动和泥沙运动相似，就应同时满足这 3 个时间比尺。

泥沙物理模型中根据相似律选择模型沙，一般说来，如原型沙粒径很粗，则模型沙有可能采用容重与原型沙容重一样（$\alpha_{\gamma_0}=1$）而仅粒径缩小的天然沙，这自然是最理想的情况；但当原型沙粒径较细时，如仍用天然沙作模型沙，则实现泥沙运动相似律就有困难，甚至不可能，只好选用容重轻于天然沙的材料作为模型沙（轻质模型沙）[2]，即 $\alpha_{\gamma_0}>1$；按照模型常用的计算方法求得含沙量比尺 $\alpha_s<1$[13-14,16]，则 $\alpha_{t_1}<\alpha_{t_2}$。这样就造成了时间变态问题，即在泥沙物理模型中如果采用悬移质时间比尺控制水流过程，则会带来水流运动过程的不相似。已有研究表明，时间变态对长河段非恒定流泥沙物理模型影响较大[9,13-14,16,51]。

为了避免时间变态对模型试验的多种影响，窦国仁[5]利用自己的推移质输沙率公式和悬移质挟沙能力公式，在推移质的沉降比尺与悬移质的沉降比尺相同的条件下，推导出 $\alpha_{t_2}=\alpha_{t_3}$。但利用任何其他形式的推移质输沙率公式和悬移质挟沙能力公式，都得不到这样的结果[13,51]。张红武等采用 $\alpha_{\gamma_0}/\alpha_s\approx1$，水流时间比尺和悬移质泥沙运动时间比尺基本一致[47,52-54]。目前泥沙物理模型较普遍的做法是用悬移质运动时间比尺或推移质运动时间比尺来控制模型放水时间，而放弃水流运动时间比尺，采用分级恒定流放水求得河床冲淤的相似性，并能缩短试验历时，提高工效。当水流是恒定流时，模型中水力要素不随时间变化，时间变态对水流的影响显示不出来。但是，自然界水流都是非恒定流，时间变态造成的水流过程不相似必然影响到河床冲淤变形过程的相似性，特别是在长河段或槽蓄量较大的河段更加明显。目前非恒定流泥沙物理模型试验水流边界处理方法，对于河流而言，大多数是首先把非恒定流过程进行阶梯式概化，并假定每一阶梯值和历时，采用 α_{t_2} 或 α_{t_3} 控制施放水沙时间，满足泥沙运动相似，阶梯段视为恒定流过程，满足水流运动相似；对于潮汐河道、河口而言，选取代表性较好的若干个潮型组成基本单元，试验总潮型数的时间服从 α_{t_2} 或 α_{t_3}，以满足泥沙运动相似的要求；单个潮型时间采用 α_{t_1} 控制，以满足水流运动相似；对于有径流下泄的潮汐河口而言，需将径、潮流予以合理组合，潮流按照前述潮型处理，径流需根据研究段水动力的主导作用确定，一般径流取代表时段的均值或概化成几个梯级。这些处理都与原型水流的连续变化存在明显差异。因此时间变态问题一直是物理模型研究的一个关键问题，有不少学者进行研究和论述[10,54-75]。国外研究相对较少[76]，也许是国外河流泥沙问题不太突出，泥沙物理模型试验研究相对较少的原因。

（1）时间变态对水流的影响。

惠遇甲、王桂仙[55]研究表明：时间变态会引起水流运动过程滞后现象，涨水时模型水位不能及时上涨，落水时水位又不能及时回落，模型回水向上游传播的相对历时要长于原型，即模型水流运动滞后。

王兆印等[56]利用连续方程初步分析了时间变态影响的一些性质，并进行了一个大型水库变动回水区动床泥沙物理模型时间变态问题试验研究，模型采用模型沙为煤屑，模型比尺分别为：$\alpha_l=250$，$\alpha_h=100$，$\alpha_Q=250000$，$\alpha_{t_1}=25$，$\alpha_{t_3}=208$，时间变率 $M=\alpha_{t_3}/\alpha_{t_1}=8.33$。模型进出口流量、水位进行了阶梯概化，过渡段 10～20min。人工控制模型尾门来实现水位变化。结果表明：过渡段在流量、水位增加时流速形成深谷，当流量、水位减小时流速形成尖峰；流速偏离程度随与尾门的距离增大而迅速减弱。试验资料与府仁寿[57]的结果相同[47]。

吕秀贞等[59]通过数学模型研究时间变态所引起的各水力因素沿程偏离的性质及偏离的程度。模拟河段长度为 40km，平均河宽 800m，河床比降 0.2‰，天然糙率 $n=0.025$。进出流量、水位为阶梯概化，水位过程线滞后流量过程线，在数学模型计算时，为了避免出流量为负值，进行了人为修改下游边界。假定了不同的轻质模型沙。模型比尺分别为：$\alpha_l=250$，$\alpha_h=100$，$\alpha_Q=250000$，$\alpha_{t_1}=25$；河床冲淤时间比尺 α_{t_2} 分别为 120、240 和 600，时间变率 $M=\alpha_{t_2}/\alpha_{t_1}$ 分别为 4.8、9.6 和 24。通过与 $M=1$（即时间不变态）计算结果比较，结果表明：①涨峰时出口段流量过程发生变形（偏小），相应流速显著偏小于天然值；②涨峰过程中出口水位和沿程水位偏低；③沿程流速分布发生偏离的总趋势为靠近进口段流速略偏大，中、下游段流速显著偏小。降峰结果与涨峰正好相反。

陈稚聪等[60]利用长江重庆河段实体模型选取了几个涨水时段研究时间变态的影响。模型全长 34km，模型比尺分别为：$\alpha_l=300$，$\alpha_h=120$，$\alpha_{t_1}=27.4$。试验采用的模型沙和时间比尺见表 7.1。模型进出流量、水位阶梯概化。研究的基本结果：时间变率造成了水位、流速变化过程与正态时间相比发生偏离，偏离随时间变率增大而增加。也许是模型试验时由于测试方法简单，并没有动态量测出变化规律的偏差。定性说明只要流量历时足够长，水位和流速最后总能达到相应的正态时的值，只是变率越大，所需的时间越长。

表 7.1　　试验采用的模型沙和时间比尺

模型沙	参考比重 γ_s/(kg/m^3)	河床变形时间比尺 α_{t_2}	时间变率 M
天然沙	2650	30	1
电木粉	1440	120	4
核桃壳	1400	240	8
塑料沙	1060	600	20

张俊华、赵连军等[62]以黄河下游小浪底至苏泗庄河段的原型及河工模型为研究对象，建立同时适应原型及模型的非恒定流数学模型研究时间变态的影响，其研究结果表明：若 $\alpha_{t_2}>\alpha_{t_1}$，则导致洪水在传播的过程中峰值减小，洪峰滞后，流量过程线变得较为矮胖；而 $\alpha_{t_2}<\alpha_{t_1}$ 时，峰值增大，洪峰提前，流量过程线变得较为尖瘦。这种偏离随时间变率的增大而增大，且随河段长度的增长而更为突出。

张丽春等[63-64]采用一维数学模型研究了矩形水槽（长 100km，宽 500m，底坡 0.2‰）情况下的时间变率影响问题，试验利用了三种不同的模型沙，容重分别为 1330kg/m^3、1150kg/m^3 和 1050kg/m^3。试验上游进口流量是阶梯概化，下游水位恒定，因此不能真实地反映实际情况。结果为：流量过程稍有滞后，变率越大，槽蓄和惯性作用的扭曲越严重，滞后和波动越严重。模型的时间变率越大，距进口断面的距离越大，流量过程的滞后和波动越明显。相反，水位过程则是距尾门越远波动程度越大。研究结果跟王兆印等的结果不太一致。

虞邦义等[65,77]采用淮河干流正阳关至淮南田家庵段（78.7km）河工模型研究时间变态问题，模型比尺 $\alpha_l=500$，$\alpha_h=80$。对时间变率 M 采用 1～10 的情况进行了定床模型系列试验，试验结果表明：对于水位而言，沿程水位偏离趋势是涨水过程偏低，落水过程偏高；随着时间变率的增大，水位过程线越来越扁平，时间滞后加剧；水位偏离最大发生在中段，上段次之，下段最小；模型上中段涨水时段比降增大，落水时段比降减小，下段偏离趋势相反。对于流速而言，模型上游河段，断面流速偏离趋势是涨水时段流速偏大，落水时段流速偏小，随着时间变率的增大，偏离值增大；模型中间断面流速偏离趋势与上游段类似；模型下游河段断面流速变化已受尾门控制，与上、中段变化趋势刚好相反，即涨水时段流速偏小、落水时段流速偏大；随着时间变率的增大，流速过程线变形越来越大，由上凸曲线变成下凹曲线。总体上下游河段（尤其是出口河段），模型流速偏离值大于上、中游河段。

渠庚等[66,69]采用一维数学模型研究长江上荆江段从陈家湾—新厂河段（河道全长87km）时间变态问题，模型沙比重分别取 2650kg/m^3、1380kg/m^3 和 1150kg/m^3。水沙过程概化为 14 级梯级，模型设计比尺见表 7.2。研究结果表明：当流量减少时，流量、水位在变化时段相对原型偏大，水位在模型末段偏差最小，中段偏差最大，上段次之；流速在模型上段偏小，在中段和下段则偏大；随着模型变率增大偏差增大。当流量增大时，模型中水流要素变化情况与流量减小情况相反。渠庚等[69]利用上荆江枝城—北碾子湾（全长 203km）实体模型研究了 5 个时间变率分别为 1、2、4、6、8 的情况，与虞邦义等[63,77]结论基本一致。

表 7.2　　模型试验设计主要比尺

比　　尺	模型沙（1）	模型沙（2）	模型沙（3）
平面比尺 α_l	400	400	400
垂直比尺 α_h	100	100	100
流量比尺 α_Q	400000	400000	400000
容重比尺 α_γ	1	1.92	2.3
干容重比尺 α_{γ_0}	1	2.5	2.45
含沙量比尺 α_s	1	0.44	0.21
流速比尺 α_u	10	10	10
水流运动时间比尺 α_{t_1}	40	40	40
河床冲淤时间比尺 α_{t_2}	40	226	467

邵学军等[67-68]研究三峡水利枢纽上游引航道冲沙问题，在梯级流量情况下，采用物理模型和数学模型分别研究了时间变态引起非恒定流所占时间的比例问题。研究结果表明：时间变态导致模型中非恒定流的历时被夸大，如果按照原来的确定试验时间的方法，恒定流历时的长度将严重失真。

曾乐[70]利用一维数学模型研究了江阴鹅鼻嘴—徐六泾（96.8km）感潮河段时间变态问题，研究结果表明：时间变态造成沿程水位、流量过程的滞后，在涨潮时偏小，落潮时偏大。水位、流量过程曲线在形态上表现为更加扁平，并且天然涨落潮历时分配也被改变，模型中的涨潮历时变长，落潮历时变短。产生这样的结果实质是没有按照潮汐河口动床模型试验的一般处理方式进行试验。在潮汐河口的动床模型试验时，单个潮汐过程是按照水流时间比尺确定的，所以水流应该基本相似。

（2）时间变态对河床冲淤的影响。

在动床模型试验时，由于时间变态问题的存在影响水流相似性，也就造成了河床冲淤的不相似。王兆印等[56]在一个大型水库变动回水区的推移质泥沙物理模型试验中，发现水库蓄水后，模型中、上段发生累积性淤积，下段则有冲刷、河床显著粗化。吕秀贞等[59]通过时间变态对水动力场影响分析后，认为时间变态使模型上游进口段淤积量偏小，下游出口段淤积量偏大。张俊华、赵连军等[62]研究认为模型河床不相似随着泥沙运动时间比尺与水流时间比尺偏离程度的绝对值增加而加大。邵学军等[67-68]进行引航道冲沙试验后，认为时间变态必然导致冲沙总量偏低。对于时间变态对河床冲淤的影响研究，由于问题的复杂性，主要是试验现象分析和应用数学模型进行定性研究分析。

（3）时间变态影响校正方法研究和设想。

由于时间变态使长河段模型的非恒定水沙过程中的流量和水位过程受到歪曲，并进一步导致沿程流速、输沙能力和河床冲淤量的偏离，很多研究人员研究和采用一定的校正措施减小时间变态的影响。

惠遇甲、王桂仙等[55]采取了两个补救措施：第一是在进口提前施放下一级流量，涨水阶段适当加大流量，落水阶段则适当减小流量，以便在短时间内以人为的流量变化率来完成槽蓄过程；第二是按设计要求随时调整模型出口水位，即在短时间内以人为的水位变化率来完成回水上延过程。

王兆印等[56,95]提出可以采取在模型中各处均匀补水和抽水，即当流量、水位增加时，各处均匀补水，当水位降低时则各处均匀抽水。这样，就可以避免或减轻时间变态造成的不相似。

府仁寿[57]认为在对水沙过程进行概化时，最小时段应大于水流从进口到出口的传播时间，减小水沙运动在尾部严重变态。

三峡河工模型由于河宽较窄，概化的时段不是太短，另外，在操作上采取了一些减缓水流滞后现象的措施（加水、减水），适当缓解了时间变态产生的影响[58]。

吕秀贞等[59]提出如下校正方法：①尾门滞后调节方式；②减少进口流量以保证降峰过程进出口段水位相似；③涨峰过程中沿程补给流量，降峰过程中沿程泄放流量，与王兆印等[56]提出的方法相同。并说明这些方法操作控制技术上是十分困难和复杂。此外，在对天然水沙过程进行阶梯概化时，也需考虑时间比尺变态的影响，在尊重原型水沙特性前提下，适当减少非恒定过程的起伏变化。

陈稚聪等[60]提出：①选择比重较接近天然沙的模型沙，减小模型的时间比尺变态率；②减小梯级流量变幅或者加长梯级的历时。

邵学军等[67-68]提出：通过延长或减小总的时间来抵消因时间变态引起的有效冲沙时间。

虞邦义等[65,77]通过研究发现：时间变率小于5时，尾门调节能满足下边界相似要求，时间变率大于5时，仅靠尾门调节难以满足下边界水位相似要求。渠庚等[66,69]认为：选择适当的尾门滞后时间，可以有效校正试验偏差，提高试验精度。

李发政等[73]采取进口流量提前、出口水位滞后相结合的控制方法，天然水沙过程概化时，适当减少上下级流量差，缩短模型非恒定流调整时间，减小时间变态的影响。

张红武、李保如等[9,47,54]认为对于长河段模型，任何校正措施都难以奏效，且校正措施本身可能会引起新的偏差，还认为利用不合适的含沙量比尺计算公式是导致时间变态的主要因素。回避时间变态的最好方法是所选的几何比尺和模型沙，尽量使两个时间比尺相近。张红武、张羽等[54,78]通过对几何比尺、相似条件及模型沙材料等进行反复比选，使得出的含沙量比尺恰好与模型淤积物干容重比尺接近，从而河床冲淤变形时间比尺与水流运动时间比尺相同，研究了黄河花园口至东坝头河道整治和荆江30km河段洪水运行及河床冲淤演变。结果表明，模型能同时复演原型洪水运行及河床演变过程。

综上所述，动床模型中时间变态问题非常复杂，现有的研究结论有的存在相互不一致情况。目前主要是其对水流因素影响进行分析研究，对于物理模型试验研究主要是通过定床试验来分析，而对实时的水流和泥沙过程研究较少。虽然数学模型对其进行了一些研究探讨，但由于缺乏物理模型试验数据的验证，对泥沙模拟也只能是定性分析。因此对这一问题有待深入研究和探讨。

第 8 章

时间变态问题分析

模型试验是建立在相似理论的基础上，满足相似理论所规定的相似条件，模型试验结果推广到原型中才可能合理、正确。由方程分析法、传统推导法和量纲（因次）分析法都能推导出相似条件。只是传统推导法和量纲（因次）分析法在选择物理量上带有任意性，有可能导致不正确的结果，而方程分析法相对比较完善。

泥沙物理模型试验的主要目的是模拟河床变形，河床冲淤变形是水流和泥沙相互作用造成的，模型试验除了满足水流运动相似外，还要保证泥沙运动以及河床变形相似。泥沙运动与河床变形相似比尺涉及到挟沙能力公式，目前挟沙能力公式多为经验公式，并具有多种形式，选取常用的几种挟沙能力公式进行推导挟沙能力比尺，并分析其影响时间变态的具体因素。本章根据水流运动方程、悬沙和底沙输运方程以及河床变形方程，给出目前泥沙物理模型所采用的主要相似条件[5,13-14,79]。

8.1 水流运动相似条件

8.1.1 三维水流运动相似条件

对于不可压缩的黏性流体，控制方程为连续性方程和纳维埃-斯托克司（N－S）方程式[80]。

连续性方程：

$$\nabla \vec{V}=0 \tag{8.1}$$

运动方程：

$$\frac{\mathrm{d}\vec{V}}{\mathrm{d}t}=\vec{f}-\nabla \vec{p}+\nu\nabla^2\vec{V} \tag{8.2}$$

式中：$\vec{V}$ 为流速矢量；$\vec{f}$ 为质量力（体积力）；$\vec{p}$ 为面应力；ν 为运动黏滞系数；∇为汉密尔顿算子，$\nabla=\vec{i}\frac{\partial}{\partial x}+\vec{j}\frac{\partial}{\partial y}+\vec{k}\frac{\partial}{\partial z}$；$\nabla^2$ 为拉普拉斯算子，$\nabla^2=\frac{\partial^2}{\partial x^2}+\frac{\partial^2}{\partial y^2}+\frac{\partial^2}{\partial z^2}$。

在直角坐标系下，x 轴方向取河道纵向方向，y 轴取河道横向方向，z 轴垂直于 xy 平面向上，则式（8.1）和式（8.2）可写成如下形式：

$$\frac{\partial U}{\partial x}+\frac{\partial V}{\partial y}+\frac{\partial W}{\partial z}=0 \tag{8.3}$$

$$\frac{\partial U}{\partial t}+U\frac{\partial U}{\partial x}+V\frac{\partial U}{\partial y}+W\frac{\partial U}{\partial z}=g_x-\frac{1}{\rho}\frac{\partial P}{\partial x}+\nu\left(\frac{\partial^2 U}{\partial x^2}+\frac{\partial^2 U}{\partial y^2}+\frac{\partial^2 U}{\partial z^2}\right) \tag{8.4}$$

$$\frac{\partial V}{\partial t}+U\frac{\partial V}{\partial x}+V\frac{\partial V}{\partial y}+W\frac{\partial V}{\partial z}=g_y-\frac{1}{\rho}\frac{\partial P}{\partial y}+\nu\left(\frac{\partial^2 V}{\partial x^2}+\frac{\partial^2 V}{\partial y^2}+\frac{\partial^2 V}{\partial z^2}\right) \tag{8.5}$$

$$\frac{\partial W}{\partial t}+U\frac{\partial W}{\partial x}+V\frac{\partial W}{\partial y}+W\frac{\partial W}{\partial z}=g_z-\frac{1}{\rho}\frac{\partial P}{\partial z}+\nu\left(\frac{\partial^2 W}{\partial x^2}+\frac{\partial^2 W}{\partial y^2}+\frac{\partial^2 W}{\partial z^2}\right) \tag{8.6}$$

$$g_x=-g\frac{\partial h}{\partial x},g_y=-g\frac{\partial h}{\partial y},g_z=-g$$

式中：U、V、W 分别为 x、y、z 方向上流速分量；P 为压强；ρ 为水密度；t 为时间；g_x、g_y、g_z 分别为单位质量上外力的分量；g 为重力加速度。

令 U、V 和 W 表示瞬时流速，u、v 和 w 为时均流速，u'、v'、w'为脉动流速，P、p 和 p'分别表示瞬时压强、时均压强和脉动压强，则有：

$$\left.\begin{aligned}U&=u+u'\\V&=v+v'\\W&=w+w'\\P&=p+p'\end{aligned}\right\} \tag{8.7}$$

将式（8.7）分别代入连续方程和 N－S 方程式（8.1）～式（8.6），并进行时间平均，可以得到连续方程和描写紊流运动的雷诺方程式[81]。

$$\frac{\partial u}{\partial x}+\frac{\partial v}{\partial y}+\frac{\partial w}{\partial z}=0 \tag{8.8}$$

$$\begin{aligned}\frac{\partial u}{\partial t}+u\frac{\partial u}{\partial x}+v\frac{\partial u}{\partial y}+w\frac{\partial u}{\partial z}=g\frac{\partial h}{\partial x}-\frac{1}{\rho}\frac{\partial p}{\partial x}+\nu\left(\frac{\partial^2 u}{\partial x^2}+\frac{\partial^2 u}{\partial y^2}+\frac{\partial^2 u}{\partial z^2}\right)\\+\frac{\partial(-\overline{u'^2})}{\partial x}+\frac{\partial(-\overline{u'v'})}{\partial y}+\frac{\partial(-\overline{u'w'})}{\partial z}\end{aligned} \tag{8.9}$$

$$\begin{aligned}\frac{\partial v}{\partial t}+u\frac{\partial v}{\partial x}+v\frac{\partial v}{\partial y}+w\frac{\partial v}{\partial z}=g\frac{\partial h}{\partial y}-\frac{1}{\rho}\frac{\partial p}{\partial y}+\nu\left(\frac{\partial^2 v}{\partial x^2}+\frac{\partial^2 v}{\partial y^2}+\frac{\partial^2 v}{\partial z^2}\right)\\+\frac{\partial(-\overline{v'u'})}{\partial y}+\frac{\partial(-\overline{v'^2})}{\partial x}+\frac{\partial(-\overline{v'w'})}{\partial z}\end{aligned} \tag{8.10}$$

$$\begin{aligned}\frac{\partial w}{\partial t}+u\frac{\partial w}{\partial x}+v\frac{\partial w}{\partial y}+w\frac{\partial w}{\partial z}=-g-\frac{1}{\rho}\frac{\partial p}{\partial z}+\nu\left(\frac{\partial^2 w}{\partial x^2}+\frac{\partial^2 w}{\partial y^2}+\frac{\partial^2 w}{\partial z^2}\right)\\+\frac{\partial(-\overline{w'u'})}{\partial y}+\frac{\partial(-\overline{w'v'})}{\partial x}+\frac{\partial(-\overline{w'^2})}{\partial z}\end{aligned} \tag{8.11}$$

式中：$\overline{u'^2}$、$\overline{v'^2}$、$\overline{w'^2}$、$\overline{v'u'}$、$\overline{u'w'}$和$\overline{w'v'}$为紊动应力。

对于一般河流而言，其水面上的压力就是大气压力，沿 x 和 y 方向的变化很小，一般可忽略不计，则：

$$\frac{\partial p}{\partial x}\approx\frac{\partial p}{\partial y}\approx 0 \tag{8.12}$$

对于$-\overline{w'^2}$基本上为常值，而水平紊动切应力$-\overline{w'u'}$和$-\overline{w'v'}$均从水面向河底接近直线增大[81]：则紊动切应力项可以分别近似表达为

$$\frac{\partial(-\overline{w'^2})}{\partial z}\approx 0 \tag{8.13}$$

$$-\overline{w'u'} \approx \frac{1}{C_0^2} u \sqrt{u^2+v^2}\left(1-\frac{z}{h}\right) \tag{8.14}$$

$$-\overline{w'v'} \approx \frac{1}{C_0^2} v \sqrt{u^2+v^2}\left(1-\frac{z}{h}\right) \tag{8.15}$$

$$C_0 = C/\sqrt{g}$$

式中：C_0 为无尺度谢才系数；C 为谢才系数，采用曼宁公式确定，即 $C=\frac{1}{n}H^{1/6}$。

水流运动都服从上述微分方程，如原型与模型体系相似，则各物理量之间有一定的比例，$\alpha_t = t_p/t_m$，$\alpha_v = v_p/v_m$，$\alpha_l = l_p/l_m$，…，其中 α 为比尺，表示原型量与模型量的比值，其下标 m 表示相应的模型量，p 表示相应的原型量。忽略水的黏滞阻力，把相似常数代入方程式（8.8）～式（8.11）后，并把式（8.12）～式（8.15）代入进行简化，则得到下列方程：

$$\frac{\alpha_u}{\alpha_x}\left(\frac{\partial u}{\partial x}\right)_m + \frac{\alpha_v}{\alpha_y} \cdot \frac{\partial v}{\partial y} + \frac{\alpha_w}{\alpha_z}\left(\frac{\partial w}{\partial z}\right)_m = 0 \tag{8.16}$$

$$\begin{aligned} &\frac{\alpha_u}{\alpha_t}\left(\frac{\partial u}{\partial t}\right)_m + \frac{\alpha_u^2}{\alpha_x}\left(u\frac{\partial u}{\partial x}\right)_m + \frac{\alpha_v\alpha_u}{\alpha_y}\left(v\frac{\partial u}{\partial y}\right)_m + \frac{\alpha_w\alpha_u}{\alpha_z}\left(w\frac{\partial u}{\partial z}\right)_m \\ &= \alpha_g \frac{\alpha_z}{\alpha_x}\left(g\frac{\partial h}{\partial x}\right)_m + \frac{\alpha_{\overline{u'u'}}}{\alpha_x}\left[\frac{\partial(-\overline{u'^2})}{\partial x}\right]_m + \frac{\alpha_{\overline{u'v'}}}{\alpha_y}\left[\frac{\partial(-\overline{u'v'})}{\partial y}\right]_m - \frac{\alpha_u\alpha_U}{\alpha_{C_0}^2\alpha_h}\left(\frac{u\sqrt{u^2+v^2}}{C_0^2 h}\right)_m \end{aligned} \tag{8.17}$$

$$\begin{aligned} &\frac{\alpha_v}{\alpha_t}\left(\frac{\partial v}{\partial t}\right)_m + \frac{\alpha_u\alpha_v}{\alpha_x}\left(u\frac{\partial v}{\partial x}\right)_m + \frac{\alpha_v^2}{\alpha_y}\left(v\frac{\partial v}{\partial y}\right)_m + \frac{\alpha_w\alpha_v}{\alpha_z}\left(w\frac{\partial v}{\partial z}\right)_m \\ &= \alpha_g \frac{\alpha_z}{\alpha_y}\left(g\frac{\partial h}{\partial y}\right)_m + \frac{\alpha_{\overline{u'v'}}}{\alpha_x}\left[\frac{\partial(-\overline{u'v'})}{\partial x}\right]_m + \frac{\alpha_{\overline{v'v'}}}{\alpha_y}\left[\frac{\partial(-\overline{v'v'})}{\partial y}\right]_m - \frac{\alpha_v\alpha_U}{\alpha_{C_0}^2\alpha_h}\left(\frac{v\sqrt{u^2+v^2}}{C_0^2 h}\right)_m \end{aligned} \tag{8.18}$$

$$\begin{aligned} &\frac{\alpha_w}{\alpha_t}\left(\frac{\partial w}{\partial t}\right)_m + \frac{\alpha_u\alpha_w}{\alpha_x}\left(u\frac{\partial w}{\partial x}\right)_m + \frac{\alpha_v\alpha_w}{\alpha_y}\left(v\frac{\partial w}{\partial y}\right)_m + \frac{\alpha_w^2}{\alpha_z}\left(w\frac{\partial w}{\partial z}\right)_m = \alpha_g g - \frac{\alpha_p}{\alpha_\rho\alpha_z}\frac{1}{\rho}\frac{\partial p}{\partial z} \\ &+ \frac{\alpha_u\alpha_U}{\alpha_{C_0}^2\alpha_x}\left\{\frac{\partial}{\partial x}\left[\frac{u\sqrt{u^2+v^2}}{C_0^2}\left(1-\frac{z}{h}\right)\right]\right\}_m + \frac{\alpha_v\alpha_U}{\alpha_{C_0}^2\alpha_y}\left\{\frac{\partial}{\partial y}\left[\frac{v\sqrt{u^2+v^2}}{C_0^2}\left(1-\frac{z}{h}\right)\right]\right\}_m \end{aligned} \tag{8.19}$$

模型水流连续性方程和运动方程如继续成立，则这些方程的系数都应相等，则应有：

$$\frac{\alpha_u}{\alpha_x} = \frac{\alpha_v}{\alpha_y} = \frac{\alpha_w}{\alpha_z} \tag{8.20}$$

$$\frac{\alpha_u}{\alpha_t} = \frac{\alpha_u^2}{\alpha_x} = \frac{\alpha_v\alpha_u}{\alpha_y} = \frac{\alpha_w\alpha_u}{\alpha_z} = \alpha_g\frac{\alpha_z}{\alpha_x} = \frac{\alpha_{\overline{u'u'}}}{\alpha_x} = \frac{\alpha_{\overline{u'v'}}}{\alpha_y} = \frac{\alpha_u\alpha_U}{\alpha_{C_0}^2\alpha_h} \tag{8.21}$$

$$\frac{\alpha_v}{\alpha_t} = \frac{\alpha_v\alpha_u}{\alpha_x} = \frac{\alpha_v^2}{\alpha_y} = \frac{\alpha_w\alpha_v}{\alpha_z} = \alpha_g\frac{\alpha_z}{\alpha_y} = \frac{\alpha_{\overline{v'v'}}}{\alpha_x} = \frac{\alpha_{\overline{u'v'}}}{\alpha_y} = \frac{\alpha_v\alpha_U}{\alpha_{C_0}^2\alpha_h} \tag{8.22}$$

$$\frac{\alpha_w}{\alpha_t} = \frac{\alpha_w\alpha_u}{\alpha_x} = \frac{\alpha_w\alpha_v}{\alpha_y} = \frac{\alpha_w^2}{\alpha_z} = \alpha_g = \frac{\alpha_p}{\alpha_\rho\alpha_z} = \frac{\alpha_u\alpha_U}{\alpha_{C_0}^2\alpha_x} = \frac{\alpha_v\alpha_U}{\alpha_{C_0}^2\alpha_y} \tag{8.23}$$

用式（8.20）除以$\frac{\alpha_u}{\alpha_x}$，式（8.21）除以$\frac{\alpha_u^2}{\alpha_x}$，式（8.22）除以$\frac{\alpha_v^2}{\alpha_y}$，式（8.23）除以$\frac{\alpha_w^2}{\alpha_z}$，可得关系如下：

$$\frac{\alpha_v\alpha_x}{\alpha_u\alpha_y}=1,\frac{\alpha_w\alpha_x}{\alpha_u\alpha_z}=1 \tag{8.24}$$

$$\frac{\alpha_u\alpha_t}{\alpha_x}=1,\frac{\alpha_v\alpha_t}{\alpha_y}=1,\frac{\alpha_w\alpha_t}{\alpha_z}=1 \tag{8.25}$$

$$\left.\begin{aligned}&\frac{\alpha_{\overline{u'u'}}}{\alpha_u^2}=1,\frac{\alpha_{\overline{u'v'}}}{\alpha_y}\cdot\frac{\alpha_x}{\alpha_u^2}=1,\frac{\alpha_x\alpha_U}{\alpha_{C_0}^2\alpha_h\alpha_u}=1,\frac{\alpha_{\overline{v'v'}}}{\alpha_x}\cdot\frac{\alpha_y}{\alpha_v^2}=1,\frac{\alpha_{\overline{u'v'}}}{\alpha_v^2}=1,\frac{\alpha_y\alpha_U}{\alpha_{C_0}^2\alpha_h\alpha_v}=1,\\&\frac{\alpha_u\alpha_U}{\alpha_{C_0}^2\alpha_x}\cdot\frac{\alpha_z}{\alpha_w^2}=1,\frac{\alpha_v\alpha_U}{\alpha_{C_0}^2\alpha_x}\cdot\frac{\alpha_z}{\alpha_w^2}=1\end{aligned}\right\} \tag{8.26}$$

$$\alpha_g\frac{\alpha_z}{\alpha_u^2}=1,\alpha_g\frac{\alpha_z}{\alpha_v^2}=1,\alpha_g\frac{\alpha_z}{\alpha_w^2}=1 \tag{8.27}$$

$$\frac{\alpha_p}{\alpha_\rho}\cdot\frac{1}{\alpha_w^2}=1 \tag{8.28}$$

定义：$\alpha_x=\alpha_y=\alpha_l$ 为水平比尺，$\alpha_z=\alpha_h$ 为垂直比尺；原型与模型惯性力与重力比尺相同；原型与模型阻力与重力比尺相同。则关系式（8.24）～式（8.28）可整理得到水流相似条件，即重力相似条件和阻力相似条件，为

$$\alpha_u=\alpha_v=\alpha_h^{1/2} \tag{8.29a}$$

$$\alpha_w=\alpha_h^{3/2}/\alpha_l \tag{8.29b}$$

$$\alpha_t=\alpha_l/\alpha_u=\alpha_h/\alpha_w=\alpha_l/\alpha_h^{1/2} \tag{8.29c}$$

$$\alpha_{C_0}=\sqrt{\alpha_l/\alpha_h} \tag{8.30}$$

8.1.2 平面二维非恒定水流相似条件

水流连续方程：

$$\frac{\partial\zeta}{\partial t}+\frac{\partial Hu}{\partial x}+\frac{\partial Hv}{\partial y}=0 \tag{8.31}$$

水流运动方程：

$$\frac{\partial u}{\partial t}+u\frac{\partial u}{\partial x}+v\frac{\partial u}{\partial y}=gJ_x-\frac{u^2g}{C^2H}+\frac{1}{\rho h}\cdot\frac{\partial\tau_{yx}h}{\partial y} \tag{8.32}$$

$$\frac{\partial v}{\partial t}+u\frac{\partial v}{\partial x}+v\frac{\partial v}{\partial y}=gJ_y-\frac{v^2g}{C^2H}+\frac{1}{\rho h}\cdot\frac{\partial\tau_{xy}h}{\partial y} \tag{8.33}$$

式中：ζ 为水位；t 为水流运动时间；H 为水深；u、v 为垂线平均流速 x、y 方向上的分量；g 为重力加速度；J_x、J_y 为水面比降；C 为谢才系数；τ_{yx}、τ_{xy} 为 $x-z$ 和 $y-z$ 平面上的切应力。

对于顺直水流，方程式（8.32）和式（8.33）的切应力项可以忽略。

定义：$\alpha_x=\alpha_y=\alpha_l$ 为水平比尺，$\alpha_z=\alpha_h$ 为垂直比尺。平面二维水流控制方程进行相似变换后得到水流相似的条件是：

$$\frac{\alpha_h}{\alpha_{t_1}}=\frac{\alpha_h\alpha_u}{\alpha_l}=\frac{\alpha_h\alpha_v}{\alpha_l}$$

$$\frac{\alpha_u}{\alpha_{t_1}}=\frac{\alpha_u^2}{\alpha_l}=\frac{\alpha_u\alpha_v}{\alpha_l}=\alpha_g\frac{\alpha_h}{\alpha_l}=\frac{\alpha_g\alpha_u^2}{\alpha_C^2\alpha_h}$$

$$\frac{\alpha_v}{\alpha_{t_1}}=\frac{\alpha_u\alpha_v}{\alpha_l}=\frac{\alpha_v^2}{\alpha_l}=\alpha_g\frac{\alpha_h}{\alpha_l}=\frac{\alpha_g\alpha_v^2}{\alpha_C^2\alpha_h}$$

上述等式的成立条件是：

$$\alpha_u=\alpha_v \tag{8.34}$$

$$\alpha_v=\alpha_h^{1/2} \tag{8.35}$$

$$\alpha_v=\alpha_C\sqrt{\alpha_h\frac{\alpha_h}{\alpha_l}} \tag{8.36}$$

式（8.34）是自动满足条件的，是水流连续的必然结果。因此对于平面水流相似的必要和充分条件是满足式（8.35）（重力相似）和式（8.36）（阻力相似），并能得到水流其他相关的相似比尺。

水流时间比尺：$\alpha_{t_1}=\frac{\alpha_l}{\alpha_u}=\frac{\alpha_l}{\alpha_h^{1/2}}$

如无比降变态时，谢才系数比尺：$\alpha_C=\left(\frac{\alpha_l}{\alpha_h}\right)^{1/2}$

采用曼宁公式 $C=\frac{1}{n}H^{1/6}$，则糙率比尺：$\alpha_n=\frac{\alpha_h^{2/3}}{\alpha_l^{1/2}}$

流量比尺：$\alpha_Q=\alpha_l\alpha_h\alpha_u=\alpha_l\alpha_h^{3/2}$

从这些比尺关系式可以看出，模型水平比尺和垂直比尺确定后，所有的水流相关比尺已经确定，人为改变某一个比尺关系，会造成水流的不相似。

8.2 泥沙运动相似条件

8.2.1 悬移质泥沙运动的相似条件

平面二维均匀不平衡输沙方程式和河床冲淤方程式为[82]

$$\frac{\partial HS}{\partial t}+\frac{\partial(HuS)}{\partial x}+\frac{\partial(HvS)}{\partial y}+a_s\beta_s\omega_s(S-S_*)=0 \tag{8.37}$$

$$\gamma_0\frac{\partial\eta_s}{\partial t}=a_s\beta_s\omega_s(S-S_*) \tag{8.38}$$

$$\beta_s=\begin{cases}1, & 当\ S\geqslant S_*\\ 1, & 当\ S<S_*\ 且\ U>U_C\\ 0, & 当\ S<S_*\ 且\ U<U_C\end{cases}$$

式中：H 为水深；t 为河床冲淤时间；u、v 为流速在 x、y 轴方向上的分量；a_s 为泥沙沉降几率；β_s 为泥沙起动系数；ω_s 为泥沙沉降速度；S 为含沙量；S_* 为水体挟沙能力；γ_0 为泥沙干容重；η_s 为泥沙淤积厚度；U 为水流平均流速；U_C 为底床泥沙起动流速。

按照相似比尺关系，$\frac{H_p}{H_m}=\alpha_h$，$\frac{u_p}{u_m}=\alpha_u$，$\frac{S_p}{S_m}=\alpha_S$，…，将原型值代入式（8.37）～式（8.38）中，可得

$$\frac{\alpha_h\alpha_S}{\alpha_{t_2}}\left[\frac{\partial(HS)}{\partial t}\right]_m+\frac{\alpha_h\alpha_u\alpha_S}{\alpha_l}\left[\frac{\partial(HuS)}{\partial x}\right]_m+\frac{\alpha_h\alpha_v\alpha_S}{\alpha_l}\left[\frac{\partial(HvS)}{\partial y}\right]_m \\ +a_s\beta_s\alpha_{\omega_S}(\omega_s)_m[\alpha_S(S)_m-\alpha_{S_*}(S_*)_m]=0 \tag{8.39}$$

$$\frac{\alpha_{\gamma_0}\alpha_h}{\alpha_{t_2}}\left(\gamma_0\frac{\partial\eta_s}{\partial t}\right)_m=a_s\beta_s\alpha_{\omega_S}(\omega_s)_m[\alpha_S(S)_m-\alpha_{S_*}(S_*)_m] \tag{8.40}$$

原型与模型相似，则可得

$$\frac{\alpha_h\alpha_S}{\alpha_{t_2}}=\frac{\alpha_h\alpha_u\alpha_S}{\alpha_l}=\frac{\alpha_h\alpha_v\alpha_S}{\alpha_l}=\alpha_{\omega_s}\alpha_S=\alpha_{\omega_s}\alpha_{S_*}$$

$$\frac{\alpha_{\gamma_0}\alpha_h}{\alpha_{t_2}}=\alpha_{\omega_s}\alpha_S=\alpha_{\omega_s}\alpha_{S_*}$$

从上述连等式可以得到悬沙的基本相似条件为

$$\alpha_S=\alpha_{S_*} \tag{8.41}$$

$$\alpha_{\omega_s}=\frac{\alpha_h}{\alpha_{t_2}}=\frac{\alpha_h\alpha_u}{\alpha_l}=\alpha_h^{3/2}/\alpha_l \tag{8.42}$$

式（8.41）表明含沙量比尺与水体挟沙能力比尺一致，在模型试验时可根据挟沙能力确定；式（8.42）确定泥沙沉降速度比尺，作为模型沙选择的依据；如正态模型时，沉降比尺与水流垂向流速比尺一致。

挟沙能力公式常用的有如下几种形式[60,83-90]。

挟沙能力公式采用窦国仁公式：

$$S_*=K_1\frac{\gamma\gamma_s}{\gamma_s-\gamma}\cdot\frac{(u^2+v^2)^{3/2}}{C^2H\omega_s} \tag{8.43}$$

式中：γ 为水的容重；γ_s 为泥沙颗粒容重；k_1 为系数（≈0.034）；其他参数同上。

同样采用原型与模型比尺的关系，代入式（8.43）就可得如下形式：

$$\alpha_{S_*}(S_*)_m=\alpha_{k_1}\frac{\alpha_{\gamma_s}\alpha_\gamma}{\alpha_{(\gamma_s-\gamma)}}\cdot\frac{\alpha_u^3}{\alpha_c^2\alpha_h\alpha_{\omega_s}}K_1\left[\frac{\gamma_s}{\frac{\gamma_s-\gamma}{\gamma}}\cdot\frac{(u^2+v^2)^{3/2}}{C^2H\omega_s}\right]_m \tag{8.44}$$

原型与模型相似，则可得

$$\alpha_{S_*}=\alpha_{k_1}\frac{\alpha_{\gamma_s}\alpha_\gamma}{\alpha_{(\gamma_s-\gamma)}}\cdot\frac{\alpha_u^3}{\alpha_c^2\alpha_h\alpha_{\omega_s}}=\alpha_{k_1}\frac{\alpha_{\gamma_s}\alpha_\gamma}{\alpha_{(\gamma_s-\gamma)}}\cdot\frac{\alpha_u^3}{\alpha_g\alpha_{c_0}^2\alpha_h\alpha_{\omega_s}}$$

因 $\alpha_{\omega_s}=\alpha_h/\alpha_t=\alpha_h^{3/2}/\alpha_l=\alpha_u\alpha_h/\alpha_l$，$\alpha_{C_0}=(\alpha_l/\alpha_h)^{1/2}$，则上式可简化为

$$\alpha_{S_*}=\alpha_{k_1}\frac{\alpha_{\gamma_s}}{\alpha_{(\gamma_s-\gamma)}} \tag{8.45}$$

挟沙能力公式采用张瑞瑾公式：

$$S_*=K'\frac{\gamma_s}{\frac{\gamma_s-\gamma}{\gamma}}\cdot\frac{U^3}{gR\omega_s} \tag{8.46}$$

式中：k'为无量纲参数；R 为水力半径，对于宽浅河道可以平均水深 H 代替；其他参数意义同前。

采用同样的方法可以得到

$$\alpha_{S_*}=\alpha_{k'}\frac{\alpha_{\gamma_s}\alpha_{\gamma}}{\alpha_{(\gamma_s-\gamma)}}\cdot\frac{\alpha_u^3}{\alpha_g\alpha_h\alpha_{\omega_s}}$$

保证惯性力与重力比相似时，$\alpha_{\omega_s}=\alpha_h/\alpha_t=\alpha_h^{3/2}/\alpha_l=\alpha_u\alpha_h/\alpha_l$，$\alpha_u=\sqrt{\alpha_h}$，代入上式，可得

$$\alpha_{S_*}=\alpha_{k'}\frac{\alpha_{\gamma_s}\alpha_{\gamma}}{\alpha_{(\gamma_s-\gamma)}}\cdot\frac{\alpha_l}{\alpha_g\alpha_h}=\alpha_{k'}\frac{\alpha_{\gamma_s}}{\alpha_{(\gamma_s-\gamma)}}\cdot\frac{\alpha_l}{\alpha_h} \tag{8.47}$$

挟沙能力公式采用李昌华公式：

$$S_*=K\gamma_s\frac{\gamma VJ}{(\gamma_s-\gamma)\omega_S} \tag{8.48}$$

同样按照相似比尺关系，可得

$$\alpha_{S_*}=\alpha_k\frac{\alpha_{\gamma_s}}{\alpha_{(\gamma_s-\gamma)}}\cdot\frac{\alpha_{\gamma}\alpha_h\alpha_u}{\alpha_l\alpha_{\omega_s}}$$

$$\alpha_{S_*}=\alpha_k\frac{\alpha_{\gamma_s}}{\alpha_{(\gamma_s-\gamma)}}\cdot\frac{\alpha_{\gamma}\alpha_v\alpha_h}{\alpha_l\alpha_{\omega}}$$

因$\frac{\alpha_v\alpha_h}{\alpha_l\alpha_{\omega}}=1$，$\alpha_{\gamma}=1$，则

$$\alpha_{S_*}=\alpha_k\frac{\alpha_{\gamma_s}}{\alpha_{(\gamma_s-\gamma)}} \tag{8.49}$$

挟沙能力公式采用张红武公式时：

$$S_*=\frac{\gamma_s}{8^{1.5}}\frac{\xi f^{1.5}\eta V^3}{\kappa\frac{\gamma_s-\gamma_m}{\gamma_m}gH\omega_v}\ln\left(\frac{H}{6D_{50}}\right) \tag{8.50}$$

其中

$$\gamma_m=\gamma+(\gamma_s-\gamma)S_V$$

$$\omega_s=\omega\left(1-\frac{S_V}{2.25\sqrt{D_{50}}}\right)^{3.5}(1-1.25S_V)$$

$$\xi=\left(\frac{1.65}{\gamma_s-\gamma}\right)^m$$

式中：f 为阻力系数，比尺可表示为 $\alpha_f=\alpha_h/\alpha_l$；$\kappa$ 为卡门常数。

同样可以采用原型与模型比尺关系，代入式（8.50），可得挟沙能力比尺为

$$\alpha_{S_*}=\alpha_k\frac{\alpha_{\gamma_s}}{\alpha_{(\gamma_s-\gamma)}}\frac{\alpha_u}{\alpha_{\omega}}\left(\frac{\alpha_h}{\alpha_l}\right)^{1.5} \tag{8.51}$$

其中

$$\alpha_k=\frac{\alpha_{\eta}\alpha_{\ln\left(\frac{H}{6D_{50}}\right)}}{\xi\alpha_{\left(\frac{\gamma_s-\gamma}{\gamma}\right)}\alpha_g\alpha_{\left[\left(1-\frac{S_V}{2.25\sqrt{D_{50}}}\right)(1-1.25S_V)\right]}\alpha_{\left(\frac{1-S_V}{1+\frac{\gamma_s-\gamma}{\gamma}S_V}\right)}}$$

通过试验反算确定得到

$$\alpha_k=\alpha_{(\gamma_s-\gamma)}^{-0.1}\left[5.6\ln\left(\frac{\alpha_l}{\alpha_h}+1\right)\right]$$

代入式（8.51），且$\frac{\alpha_v\alpha_h}{\alpha_l\alpha_\omega}=1$，最后确定得到含沙量比尺为

$$\alpha_{S_*}=5.6\ln\left(\frac{\alpha_l}{\alpha_h}+1\right)\frac{\alpha_{\gamma_s}}{\alpha_{(\gamma_s-\gamma)}^{1.1}}\cdot\frac{\alpha_u}{\alpha_\omega}\left(\frac{\alpha_h}{\alpha_l}\right)^{1.5}=\left[5.6\ln\left(\frac{\alpha_l}{\alpha_h}+1\right)\right]\frac{\alpha_{\gamma_s}}{\alpha_{(\gamma_s-\gamma)}^{1.1}}\cdot\left(\frac{\alpha_h}{\alpha_l}\right)^{1/2} \tag{8.52}$$

式中：α_k 为挟沙能力比尺系数；S_V 为体积含沙量；D_{50} 为泥沙中值粒径；ξ 为容重系数；其他参数同前。

从上述各家挟沙能力公式计算得到的含沙量比尺（挟沙能力比尺）在形式上虽然不同，但公式内的核心部分$\frac{\alpha_{\gamma_s}}{\alpha_{(\gamma_s-\gamma)}}$是一样的，只是系数或指数不同而已。统一挟沙能力比尺公式如下：

$$\alpha_{S_*}=\alpha_{k'}\frac{\alpha_{\gamma_s}}{\alpha_{(\gamma_s-\gamma)}^{m}}\left(\frac{\alpha_h}{\alpha_l}\right)^n \tag{8.53}$$

式中：α_k 为各挟沙能力公式中原型和模型中系数比值；m、n 为指数，$n=-1\sim1/2$，$m=1\sim1.1$。

由河床冲淤方程式推导出的比尺关系式：

$$\frac{\alpha_{\gamma_0}\alpha_h}{\alpha_{t_2}}=\alpha_{\omega_s}\alpha_S=\alpha_{\omega_s}\alpha_{S_*}$$

式（8.53）和式（8.42）代入后可得到悬沙的冲淤时间比尺为

$$\alpha_{t_2}=\frac{\alpha_{\gamma_0}\alpha_h}{\alpha_{\omega_s}\alpha_{S_*}}=\alpha_{\gamma_0}\frac{\alpha_{(\gamma_s-\gamma)}^{m}}{\alpha_{k'}\alpha_{\gamma_s}}\left(\frac{\alpha_l}{\alpha_h}\right)^n\frac{\alpha_l}{\alpha_h^{1/2}} \tag{8.54}$$

当挟沙能力公式采用窦国仁公式或李昌华公式时，挟沙能力公式中的系数原型和模型比值为1，则式（8.54）可简化为

$$\alpha_{t_2}=\frac{\alpha_{\gamma_0}\alpha_h}{\alpha_{\omega_s}\alpha_{S^*}}=\alpha_{\gamma_0}\frac{\alpha_{(\gamma_s-\gamma)}}{\alpha_{\gamma_s}}\cdot\frac{\alpha_l}{\alpha_h^{1/2}}=\alpha_{\gamma_0}\frac{\alpha_{(\gamma_s-\gamma)}}{\alpha_{\gamma_s}}\alpha_{t_1} \tag{8.55}$$

从式（8.55）可以看出，悬沙冲淤时间比尺与水流时间比尺并不相等，令$\frac{\alpha_{t_2}}{\alpha_{t_1}}=M$，$M$ 为时间变态率，当 $M=1$ 时，时间不变态，当 $M\neq1$，时间变态，M 可表达为下式：

$$M=\alpha_{\gamma_0}\frac{\alpha_{(\gamma_s-\gamma)}}{\alpha_{\gamma_s}} \tag{8.56}$$

式（8.56）说明时间变态率与模型的几何变态没有关系，与模型沙与原型沙的特性有关。当模型沙采用轻质沙时，M 不等于 1，会产生时间变态现象。当模型沙采用原型沙，通过比尺缩放，模型沙粒径变化后也会引起容重和干容重的变化，也可能导致时间变态。

水流挟沙能力指具有一定水力因素的单位水体所能挟带的悬移质泥沙数量。水流挟沙能力公式是表达河床在保持不冲不淤的相对平衡状态下，在水流能够挟带的沙量。河床冲淤变形时涉及到泥沙起动的问题，就需要泥沙满足起动相似。李昌华[4]提出泥沙起动相似条件，窦国仁[5]提出泥沙起动及悬浮相似条件，即

$$\alpha_u=\alpha_{U_c}=\alpha_{v_f} \tag{8.57}$$

8.2.2 推移质泥沙运动相似条件

平面二维水流作用下的推移质泥沙运动方程和冲淤方程式为[91]

$$\frac{\partial HN}{\partial t}+\frac{\partial (HuN)}{\partial x}+\frac{\partial (HvN)}{\partial y}+a_b\omega_b(N-N_*)=0 \tag{8.58}$$

$$\gamma_0\frac{\partial \eta_b}{\partial t}=a_b\omega_b(N-N^*) \tag{8.59}$$

$$N=q_b/q \quad N_*=q_{b^*}/q \quad q=hU$$

式中：H 为水深；t 为河床冲淤时间；u、v 为流速在 x、y 轴方向上的分量；a_b 为推移质沉降系数；ω_b 为推移质泥沙沉降速度；N 为推移质输沙量折算为水体的泥沙浓度，q 为单宽流量；q_b 为单宽输沙量；N_* 为推移质输沙能力折算为水体的泥沙浓度；q_{b^*} 为单宽输沙能力；γ_0 为泥沙干容重；η_b 为推移质引起的泥沙冲淤厚度。

推移质单宽输沙能力公式[79]为

$$q_{b^*}=\frac{K_0}{C_0^2}\cdot\frac{\gamma\gamma_s}{\gamma_s-\gamma}(U-U_{bc})\frac{U^3}{g\omega_b} \tag{8.60}$$

式中：K_0 为综合系数；其他参数同前。

按照相似比尺关系，$\frac{H_p}{H_m}=\alpha_h$，$\frac{u_p}{u_m}=\alpha_u$，$\frac{S_p}{S_m}=\alpha_S$，…，将原型值代入式（8.58）～式（8.59）中，可得相似比尺关系如下：

$$\alpha_N=\alpha_{N^*} \tag{8.61}$$

$$\frac{\alpha_h\alpha_N}{\alpha_{t_3}}=\frac{\alpha_h\alpha_u\alpha_N}{\alpha_l} \tag{8.62}$$

$$\frac{\alpha_h\alpha_u\alpha_N}{\alpha_l}=\alpha_{\omega_b}\alpha_N \tag{8.63}$$

$$\frac{\alpha_{\gamma_0}\alpha_h}{\alpha_{t_3}}=\alpha_{\omega_b}\alpha_N \tag{8.64}$$

由式（8.63）可得推移质沉降速度比尺为

$$\alpha_{\omega_b}=\frac{\alpha_h\alpha_u}{\alpha_l}=\frac{\alpha_h^{3/2}}{\alpha_l} \tag{8.65}$$

由式（8.61）可得推移质输沙量和输沙能力比尺相等，即

$$\alpha_q=\alpha_{q^*} \tag{8.66}$$

由原型和模型比尺关系代入式（8.60）可得

$$\alpha_{q_{b^*}}=\frac{\alpha_{K_0}}{\alpha_{C_0}^2}\cdot\frac{\alpha_{\gamma_s}}{\alpha_{\gamma_s-\gamma}}\cdot\frac{\alpha_u^3}{\alpha_{\omega_b}}=\frac{\alpha_{\gamma_s}}{\alpha_{\gamma_s-\gamma}}\alpha_h^{3/2} \tag{8.67}$$

$$\alpha_U=\alpha_{U_{bc}} \tag{8.68}$$

将式（8.67）中 $\alpha_{K_0}=1$，除以 $\alpha_q=\alpha_h^{3/2}$，并代入式（8.64）后，可得推移质的冲淤时间比尺：

$$\alpha_{t_3}=\alpha_{\gamma_0}\frac{\alpha_{(\gamma_s-\gamma)}}{\alpha_{\gamma_s}}\alpha_{t_1} \tag{8.69}$$

从式（8.42）悬沙沉降速度比尺公式和式（8.65）推移质沉降速度比尺公式可以看出两

者是相同的，并等于水流垂向分量的比尺。当所采用的悬移质挟沙能力和推移质输沙力公式中有关系数原型和模型的比值取1，并都采用窦国仁公式时，式（8.55）悬移质冲淤时间比尺和式（8.68）推移质冲淤时间比尺一致。

8.3 时间变态产生原因及影响分析

8.3.1 时间变态产生原因

在进行泥沙物理模型试验时，存在水流运动时间比尺和河床冲淤时间比尺，即：

水流运动时间比尺：$\alpha_{t_1}=\dfrac{\alpha_l}{\alpha_u}=\dfrac{\alpha_l}{\alpha_h^{1/2}}$

悬沙冲淤时间比尺：$\alpha_{t_2}=\dfrac{\alpha_{\gamma_0}\alpha_h}{\alpha_{\omega_s}\alpha_{S_*}}=\alpha_{\gamma_0}\dfrac{\alpha_{(\gamma_s-\gamma)}}{\alpha_{\gamma_s}}\dfrac{\alpha_l}{\alpha_h^{1/2}}=\alpha_{\gamma_0}\dfrac{\alpha_{(\gamma_s-\gamma)}}{\alpha_{\gamma_s}}\alpha_{t_1}=M\alpha_{t_1}$

模型相似律要求，在一个相似的系统内，同一个物理量须遵循同一个比尺关系。在挟沙水流运动中，水流运动和河床变形所遵循的时间比尺也应该是一致，这样才能保证物理模型上水流运动和河床变形与原型的相似性。只有当 $\alpha_{\gamma_0}\dfrac{\alpha_{(\gamma_s-\gamma)}}{\alpha_{\gamma_s}}=1$ 时，两个时间比尺才能相等。而在泥沙物理模型中，为保证泥沙的起动和沉降相似，往往不得不选用轻质沙，其比重一般比天然沙比重小，因此 $\alpha_{\gamma_0}>1$，$\dfrac{\alpha_{(\gamma_s-\gamma)}}{\alpha_{\gamma_s}}>1$，则 $\alpha_{t_2}>\alpha_{t_1}$，即 $t_2<t_1$，模型的河床冲淤变化过程远比水流运动过程快。

从时间比尺关系式可以看出，不论几何正态（水平比尺与垂直比尺相同）或几何变态（水平比尺大于垂直比尺），只要选取的模型沙特征与原型沙不一致就会产生时间变态。而实际上即使采用原型沙作为模型沙，由于模型沙通过几何比尺缩放后，随着粒径的变化，淤积物的干容重也会变，一般 $\alpha_{\gamma_0}\dfrac{\alpha_{(\gamma_s-\gamma)}}{\alpha_{\gamma_s}}>1$，仍存在 $\alpha_{t_2}>\alpha_{t_1}$ 问题，时间变态仍是难免的。张红武等[78]在黄河动床模型试验时，通过推导挟沙能力公式和选用不同模型沙才达到水流时间比尺与河床冲淤时间比尺基本一致。但在进行动床模型试验时，又要延长试验时间，而且也没有彻底解决时间变态的问题，只是减小了时间变态率。

从推导泥沙运动相似律来看，河床冲淤时间比尺是通过挟沙能力公式推导而得到的，通常认为挟沙能力公式中的综合系数原型和模型中的值相同，这就形成了通常用的挟沙能力比尺的形式“$\dfrac{\alpha_{\gamma_s}}{\alpha_{(\gamma_s-\gamma)}}$”。张红武等人的挟沙能力公式中的系数在原型和模型中是不同的，并通过模型沙的选择，就得到了冲淤时间比尺和水流时间比尺较为接近的关系。

8.3.2 时间变态影响分析

泥沙物理模型试验主要研究河床变形问题，模型试验时间采用河床变形时间比尺

α_{t_2}控制，使得若干年长系列的河床冲淤时间过程成为可能。在实际模型试验时，解决时间变态问题所采用的方法，通常认为是放弃较小的水流时间比尺 α_{t_1}，以较大的河床时间比尺 α_{t_2} 来控制物理模型的开边界条件。从水流相似比尺条件可以知道，水流的流速、流量等因素的比尺主要是几何比尺确定的，即几何比尺确定后，水流的基本特性比尺也就确定了。水流的传播受到水流的时间比尺控制。如边界受到 α_{t_2} 控制后，就是模型中的水流相应的也受到了 α_{t_2} 的控制，因为边界本来就是模型的一部分。这样就产生出了水流在模型中的传播不相似。具体对模型中的水流和泥沙运动会带来什么影响，可以从模型方程来说明。

把比尺与模型量代入原型方程中可得如下方程：

$$\frac{\alpha_h}{\alpha_{t_1}}\left(\frac{\partial \zeta}{\partial t}\right)_m+\frac{\alpha_h\alpha_u}{\alpha_l}\left(\frac{\partial Hu}{\partial x}\right)_m+\frac{\alpha_h\alpha_v}{\alpha_l}\left(\frac{\partial Hv}{\partial y}\right)_m=0 \tag{8.70}$$

$$\frac{\alpha_u}{\alpha_{t_1}}\left(\frac{\partial u}{\partial t}\right)_m+\frac{\alpha_u^2}{\alpha_l}\left(u\frac{\partial u}{\partial x}\right)_m+\frac{\alpha_v\alpha_u}{\alpha_l}\left(v\frac{\partial u}{\partial y}\right)_m=\alpha_g\frac{\alpha_h}{\alpha_l}(gJ_x)_m-\frac{\alpha_g\alpha_u^2}{\alpha_c^2\alpha_h}\left(\frac{u^2g}{C^2H}\right)_m \tag{8.71}$$

$$\frac{\alpha_v}{\alpha_{t_1}}\left(\frac{\partial v}{\partial t}\right)_m+\frac{\alpha_v\alpha_u}{\alpha_l}\left(u\frac{\partial v}{\partial x}\right)_m+\frac{\alpha_u^2}{\alpha_l}\left(v\frac{\partial v}{\partial y}\right)_m=\alpha_g\frac{\alpha_h}{\alpha_l}(gJ_y)_m-\frac{\alpha_g\alpha_u^2}{\alpha_c^2\alpha_h}\left(\frac{u^2g}{C^2H}\right)_m \tag{8.72}$$

如利用河床冲淤时间比尺控制后，即把 $\alpha_{t_2}=M\alpha_{t_1}$ 代替 α_{t_1}，方程式（8.70）～式（8.72）形成变为下式：

$$\frac{\alpha_h}{M\alpha_{t_1}}\left(\frac{\partial \zeta}{\partial t}\right)_m+\frac{\alpha_h\alpha_u}{\alpha_l}\left(\frac{\partial Hu}{\partial x}\right)_m+\frac{\alpha_h\alpha_v}{\alpha_l}\left(\frac{\partial Hv}{\partial y}\right)_m=0 \tag{8.73}$$

$$\frac{\alpha_u}{M\alpha_{t_1}}\left(\frac{\partial u}{\partial t}\right)_m+\frac{\alpha_u^2}{\alpha_l}\left(u\frac{\partial u}{\partial x}\right)_m+\frac{\alpha_v\alpha_u}{\alpha_l}\left(v\frac{\partial u}{\partial y}\right)_m=\alpha_g\frac{\alpha_h}{\alpha_l}(gJ_x)_m-\frac{\alpha_g\alpha_u^2}{\alpha_c^2\alpha_h}\left(\frac{u^2g}{C^2H}\right)_m \tag{8.74}$$

$$\frac{\alpha_u}{M\alpha_{t_1}}\left(\frac{\partial v}{\partial t}\right)_m+\frac{\alpha_v\alpha_u}{\alpha_l}\left(u\frac{\partial v}{\partial x}\right)_m+\frac{\alpha_u^2}{\alpha_l}\left(v\frac{\partial v}{\partial y}\right)_m=\alpha_g\frac{\alpha_h}{\alpha_l}(gJ_y)_m-\frac{\alpha_g\alpha_u^2}{\alpha_c^2\alpha_h}\left(\frac{u^2g}{C^2H}\right)_m \tag{8.75}$$

当水流为非恒定时，采用河床冲淤时间比尺控制水流后，当地加速度项缩小了 M 倍，使得实际水位、流速和流量过程线发生变形，可能会导致水流不相似，随着 M 的增大，不相似程度会增加，从而导致河床变形不相似。

要保证方程式（8.70）和方程式（8.73）一致，方程式（8.71）和方程式（8.74）一致，方程式（8.72）和方程式（8.75）一致，只有：

$$M=1\text{ 或}\frac{\partial \zeta}{\partial t}=\frac{\partial u}{\partial t}=\frac{\partial v}{\partial t}=0 \tag{8.76}$$

因为要使 $M=1$，目前很难实现。在恒定流条件下，水流不受时间的影响，采用河床冲淤时间比尺控制水流时间是可以保证水流运动过程的相似。

在动床河工模型试验中，要达到河床变形的相似，主要应满足三个方面的相似：水流运动的相似、泥沙输送的相似以及输沙量沿程变化的相似。河床变形主要确定于输沙量沿程的变化，因此只有满足输沙量沿程变化的相似，才有可能达到河床变形的相似。这就要求水流因素沿程变化相似。而在动床模型上流速分布相似是无法达到的，只能是近似相似。动床试验不可能严格相似，只能做到大体相似[14]。但是水流相似也不能偏差太大，水流偏差太大会引起河床彻底不相似。水流相似的前提是重力相似条件和阻力相似条件。

傅汝德数 $Fr=\frac{V}{\sqrt{gH}}$，表达了惯性力与重力的比值。原型和模型傅汝德数的比值 α_{Fr}，当按水流时间比尺计算时：

$$\alpha_{Fr}=\frac{\alpha_V}{\alpha_h^{1/2}}=\frac{\frac{\alpha_l}{\alpha_{t_1}}}{\alpha_h^{1/2}}=1$$

但当按河床冲淤时间比尺计算时：

$$\alpha_{Fr}=\frac{\alpha_V}{\alpha_h^{1/2}}=\frac{\frac{\alpha_l}{M\alpha_{t_1}}}{\alpha_h^{1/2}}=\frac{1}{M}\neq 1$$

如按照河床冲淤时间比尺代替水流时间比尺，则水流相似的基本条件就被破坏了。

在河流模型试验中，通常上游是施放流量，流量比尺：

$$\alpha_Q=\alpha_l\alpha_h\alpha_u=\alpha_l\alpha_h^{3/2} \tag{8.77}$$

式（8.77）形式上是由几何比尺确定的，而实际上包含有水流时间比尺的因子，并且是水流时间比尺和几何比尺确定的。在进行动床模型试验时，流量比尺并没有随着河床冲淤比尺变化。

水流运动方程组相似性的推导、水流相似的基本条件（傅汝德数判据）和泥沙物理模型具体施放流量表明：泥沙物理模型水流还是受到水流时间比尺控制，水流时间比尺没有被河床冲淤时间比尺所代替。

泥沙物理模型试验河床冲淤时间比尺没有代替水流时间比尺，在模型中两个时间比尺还都存在，在泥沙物理模型试验中，河床冲淤时间比尺主要是控制水流对河床的作用时间。

8.4 时间变态的处理

河床冲淤变形是水流和泥沙共同作用的结果，有多位学者曾用功率和相似原理对泥沙输送进行了推导[92]。直观的河床变形是水流和泥沙共同作用形成的，泥沙作用的效果可用冲量 $F_s \cdot T_s$ 表示，水流作用的效果用冲量 $F_w \cdot T_w$ 表示，河床冲淤变化用 BX 表示，在原型河段中，经过时间 $T=T_s=T_w$ 后，河床形态发生了冲淤变化，通过 F 函数用公式如下表示：

$$BX=F(F_s \cdot T_s, F_w \cdot T_w) \tag{8.78}$$

用相似比尺关系，把模型量代入原型量后可得

$$\alpha_{BX}(BX)_m=F[\alpha_{F_S}\alpha_{T_S}(F_s \cdot T_s)_m, \alpha_{F_w}\alpha_{T_w}(F_w \cdot T_w)_m] \tag{8.79}$$

要使原型和模型相似，则需如下等式成立：

$$\alpha_{BX}=\alpha_{F_s}\alpha_{T_s}=\alpha_{F_w}\alpha_{T_w} \tag{8.80}$$

则可得：

$$\alpha_{F_s}=\frac{\alpha_{BX}}{\alpha_{T_s}} \tag{8.81}$$

$$\alpha_{F_w}=\frac{\alpha_{BX}}{\alpha_{T_w}} \tag{8.82}$$

在河床变形模拟时，河床冲淤变化是相似，α_{BX}确定；水流运动是相似，α_{F_w}确定；泥沙运动是相似，α_{F_s}确定。

时间不变态时，$\alpha_{T_s}=\alpha_{T_w}$。在实际模型试验时，为了克服时间变态，采用时间总长度（T_s）$_m$控制，从式（8.81）和式（8.82）可以看出，只有减小水流作用时间长度（T_w）$_m$，或者说要去掉部分水流在模型河床上的作用，上述比尺等式才能恒等。

对于天然河道内通过的总流量$Q_总=\bar{q}\cdot(T_{t_1})_p$，具体形式可表达为

$$Q_总=\int_{t_{11}}^{t_{12}}q\mathrm{d}t \tag{8.83}$$

根据相似比尺关系可得

$$\alpha_{Q_总}=\alpha_q\alpha_{T_{t_1}} \tag{8.84}$$

因为水流相似，则α_q是一定的，即模型确定后，数值就不变。在动床模型试验时，模型放水总时间为（T_{t_2}）$_m$，则只有下式成立，α_q才不会变：

$$(Q_总)_{m实}=\frac{(T_{t_2})_m}{(T_{t_1})_m}(Q_总)_m \tag{8.85}$$

式（8.85）说明模型实际放水总量是理论放水总量的$\frac{(T_{t_2})_m}{(T_{t_1})_m}$倍，即由于时间变态，模型放水总量减小了。

天然条件下的水流泥沙过程都不恒定，在进行物理模型试验时，较难减少水流作用时间或减少放水总量。

目前在河道泥沙物理模型试验时，通常采用梯级恒定流量概化进行试验。为什么要采用梯级恒定流量概化呢？一般认为：①梯级流量是恒定流，早期的试验控制手段不具备进行非恒定流的控制，而恒定流的控制和处理相对容易和方便；②恒定流控制可以减小时间变态的影响，如单纯定床模型进行水流试验采用梯级概化处理非恒定过程。然而，随着模型控制技术的发展，现在的控制系统基本能满足非恒定流过程的控制，那为什么泥沙物理模型还要采用梯级流量概化呢？能不能用天然实际的流量过程线来控制边界？科研人员一直在考虑这一问题。在探讨这一问题前，假设模型已设计好，涉及水流因素的都按照水流比尺确定；涉及泥沙及河床变形的都按照冲淤时间比尺确定，如河床变形的输沙量、需要水流作用的总时间长度等，则α_{t_1}和α_{t_2}就已经确定，并且$\alpha_{t_2}=M\alpha_{t_1}$。

采用图解法分析模型试验边界流量梯级过程的处理方式。图8.1为某河段天然和模型水沙过程线示意图。从图可以看出，天然水沙过程作用时间为T，在河床冲淤变化试验研究时，水流过程只有按照模型水流的过程线施放，并且总时间需要T/α_{t_1}，水流才能完全或近似相似。泥沙物理模型试验时，输沙量过程根据冲淤时间比尺计算，总时间需要T/α_{t_2}，并且在该时间段，水流因素沿程变化相似（或近似相似），河床才可能大体相似。只有当时间不变态时，输沙量过程才能找到对应的相似水流条件。当时间变态时，如水流过程不进行梯级概化处理，则输沙量过程不可能找到对应的相似水流条件，

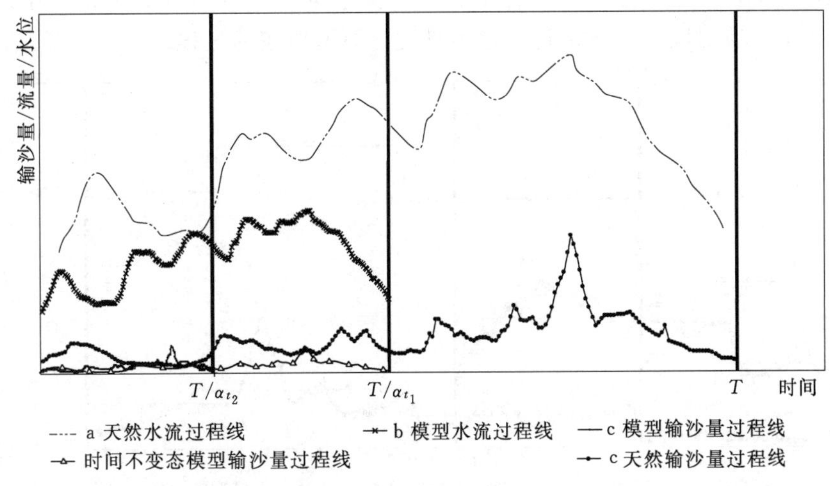

图 8.1　天然水沙及模型水沙过程线示意图

即河床不可能达到冲淤相似。

在时间变态的情况下，反映出泥沙物理模型试验中不需要与天然相似的全部水流作用时间，只需要 T/α_{t_2} 的相似水流作用，如何能找到河床冲淤时间对应的相似水流呢？对于不具有周期性的非恒定流（连续水流）应该是没有办法或很难处理这一问题。要去掉部分水流作用时间，那么怎么才能去模型中的多余的水流作用时间？泥沙物理模型研究目的是河床冲淤变化，河床冲淤变化需要一定的时间，假想在某一段时间内非恒定流引起的河床变形有某一对应的恒定流（周期性水流是其特例）过程且作用时间相等，输沙量一致，河床变形相当；下一个非恒定流过程的河床变形时，又有一个恒定流过程与之对应，就形成了流量梯级过程（图 8.2）。概化的梯级流量和输沙量过程的物理意义是各梯级恒定流量和输沙量作用条件下与对应的非恒定流和输沙量过程形成的河床变形是相当的，梯级水流不是连续的水流。

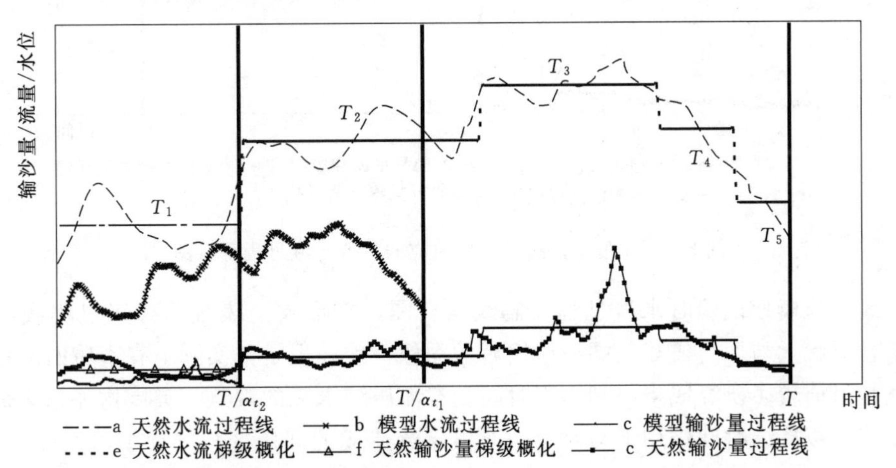

图 8.2　天然水沙过程及梯级概化过程示意图

在图 8.3 中，水流和输沙过程都根据比尺关系进行缩放后得到了模型中的梯级过程，但输沙量对应时间上的水流过程还不具有与原型对应的过程。

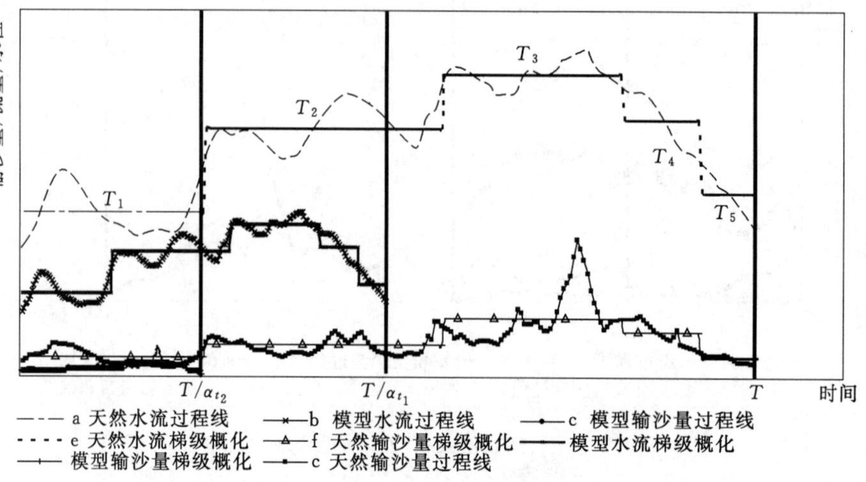

图 8.3　满足相似的水沙过程线及概化梯级示意图

图 8.4 表示在试验过程中选取的水沙梯级的时间长度，输沙时间对应相似水流的部分，反映泥沙物理模型试验应该减少的部分水流作用时间（必须按照河床变形时间比尺确定模型内的水流过程线的持续时间）[13]。

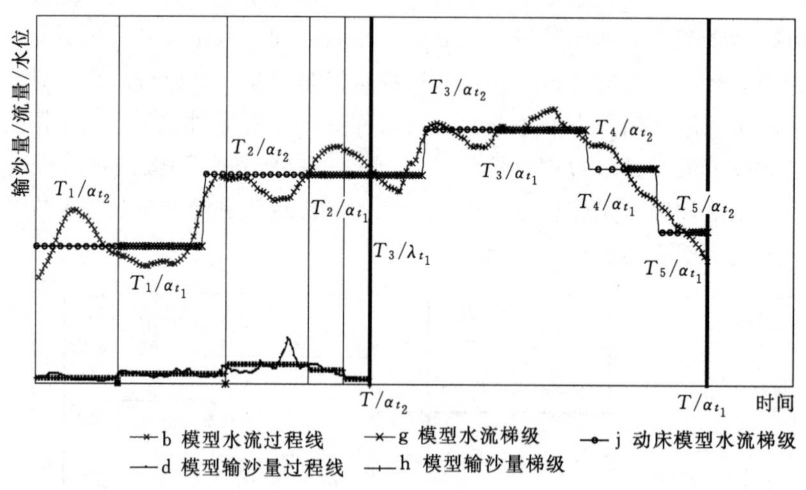

图 8.4　模型输沙过程需要对应的相似水流过程示意图

图 8.5 为模型试验时水沙过程控制线组合图，在形式上表现为梯级过程线阶梯连续，而且形状上与原型概化的梯级压缩后的图像一致，但是，实际上有本质的区别。也许这就是目前较多研究成果提到由于时间变态而压缩水流的观点。具体物理意义是模型在一个流量级持续时间作用下与对应的非恒定流造成的河床变形与原型（大体）相似；梯级流量是独立的，而不是连续的；每个概化的梯级流量在对应的实际连续水流过程中存在该级流量；在各梯级流量的水流中，输沙近似相似，各级流量作用结束后，河床变

形大体相似；梯级过程组合要按照实际非恒定流过程进行组合。

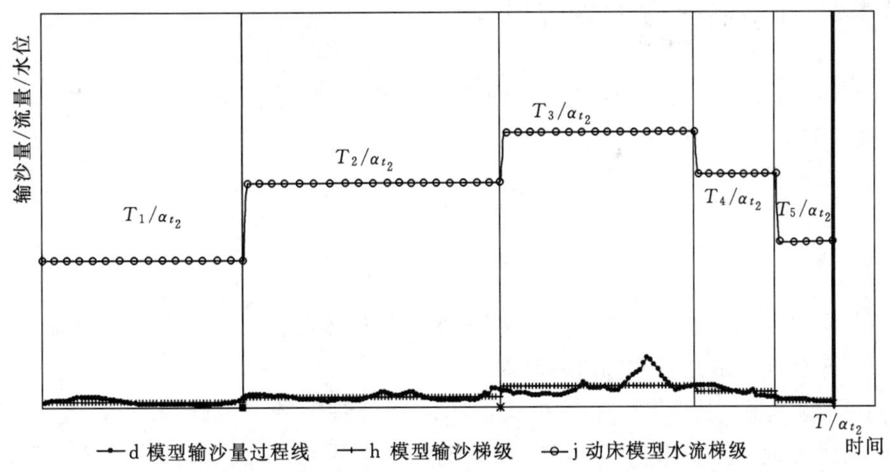

图 8.5 泥沙物理模型试验水沙过程控制线组合示意图

在实际模型试验时，严格地说，并不应该按照图 8.5 的梯级流量连续试验，应该是间断的。如连续试验放水，从某一级流量向另一级流量过渡时会出现过渡段非恒定情况；定床模型试验的水流和动床模型试验的水流是基本一致的，仅仅是时间长短不一致，非恒定流占的比例不一致。过渡段与要求的梯级水流过程不相似（这里的原型水流是间断不连续的)。这实际说明，水流不相似不是时间变态引起的，而是进行试验时连续试验，从一级流量过渡到另一级流量缩短了恒定流的作用时间、增加了非恒定流的作用时间而引起的。

多年来，河流泥沙物理模型主要采用梯级概化水沙过程解决时间变态问题，试验结果也得到了工程实践的验证。那么能不能找到其他办法来解决时间变态问题?

黄河水利委员会黄河水利科学研究院在设计花园口至东坝头河段模型时，通过模型设计得到含沙量比尺与模型淤积物干容重比尺接近，达到河床冲淤变形时间比尺与水流运动时间比尺相近，该模型能同时复演原型洪水运行及河床演变过程[78]。

如果单纯追求河床变形相似，不考虑其他相似条件，方法应该有很多，简单地说，人为的加沙和减沙就能实现，但是在进行工程预报时，不按相似比尺与按照相似比尺条件下进行的模型试验，所得的工程对水流的影响结果应该是不同的，不按相似比尺得到的河床变形预报结果和精度难以保证，指导河道治理和工程设计依据不太充分。

在潮汐泥沙物理模型试验中，关于时间变态问题处理，水流是按照水流时间比尺确定，具体潮汐是取代表性较好的、由若干个潮组成的基本单位，试验总潮汐数服从 α_{t_2}[72]，表明通过 α_{t_2} 减少了部分潮汐水流过程。

从河流泥沙物理模型和潮汐泥沙物理模型所采用的方法来看，都是对水流进行了概化，河流对水流进行的是梯级概化，潮汐是取代表性较好的潮汐单元；水流都是按照水流时间比尺缩放，河床冲淤时间比尺都是控制水流作用的总时间。不同之处是，河流泥沙物理模型水流边界梯级概化后是不连续的，而潮汐过程是连续的。河流泥沙物理模型试验时，人们为了能够连续试验，通过非恒定流过程把各梯级连接起来进行试验。

8.5 梯级概化方式分析

泥沙物理模型边界水沙控制过程的梯级概化目前没有统一或固定的方式，一般都是根据经验按照下列公式处理。

$$\int_{T_1}^{T_2} q_t \mathrm{d}t = \overline{Q}(T_2 - T_1) \tag{8.86}$$

$$\int_{T_1}^{T_2} s_t \mathrm{d}t = \overline{S}(T_2 - T_1) \tag{8.87}$$

式中：T_1、T_2 分别为某级水沙条件下河床变形的始末时间；q_t、$\overline{Q}$ 分别为流量和梯级流量；s_t、$\overline{S}$ 分别为输沙量和梯级输沙量。

一个问题是采用式（8.86）和式（8.87）处理时有个先后顺序，是先通过式（8.86）概化流量、然后用式（8.87）概化输沙量，还是反之？如两个公式先后确定的梯级不一致，哪种更能满足河床变形的相似？还是先确定梯级的始末时间，然后确定水沙梯级过程？这些问题到现在都没有明确的结论，都是科研人员根据多年的经验初步确定，然后通过河床变形试验来验证，如果河床变形验证不好，再反过来考虑梯级概化的合理性。

另一个问题是水沙过程梯级概化的越细越好吗？如利用天然的水沙过程，没有时间变态问题，采用逐日和逐时水沙过程进行河床变形试验，肯定相对较好，而且应该能够实现。数学模型试验严格的说是天然河流的复演，不考虑其他技术因素，采用逐日、逐时或者天然的水沙过程所复演的河床变形相似度更高。逐日平均水沙和逐时平均水沙应该是较细的梯级概化，在进行河床变形试验时，如按照独立的梯级过程考虑（不连续），每级流量按照冲淤时间比尺确定的持续时间去作用河床，应该达到河床变形的相似性较高。时间变态小，逐日和逐时水流跟踪也基本能实现。在时间变态过大，引起逐日和逐时水流保留的时间段过短，如进行连续试验，各级流量作用河床的效果不能保证，河床可能会不相似。

《河工模型试验规程》（SL 99—2012）对模型水流过程概化与控制提出的要求是：每个水文年概化流量级应不少于 4～6 级，各流量级在模型中施放时间为 $\Delta t \geqslant 3L/V_{Pj}$（保证该级水流有一定的作用时间），但没有说明具体原因和明确提出如何进行梯级概化。

第9章

水流梯级概化影响物理模型试验研究

第8章介绍的泥沙物理模型边界的控制通常选取代表性梯级流量和潮汐。潮汐是连续的，可以进行连续试验。对于河流，流量梯级概化后具有间断性，本不应该连续试验，但是在实际操作中，如果一级流量、一级流量进行试验，则在开始某一级流量试验时，需要采用"热启动"，即在开始试验时就要保证模型已具有该级流量的动力特征，并且保证河床形态是上一级流量作用结束后的地形，这在实际操作过程中很难实现。为了能够连续试验，人为地把梯级间连接起来，这样就存在非恒定流过程，对河床变形肯定有影响。为了减小这一影响，研究人员提出了一些校正措施，如王兆印等[56]提出在模型中各处均匀补水和抽水的措施；吕秀贞等[59]采用一维数学模型研究，提出适当滞后尾门水位调节时间和减小或加大进口流量的措施；邵学军等[67]通过非恒定流冲沙物理模型研究，提出合理延长冲沙时间保证恒定流过程历时；李发政等[73]采用了进口流量提前与出口水位滞后相结合的方法。补水（或抽水）、调节尾门和加大或减小流量、流量提前与水位滞后等方式主要是缩短非恒定流作用时间，而试验总时间不变。还有一些学者提出"有效时间"的概念，即保证每一级恒定流作用的时间，延长试验总时间。

本章选取典型河段进行物理模型，研究梯级概化不同过渡方式对水流的影响。

9.1 典型河段基本概况

物理模型采用长江南京河段，模型范围上起南京长江三桥以上约3km，下迄龙潭水道上段的九乡河，全长约43km。研究河段内包括梅子洲左、右汊，潜洲左、右汊以及八卦洲左、右汊。河段主河槽为梅子洲、潜洲左汊和八卦洲右汊，主流河段曲率半径约30km，河段较顺直，主流河段宽度约在900～2400m，图9.1为原型河段示意图。河段水流基本为单向流，上游径流对造床起主导作用。

9.1.1 水位

南京河段属感潮河段，位于潮流界以上，潮区界以下，一般皆为单向下泄流，上游径流占造床的主导作用。水位变化受长江径流与潮汐的双重作用，水位每日两涨两落。一般每年的5—10月为汛期，11月—次年4月为枯季，汛期水位主要受径流影响，潮

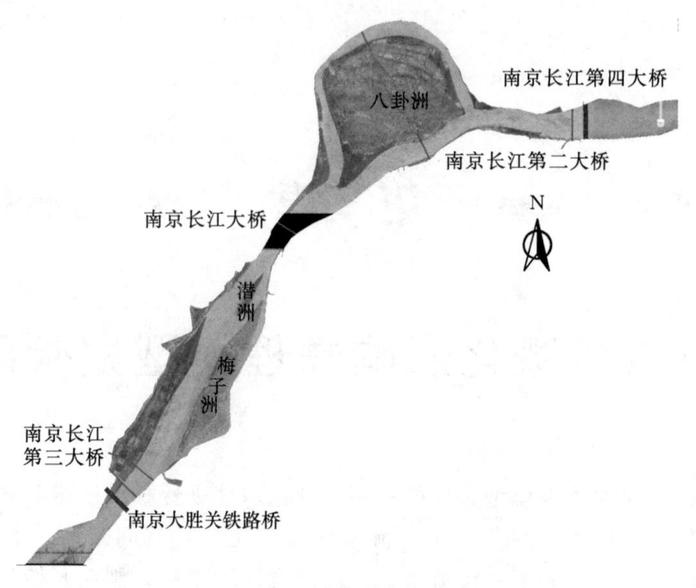

图 9.1　原型河段示意图

差小，枯季水位受潮汐作用相对较大。据长江南京水位站资料统计，汛期最大潮差为 1.31m，枯季最大潮差为 1.56m。

9.1.2　径流

大通站是长江中下游干流最后一个径流控制站，大通以下区间来水量相对较小。据统计，大通站以下干流区间入汇面积约占大通站的 3%左右，大通水文站的流量、泥沙特征基本可代表长江下游来水、来沙特征。

表 9.1 列出大通水文站历年流量及输沙量特征值，表 9.2 为大通水文站多年月平均流量、输沙量及年内分配。由表可见，大通站多年平均流量为 28300m^3/s，历年最大流量为 92600m^3/s（1954 年 8 月 1 日），历年最小流量为 4620m^3/s（1979 年 1 月 31 日）。年内 7 月月平均流量最大，1 月最小，全年汛期 5—10 月径流占全年的 70%以上。

表 9.1　　大通水文站历年流量及输沙特征统计

项　目		特征值	发生日期	统计年份
流量/(m^3/s)	历年最大	92600	1954.8.1	1950—2009
	历年最小	4620	1979.1.31	1950—2009
	多年平均（三峡蓄水前）	28700		1950—2002
	多年平均（三峡蓄水后）	25700		2003—2009
	2010 年平均	32400		
含沙量/(kg/m^3)	历年最大	3.24	1959.8.6	1951—2009
	历年最小	0.016	1999.3.3	1951—2009
	多年平均（三峡蓄水前）	0.48		1951—2002
	多年平均（三峡蓄水后）	0.18		2003—2009

续表

项　　目		特征值	发生日期	统计年份
输沙量 /10^8t	历年最大	6.78	1964	1951—2009
	历年最小	0.848	2006	1951—2009
	多年平均（三峡蓄水前）	4.27		1951—2002
	多年平均（三峡蓄水后）	1.48		2003—2009
	2010 年	1.85		

表 9.2　　大通水文站多年月平均流量、输沙量及年内分配

月份	流量		多年平均输沙率		多年平均含沙量 /(kg/m^3)
	多年平均 /(m^3/s)	年内分配 /%	多年平均 /(kg/s)	年内分配 /%	
1	11100	3.27	1110	0.74	0.096
2	11900	3.51	1170	0.78	0.092
3	16300	4.81	2430	1.63	0.139
4	23800	7.02	5590	3.74	0.223
5	33300	9.82	11200	7.49	0.306
6	39900	11.77	15900	10.64	0.380
7	49500	14.60	34500	23.08	0.696
8	43700	12.89	28400	19.00	0.667
9	40000	11.80	25100	16.79	0.636
10	32500	9.59	15300	10.24	0.463
11	22800	6.73	6400	4.28	0.277
12	14200	4.19	2380	1.59	0.163
5—10 月	39800	70.47	21700	87.24	0.525
年平均	28300		12500		0.442

注　流量根据 1950—2009 年资料统计，输沙率、含沙量根据 1950—1951 年、1953—2009 年资料统计。

9.1.3　悬移质

本河段泥沙主要来自上游水体携带的悬移质，据统计，1950—2002 年三峡工程蓄水前大通站多年平均含沙量为 0.48kg/m^3，多年平均输沙量为 4.27 亿 t；2003—2009 年三峡工程蓄水后大通站多年平均含沙量为 0.18kg/m^3，多年平均输沙量为 1.48 亿 t。历年最大输沙量 6.78 亿 t，历年最小输沙量 0.848 亿 t。悬移质含沙量的变化与径流的年内变化基本同步，沙峰略滞后于洪峰，汛期来沙量比来水量更加集中，5—10 月输沙量约占全年的 90%，悬移质中值粒径为 0.01mm 左右。

9.1.4　河床质

南京河段除燕子矶、下三山外，河岸组成大多为第四纪沉积物，其上层为黏土、亚黏土或粉砂亚黏土，其厚度一般在2～5m，黏土覆盖层较厚的河段则易形成突咀的平面形态，如拐头；第二层为粉细砂，其抗冲性能较差；第三层为中粗砂，其次为基岩上的粗砾石层，这两层的厚度约40～50m，最下层为基岩，其高程一般在－50m左右。

河床组成为中细砂，其中值粒径为0.1～0.25mm，平均粒径为0.146mm。

9.2 模型设计

9.2.1 相似条件

河工模型不仅必须满足几何条件相似，还必须满足水流运动动力相似，根据水流运动方程，定床模型满足的相似条件为

重力相似：
$$\alpha_u=\alpha_v=\alpha_h^{1/2} \tag{9.1}$$

阻力相似：
$$\alpha_v=\alpha_c\sqrt{\alpha_h\frac{\alpha_h}{\alpha_l}} \tag{9.2}$$

糙率比尺：
$$\alpha_n=\frac{\alpha_h^{2/3}}{\alpha_l^{1/2}} \tag{9.3}$$

流量比尺：
$$\alpha_Q=\alpha_l\alpha_h\alpha_u=\alpha_l\alpha_h^{3/2} \tag{9.4}$$

9.2.2 比尺确定

根据原体河段长度及试验室场地最长约90m，并考虑场地预留空间，采用水平比尺：

$$\alpha_l=\frac{l_p}{l_m}=480$$

根据已有研究，变态模型的变率（水平比尺与垂直比尺之比）在4以内时，对水流的影响较小，为了减小几何变态的影响，同时考虑到模型流量必须小于试验室能供应的流量；模型水流必须是紊流等条件。最后选择垂直比尺为120，变率为4。

根据相似条件通过计算得到模型比尺（表9.3）。

表9.3　　模型比尺汇总表

比　尺	数值	比　尺	数值
平面比尺 α_l	480	流量比尺 α_Q	630976
垂直比尺 α_h	120	糙率比尺 α_n	1.11
水流流速比尺 α_V	10.95	水流时间比尺 α_{t_1}	43.84

9.2.3 模型制作

模型地形采用2011年6月（1：10000）及局部（1：2000）实测河床地形图，采取直导线和三角形相结合的导线网控制，平面精度控制在5mm内，模型断面以三夹板绘制，各布置断面间距0.3～0.8m，断面架设精度控制在1mm内。

9.2.4 模型加糙

天然状态下的中、枯水河床糙率为 0.022 左右，滩地糙率为 0.025～0.028。模型采用梅花型加糙方法：主槽、单一河道及梅子洲左汊、八卦洲右汊采用粒径 2.0～2.5cm 的白石子，以粒径 5 倍的中心间距进行梅花型加糙；梅子洲右汊及八卦洲左汊采用粒径为 1.0～1.5cm，以粒径的 10 倍中心间距进行梅花型加糙；滩地采用 11 瓣、高 5cm 的塑料草，以 15cm 间距进行梅花型加糙，以模拟滩地上自然生长的芦苇。通过初步加糙后，在模型验证的基础上适当调整。

9.3 模型测控系统

模型进口流量采用平水塔及矩形量水堰控制，下游水位采用翻板式尾门自动控制，具体模型布置见图 9.2。

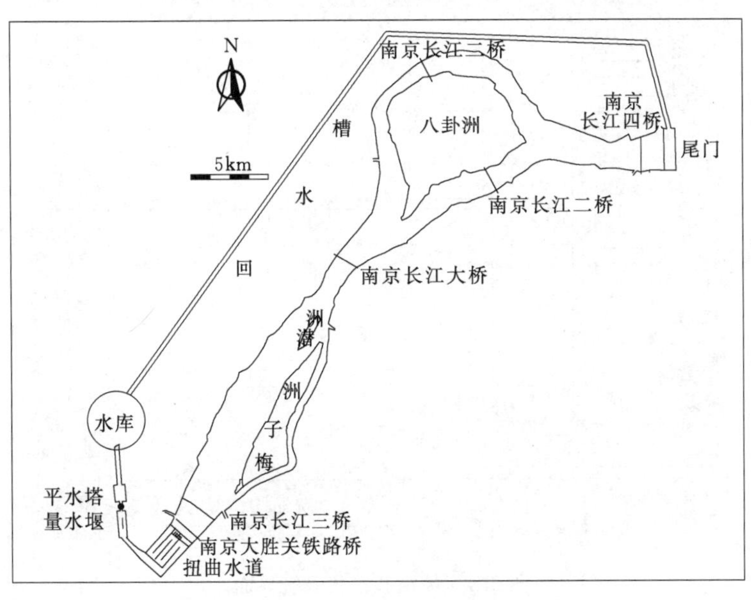

图 9.2 模型试验平面布置示意图

模型控制系统采用南京水利科学研究院研制的非恒定流自动控制系统。由计算机、自动调速装置和数据采集箱等设备组成一整套水位、流量自动控制和水位、流速数据采集自动化系统。通过给定具体时刻水位、流量后由计算机插值计算得到逐时过程。计算机采集控制点水位与插值计算值进行比较，其偏差讯号经过软件 PID 调节器校正，输出控制量经过 D/A 转换成模拟量，输入晶闸管可逆调速器，控制直流伺服电机转速，电机驱动生潮设备调节模型水位，使模型控制边界水位趋近于给定值，构成水位闭环自动系统（图 9.3），从而在模型上产生与原型相似的水流。模型水位与给定值之间的误差一般控制在 1mm 以内。图 9.4 为控制和采集系统界面。

模型水位采用跟踪式水位仪测量，仪器分辨率为 0.1mm，因水温、水质影响，综

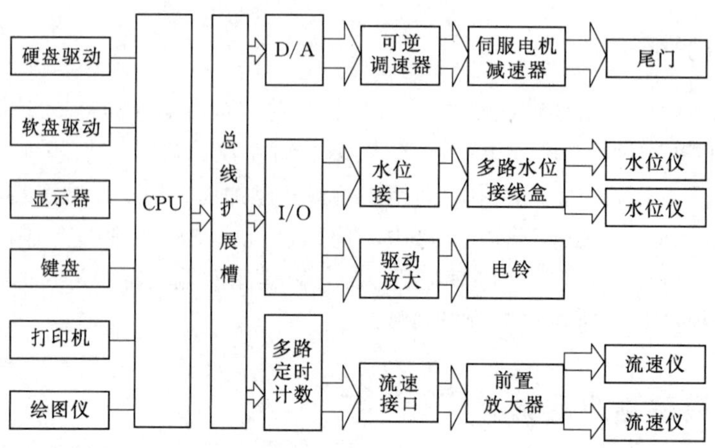

图 9.3　模型控制系统及测量系统

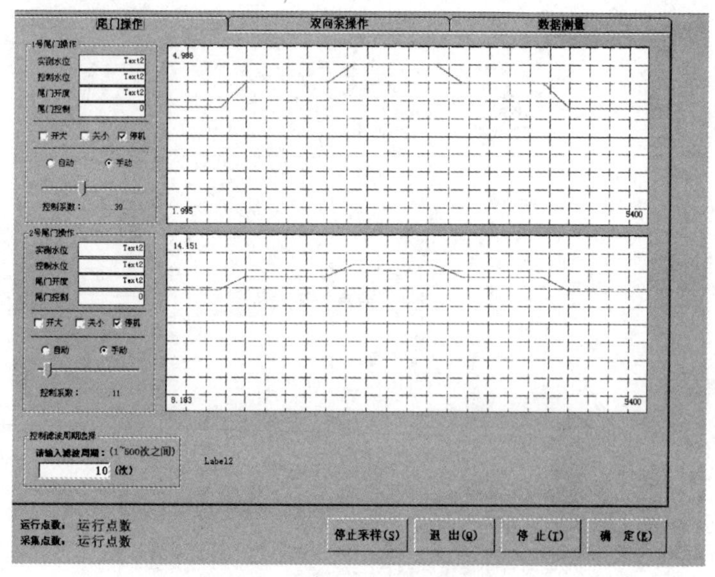

图 9.4　控制和采集系统界面

合测量误差约±0.2mm，在允许误差范围内。

模型流速采用光电式旋桨流速仪观测，起动流速 3.0cm/s 左右，测量范围 3.0～120cm/s，满足测量要求。

为了细致地观测到过渡段水动力特征的变化，采样频率取 1Hz。

9.4　模型验证

9.4.1　验证资料[93]

模型验证采用 2011 年 5 月 13 日（枯水）、2011 年 9 月 28 日（中水）和 2007 年 8

月 8 日（洪水）的水位、流速和分流比资料。图 9.5 为水位和流速验证位置图。

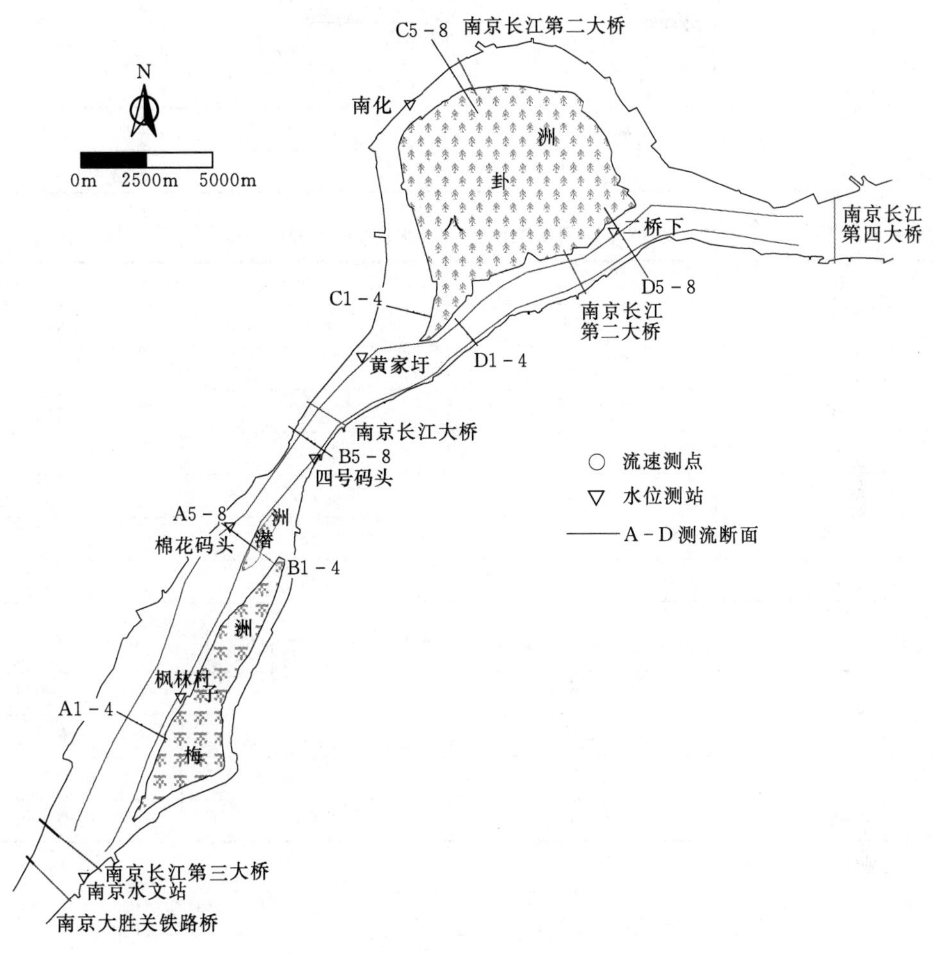

图 9.5　水位和流速验证位置图

9.4.2　验证结果分析

洪水、中水及枯水流量条件下的天然实测水位与模型试验的水面线结果见表 9.4～表 9.6 及图 9.6～图 9.8。由图、表可见，各测次的长江主河道及八卦洲汊道的模型试验水位与原型实测基本相似，其中模型验证水位与天然实测最大误差在 5cm 内，符合相关模型试验规程要求。

表 9.4　模型水位与实测水位比较（枯水：$Q=15290\mathrm{m}^3/\mathrm{s}$）

测站名称	水位/m		
	原型	模型	差值
南京水文站	1.871	1.863	－0.008
枫林村	1.859	1.836	－0.023
棉花码头	1.832	1.796	－0.036

续表

测站名称	水　　位/m		
	原型	模型	差值
黄家圩	1.708	1.732	0.024
二桥下	1.644	1.669	0.025
南化	1.638	1.646	0.008

表 9.5　　模型水位与实测水位比较（中水：$Q=27310m^3/s$）

测站名称	水　　位/m		
	原型	模型	差值
南京水文站	3.971	3.964	−0.007
枫林村	3.913	3.907	−0.006
棉花码头	3.835	3.860	0.025
黄家圩	3.757	3.742	−0.015
二桥下	3.637	3.629	−0.008
南化	3.633	3.621	−0.012

表 9.6　　模型水位与实测水位比较（洪水：$Q=48370m^3/s$）

测站名称	水　　位/m		
	原型	模型	差值
四号码头	6.370	6.340	0.043
南化	6.163	6.148	0.019

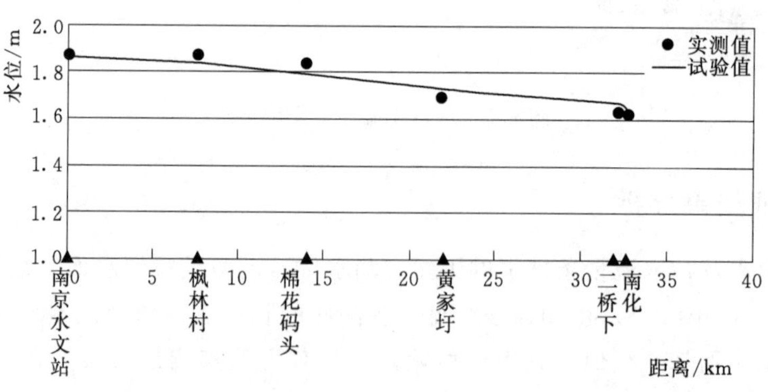

图 9.6　模型试验值与实测值水面线对比图（枯水）

模型对 2011 年枯水和中水断面流速分布进行了验证，图 9.9 和图 9.10 分别为验证对比情况。模型试验流速与天然实测流速误差不大于 0.10m/s。

图 9.11 和图 9.12 分别为枯水和中洪水局部流态图。

表 9.7 为模型河段中各汊道主汊分流比验证，从表中数据可以看出，在枯水和中水时模型试验结果与天然情况基本一致。

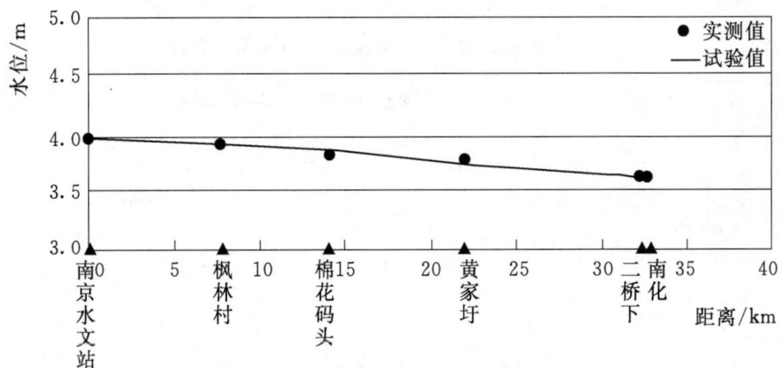

图 9.7　模型试验值与实测值水面线对比图（中水）

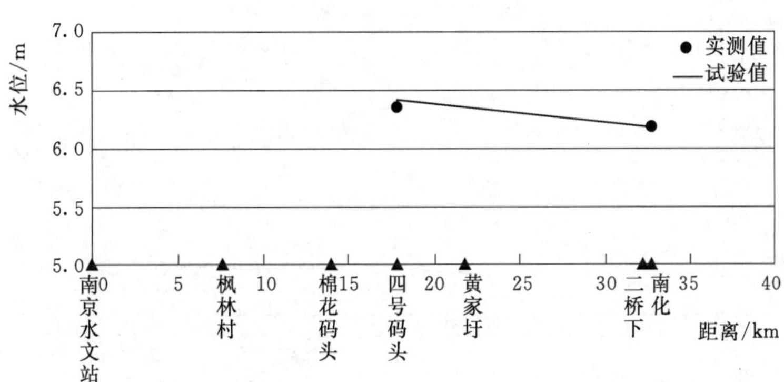

图 9.8　模型试验值与实测值水面线对比图（洪水）

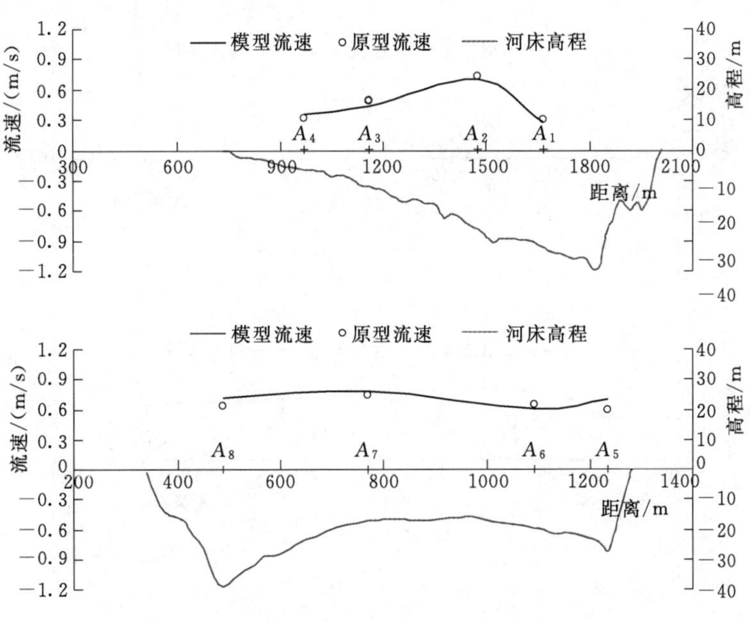

图 9.9（一）　断面流速实测值与试验值对比图（枯水）

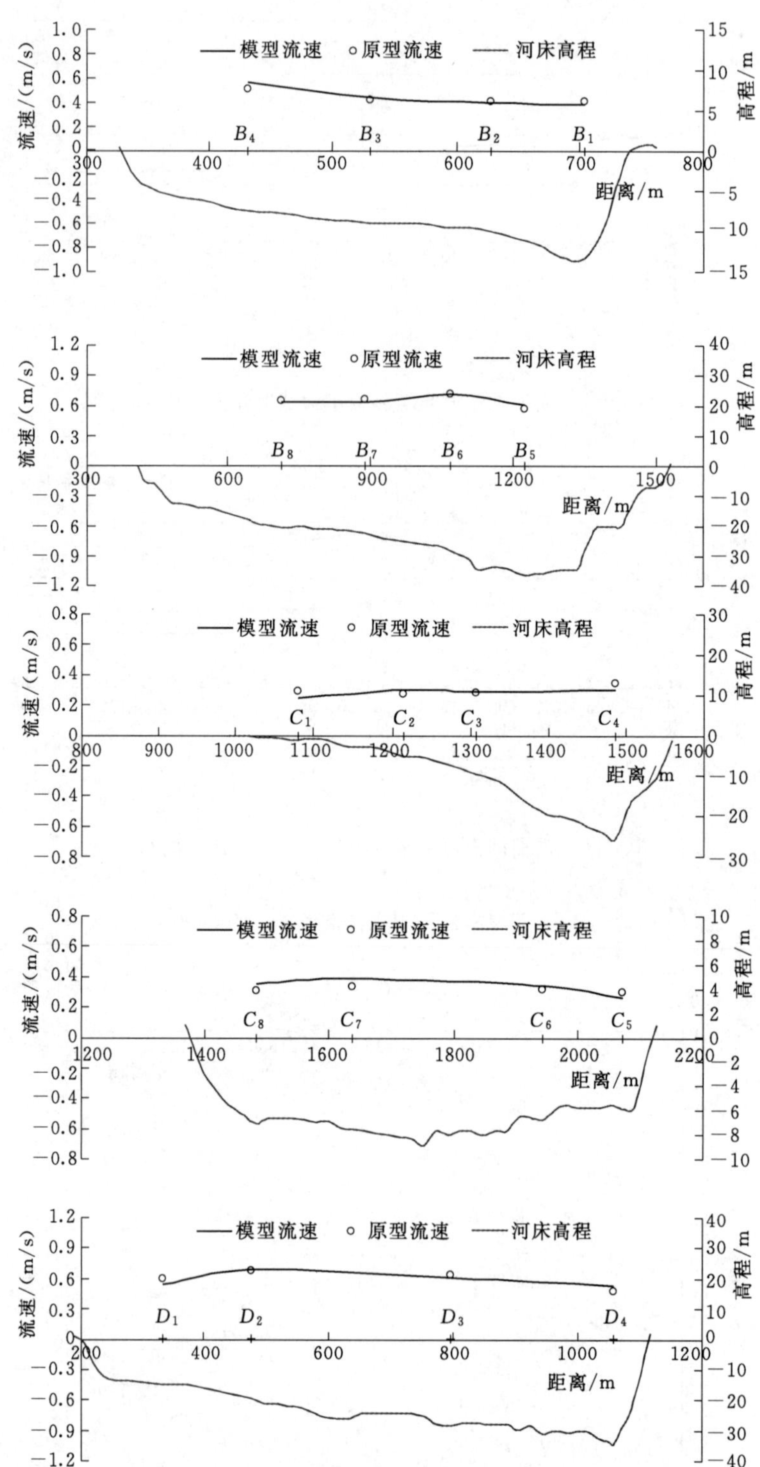

图 9.9（二） 断面流速实测值与试验值对比图（枯水）

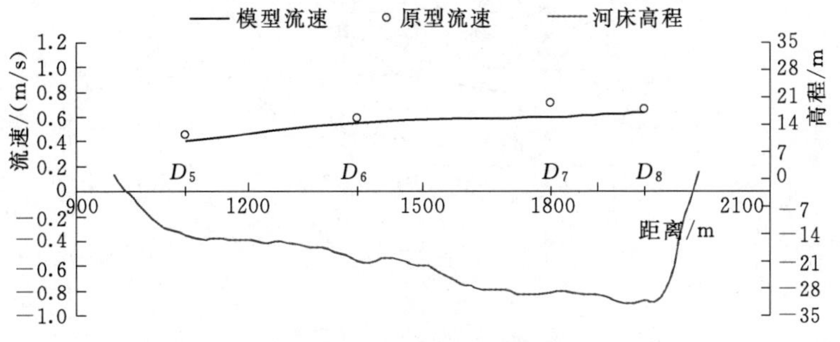

图 9.9（三） 断面流速实测值与试验值对比图（枯水）

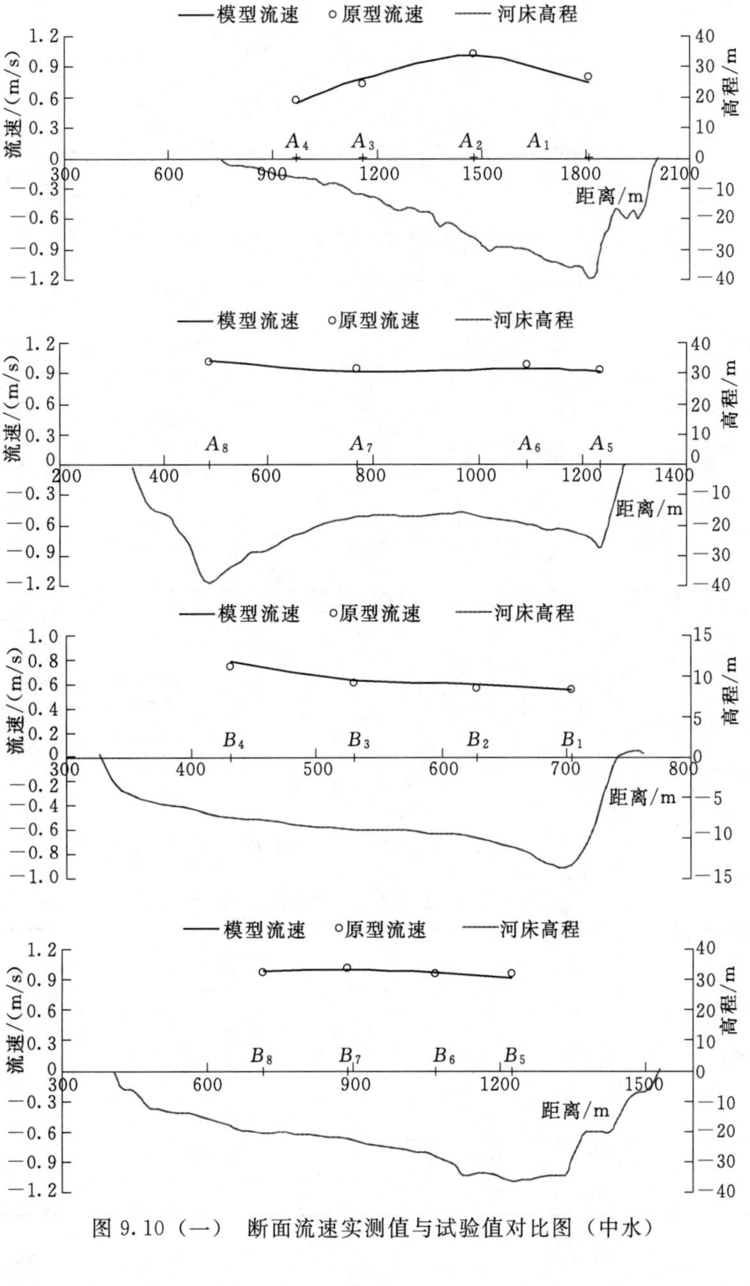

图 9.10（一） 断面流速实测值与试验值对比图（中水）

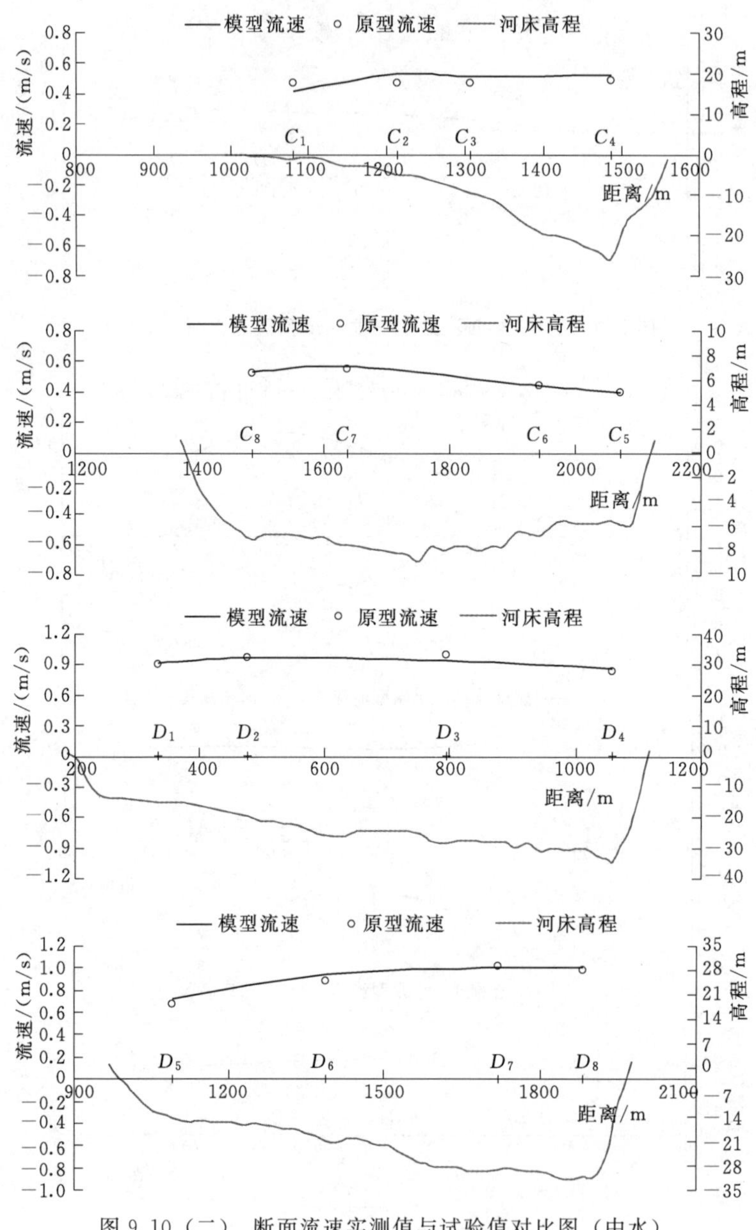

图 9.10（二） 断面流速实测值与试验值对比图（中水）

表 9.7　　模拟河段各汊道主汊分流比验证结果　　%

位　置	类型	枯水	中水
八卦洲右汊	原型	87.6	86.4
	模型	88.0	86.0
梅子洲左汊	原型	95.7	95.0
	模型	95.8	95.2
潜洲左汊	原型	88.6	88.4
	模型	88.6	88.0

图 9.11　枯水流态图

图 9.12　中洪水流态图

从水面线、流速和各汊道分流比验证结果来看，所建物理模型能够较好的反映天然河道的水动力特征。

9.5　不同控制方式试验研究

9.5.1　梯级过渡段流量控制方案设计

某一特定的河床形态是由该河床的水沙特征塑造而成。在梯级过渡段试验研究时，按照长江南京河段的流量特征，初步概化为 3 种流量，即枯水、中水和洪水流量（其中枯水与中水的流量差等于中水与洪水的流量差），按照枯水、中水、洪水、中水和枯水组合，图 9.13 为原型水流梯级组合图。按照比尺关系，把水流梯级组合图（图 9.13）转换到模型上（图 9.14）。

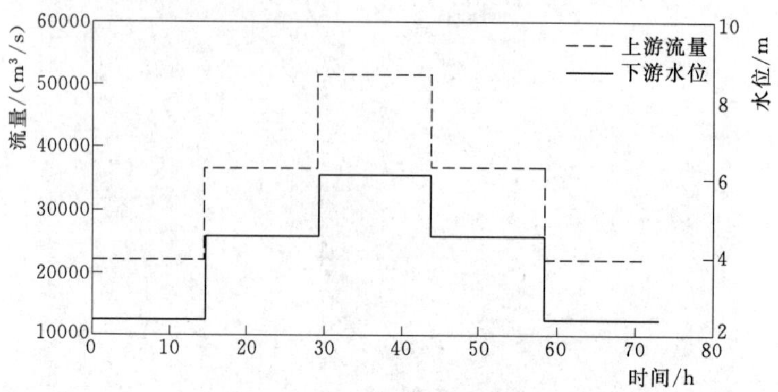

图 9.13 原型水流梯级组合图

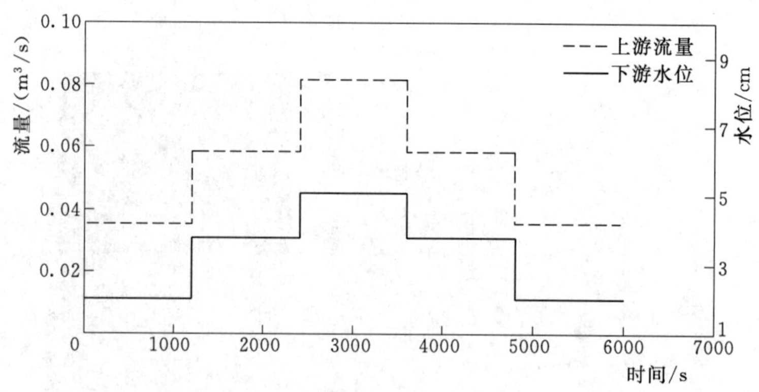

图 9.14 模型水流梯级组合图

为了进行连续试验，梯级过渡段通过人为处理连接起来，通常认为过渡段时间短、水流非恒定影响较小，本次试验设计三种方式处理梯级过渡段，研究过渡段的水流影响。

（1）上下游同步线性过渡，时间 2min（图 9.15）。

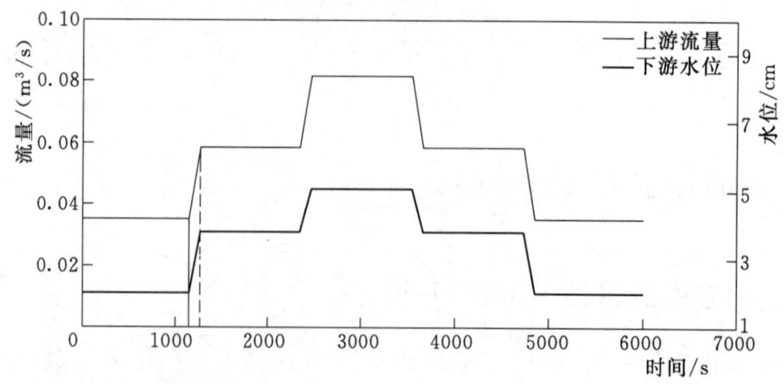

图 9.15 模型上下游边界控制过程线（2min）

（2）上下游同步线性过渡，时间 5min（图 9.16）。

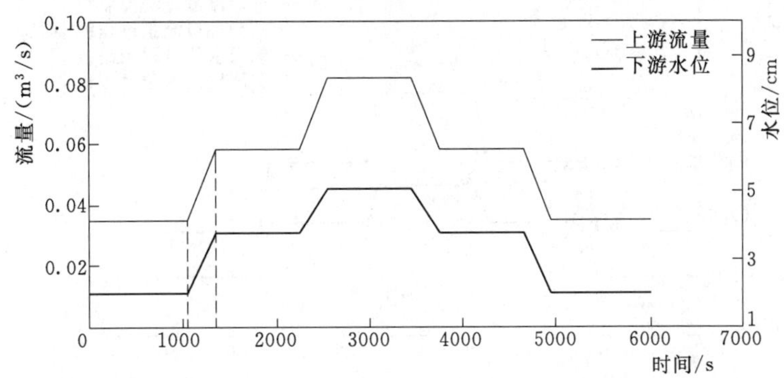

图 9.16　模型上下游边界控制过程线（5min）

（3）上下游开始和结束同步，中间非线性过渡（进口流量分两个阶段处理，$\left(\frac{\Delta q}{\Delta t}\right)_1 > \left(\frac{\Delta q}{\Delta t}\right)_2$；出口水位也分两个阶段处理，$\left(\frac{\Delta h}{\Delta t}\right)_{w1} < \left(\frac{\Delta h}{\Delta t}\right)_{w2}$，$\left(\frac{\Delta q}{\Delta t}\right)_1$ 所用时间小于 $\left(\frac{\Delta h}{\Delta t}\right)_{w1}$ 所用时间），总时间 5min（图 9.17）。

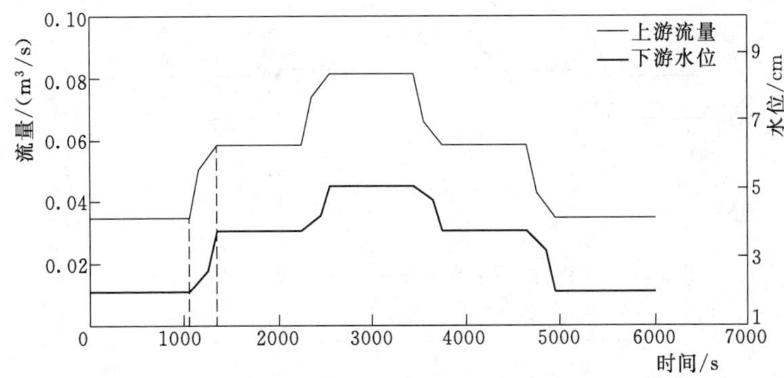

图 9.17　模型上下游边界控制过程线（5min 非线性）

9.5.2　不同控制方式对试验结果的影响

图 9.18～图 9.20 为模型试验边界控制和实测数据对比图，从图中可以看出：

（1）上游流量受到供水系统的直接影响，在 2～5min 过渡时实测数据基本能够吻合流量控制线；尾门边界由于受到上游来水的影响，线性 2min 过渡时，从枯水梯级到中水梯级过渡时，实际水位较难与控制水位一致，从中水梯级到洪水梯级过渡时，略有好转。

（2）在梯级反向过渡时，水位能较好的跟踪控制水位；线性 5min 过渡时，与线性 2min 过渡情况基本一致，略有好转。这两种情况下，高流量级之间的过渡时间短于低流量级之间的过渡。

（3）非线性 5min 过渡时，上游和下游边界实际水流基本能够满足控制过程，边界

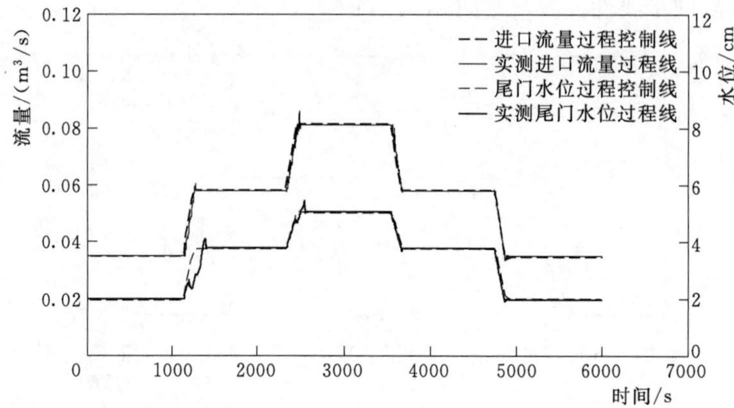

图 9.18 模型试验边界控制和实测数据对比图（2min）

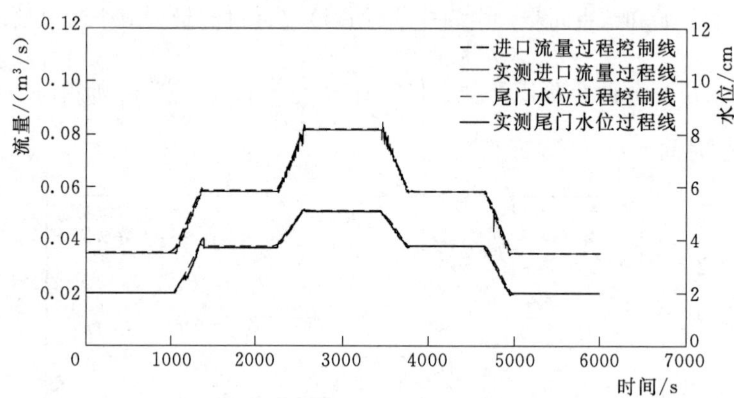

图 9.19 模型试验边界控制和实测数据对比图（5min）

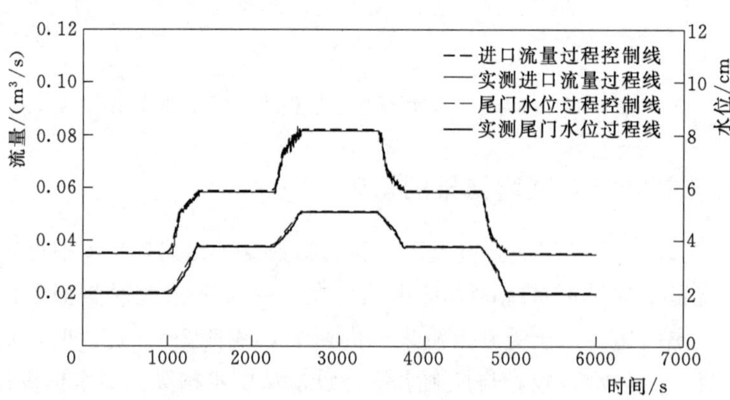

图 9.20 模型试验边界控制和实测数据对比图（5min 非线性）

上基本满足设定恒定时间段。

从尾门实际操作来看，在梯级流量过渡时，人为快速抬高尾门并不可以缩短过渡时间，如强制执行，还会造成水流的更大波动。通过过渡段非线性化处理，可以增加上下游边界恒定流的作用时间。

把 5 个梯级按照组合顺序分别称为 1、2、3、4、5 级水流（流量和水位）。表 9.8 为 5 级水流受过渡段影响各站水位特征统计表，表 9.9 为 5 级过渡段各站水位非恒定时间统计表。图 9.21～图 9.23 分别为三种对过渡段处理方式模型测量水位过程线图。从图、表可以看出：对于各站水位而言：2min 线性处理过渡段，水流在达到下一级水位时，水位波动幅度最大；5min 线性处理过渡段，水位波动次之；5min 非线性处理时，水位波动最小。

表 9.8　　5 级水流受过渡段影响水位特征统计表　　单位：cm

过渡段方案	站位	2 级			3 级			4 级			5 级		
		恒定	最高	最低	恒定	最高	最低	恒定	最高	最低	恒定	最高	最低
2min	南京水文站	4.45	4.98	4.15	5.92	6.77	5.54	4.45	4.89	3.66	2.61	3.12	1.56
	黄家圩	4.06	4.43	3.85	5.57	6.11	5.29	4.06	4.33	3.65	2.28	2.66	1.68
	二桥下	3.81	4.14	3.65	5.21	5.75	5.04	3.81	4.00	3.56	2.05	2.48	1.70
5min	南京水文站	4.45	4.88	4.21	5.92	6.24	5.82	4.45	4.62	4.23	2.61	2.85	2.22
	黄家圩	4.06	4.21	3.85	5.57	5.73	5.37	4.06	4.13	3.91	2.28	2.43	2.03
	二桥下	3.81	4.12	3.75	5.21	5.25	5.20	3.81	3.85	3.78	2.05	2.14	1.93
5min 非线性	南京水文站	4.45	4.87	4.32	5.92	6.15	5.86	4.45	4.58	4.25	2.61	2.78	2.34
	黄家圩	4.06	4.30	4.01	5.57	5.61	5.53	4.06	4.12	3.94	2.28	2.36	2.04
	二桥下	3.81	3.96	3.80	5.21	5.25	5.15	3.81	3.82	3.79	2.05	2.08	1.96

表 9.9　　5 级过渡段各站水位非恒定时间（s）

过渡段方案	站位	1～2 级	2～3 级	3～4 级	4～5 级
2min	南京水文站	590	550	569	710
	黄家圩	749	641	615	755
	二桥下	811	652	800	787
5min	南京水文站	763	623	580	873
	黄家圩	650	547	560	609
	二桥下	630	445	455	665
5min 非线性	南京水文站	649	615	501	829
	黄家圩	596	354	490	586
	二桥下	415	353	427	555

对于各水位站达到下一级恒定水位需要的时间而言：南京水文站水位受到进口流量的影响，2min 处理过渡段相对需要时间最少，但中、下游河段的水位达到恒定水位需要的时间最长；5min 非线性处理对于整体河段较易达到恒定水位，即缩短非恒定流时间。

3 种过渡方案数据分析：1 级水流过渡到 2 级水流达到恒定的时间大于 2 级到 3 级水流达到恒定的时间；而 3 级水流过渡到 4 级水流达到恒定的时间小于 4 级到 5 级水流

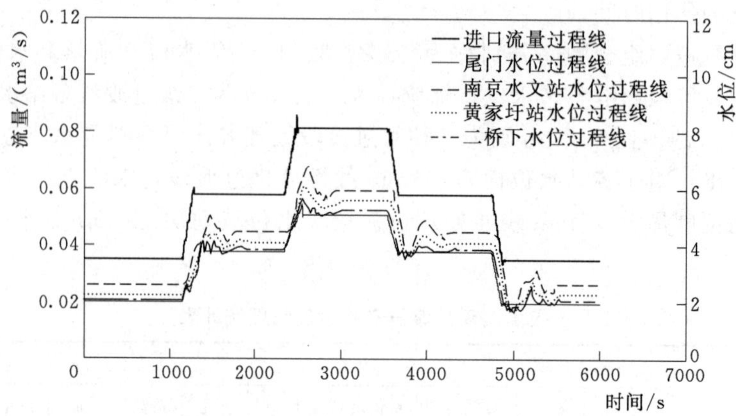

图 9.21　模型试验实测水位过程线图（2min）

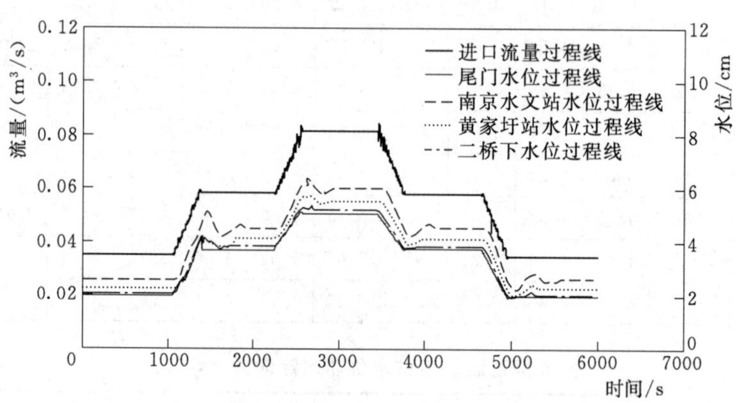

图 9.22　模型试验水位过程线图（5min）

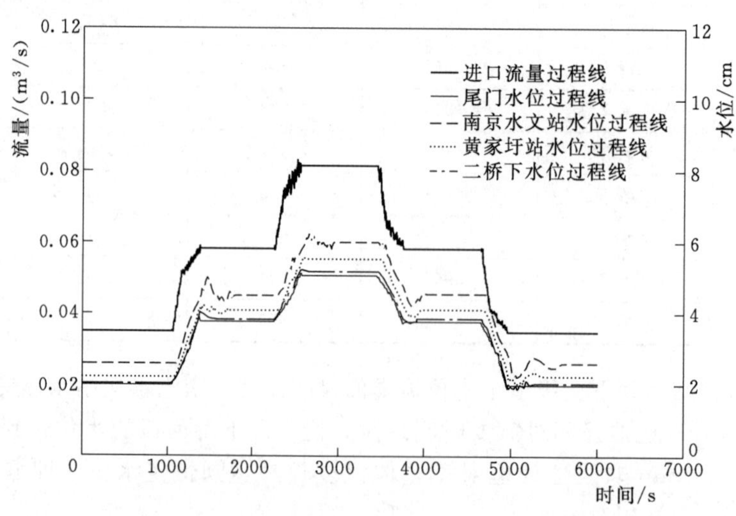

图 9.23　模型试验实测水位过程线图（5min 非线性）

达到恒定的时间，即小流量（低水位）到大流量（高水位）过渡或大流量（高水位）到小流量（低水位）水流过渡时，在相同变化量的情况下，相对大的流量之间的过渡比小的之间过渡时间短。

图 9.24～图 9.29 分别为三种处理过渡段方式时从河段上游到下游主河道布置的 A、B、D 断面的流速过程线和黄家圩水位站过程线对比图。从图中可以看出：过渡段边界控制为 2min 时，黄家圩水位波动较大，而过渡段边界控制为 5min 时相对较小，过渡段边界控制为 5min 非线性时，水位波动最小。从 5 条断面的流速过程线可以看出：

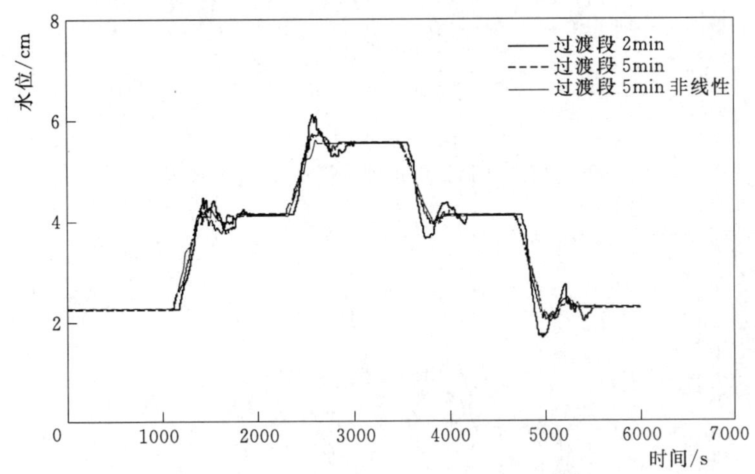

图 9.24　模型试验黄家圩站水位过程线图

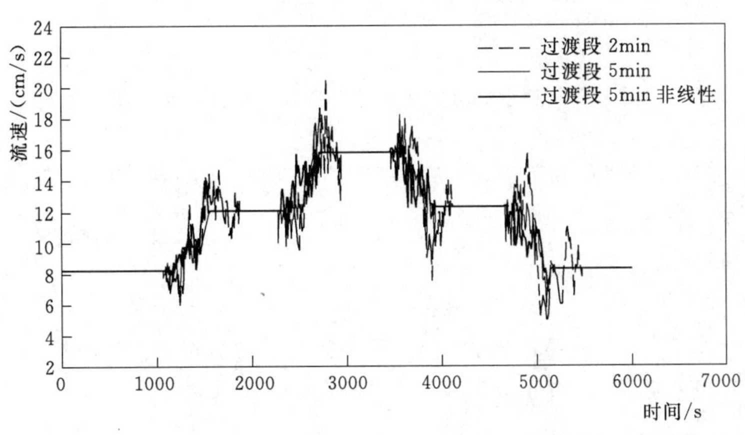

图 9.25　模型试验实测断面（A1－4）流速过程线图

（1）从小流量级过渡到大流量级时，水流流速主要表现为开始减小，然后逐渐增大，中间水流流速还会略有波动；从大流量级过渡到小流量级时，水流流速主要表现为开始增大，然后逐渐减小，再增大。河道中这几个断面水流流速引起的变化开始时主要是受尾门控制影响，越靠近尾门（D2－8）变化幅度越大。

（2）过渡段边界控制为 2min 时，各断面水流流速波动都大于过渡段边界控制为 5min 时的情况，过渡段边界控制为 5min 非线性时，水流流速波动最小。

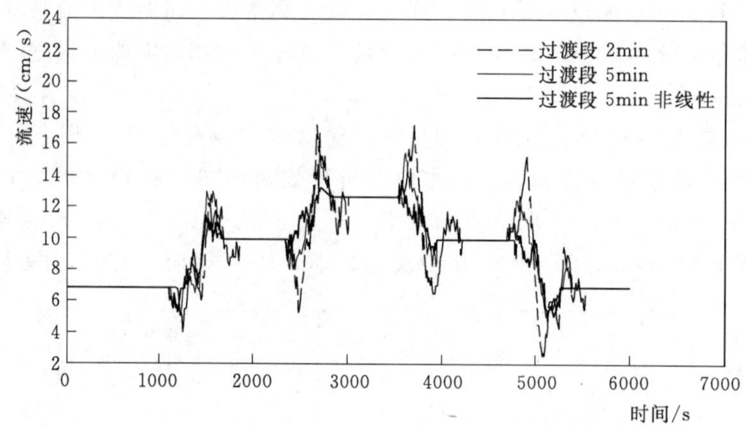

图 9.26　模型试验实测断面（A5-8）流速过程线图

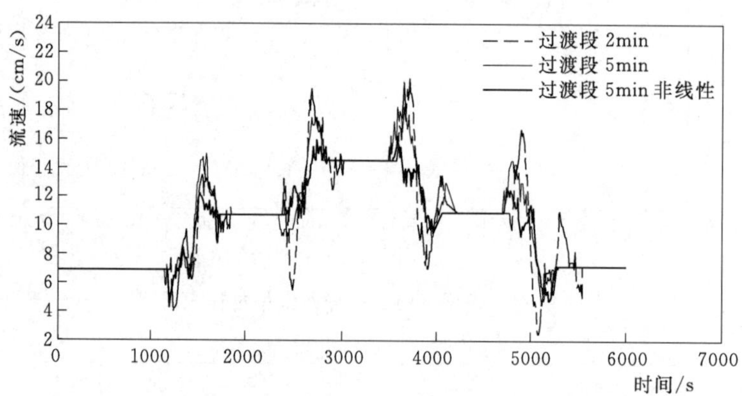

图 9.27　模型试验实测断面（B5-8）流速过程线图

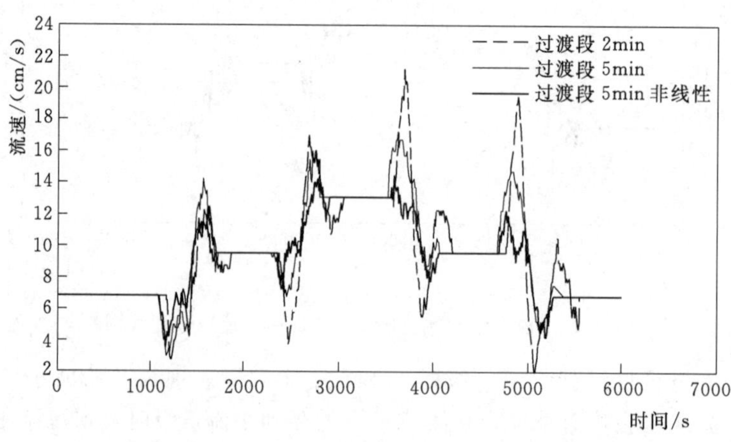

图 9.28　模型试验实测断面（D1-4）流速过程线图

（3）2min 处理过渡段时，尾门水位和进口流量变化快，形成的水面比降梯度大，水流反射的影响也大，还会增加尾门控制系统对水流的影响。5min 非线性处理过渡时，

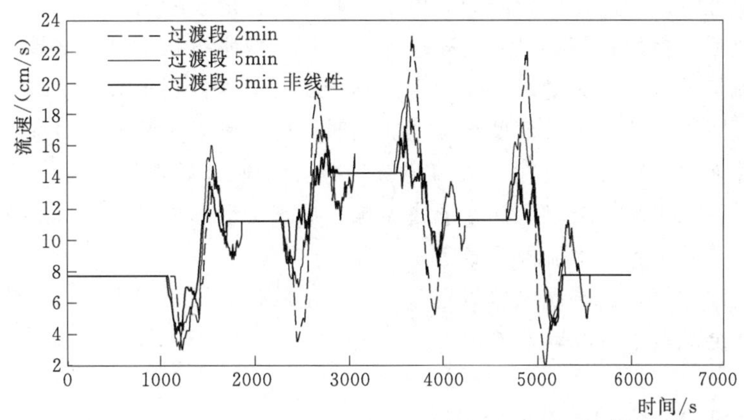

图 9.29 模型试验实测断面（D5-8）流速过程线图

尾门水位开始变化慢，上游流量开始变化快，减小倒比降和尾门的反射；过一段时间后，尾门水位变化快，上游流量变化慢，此时段为流量和水位相协调过程。在大流量过渡到小流量时，开始尾门降低，下游水位降低，而上游施放的流量在河道中此时仍然为大流量，河道中水面比降增加和过流断面减小，这样就引起了水流流速增大；当上游小流量进入河道后，由于流量与水位不匹配，水面比降小于各级恒定水流时的比降，水流流速迅速减小，由于惯性的作用，在流量和下游控制水位一致时，水面比降和水流速度不会立刻达到恒定，会有所滞后并慢慢调整到恒定。5min 非线性处理过渡时，尾门水位开始变化慢，上游流量开始变化快，减小比降和尾门的反射；过一段时间后，尾门水位变化快，上游流量变化慢，此时段为流量和水位相协调过程。

从流量梯级之间过渡段的水位和流速变化特征来看，河段自身的河床形态和水流特性基本决定了一级恒定流量到另一级恒定流量的过渡段时间（非恒定流时间），虽然在试验时，可以通过边界上进口供水系统与尾门控制系统的调整和过渡段流量的处理来减小非恒定流时间，但河段内部水流达到下一级流量仍然要经过一定的时间。有时由于人为缩短边界控制时间还会导致水流波动加大，而使得非恒定时间延长。

进行泥沙物理模型试验时，为了减小时间变态的影响，就要缩短非恒定流时间，非恒定流主要是在水沙梯级概化后，进行连续试验时梯级流量之间的过渡段引起的。从模型试验结果可以看出，过渡段的影响不是强制缩短过渡段时间就能够实现的，两级恒定流量梯级过渡时间与河床形态、河道尺度、概化的梯级流量、梯级流量之间的差值、开始设定的过渡时间和控制系统等有关。试验表明，按照常规采用流量线性过渡设定的过渡时间，对于特定的两级流量而言，要达到下一级恒定流量同时避免水流出现强烈的波动，就要寻找最佳的非恒定流过渡时段，过渡段边界控制时间具有一临界值（T_{gl}），当设定值小于临界值时，水流波动会加大，河道内的非恒定过渡时间可能延长。

梯级过渡时间是人为控制引起的，并不受河床冲淤时间比尺控制，并不存在变率越大、非恒定时间越长的问题，在特定模型、水沙梯级过程和控制系统的条件下，过渡段非恒定流的时间基本确定。时间变率越大，总水流时间缩短，即恒定流时间变短，与邵学军等人的研究结果相同，而相应的非恒定流时间所占的比例增大。

梯级概化后，把两相邻梯级人为连接起来，连续放水进行试验，结果表明：对于水位而言，小流量过渡到大流量级时模型水位不能及时上涨，到了大流量级时还会产生尖峰；大流量过渡到小流量级时模型水位不能及时回落，到了小流量级时又会产生深谷。

对于流速而言，小流量过渡到大流量级时模型流速开始形成深谷，后又会产生尖峰；大流量过渡到小流量级时，开始形成尖峰，后来又会形成深谷，可能在过渡段内会产生二次尖峰深谷现象，水流极不稳定。

过渡段时间越短，这些现象越明显，对于一定的过渡段时间内，通过流量水位控制线适当处理，会减弱水流波动现象。

9.6 减小过渡段影响措施

模型进行连续试验时，如把过渡段时间计入模型试验时间，需要考虑过渡段如何占用两级水流问题。图 9.30 为两级水流之间过渡段时间损失示意图。由于河床变形是水流和泥沙作用的结果，水流流速是判断作用强度的指标之一，在不引起河床突变前提下，水流作用按照冲量相当考虑，过渡段两级水流时间比例确定采用下列公式：

$$V_a T_a + V_b T_b = \int_{T_0}^{T_0+T_{01}} V(t)\mathrm{d}t + \int_{T_0+T_{01}}^{T_0+T} V(t)\mathrm{d}t \tag{9.5}$$

式中：T 为过渡段时间，$T=T_a+T_b$；T_b、T_a 分别为过渡段占 b 和 a 级水流作用时间；T_0 为 a 级水流已作用时间；T_{01} 为等效临界时间；$V(t)$ 为过渡段非恒定流速；V_a、V_b 分别为 a 和 b 级水流的流速。

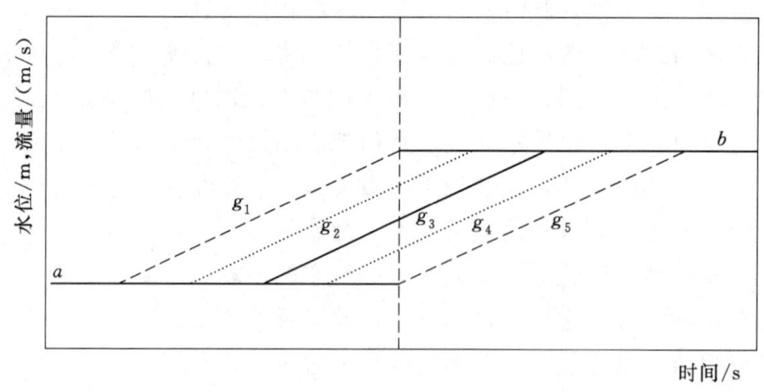

图 9.30　两级水流之间不同过渡段时间损失示意图

由式（9.5）可以简化为下式：

$$\frac{T_a}{T_b} = \frac{V_b - \overline{V}_{T_{01}\sim T}(t)}{\overline{V}_{T_0\sim T_{01}}(t) - V_a} \tag{9.6}$$

通过水流试验，得到过渡段非恒定的流速过程，再确定临界时间，计算平均流速 $\overline{V}_{T_{01}\sim T}(t)$ 和 $\overline{V}_{T_0\sim T_{01}}(t)$，然后按照式（9.6）计算可得到具体 T_a、T_b。

按照本次概化的梯级水流模型试验结果，得到试验的过渡段梯级所占时间比例 T_a/

$T_b \approx 4$，即过渡段在小流量级的部分为全段的 4/5。

图 9.31 为非线性处理过渡段示意图。对于从小流量过渡到大流量和大流量过渡到小流量时，流量 A、B 点和水位 C、D 点时间和数值都需要通过试验确定，这几个点的时间和数值是根据控制系统条件和试验河段水流变化特征确定的。首先要防止尾门出现摆动带来的水体波动。对于 A 和 C 点主要是避免上游流速过大，下游流速过小；对于 B 和 D 点主要是避免河道内流速过大。

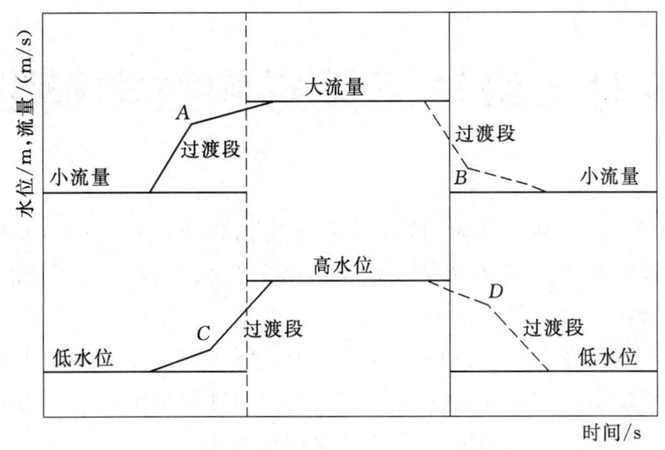

图 9.31　非线性处理过渡段示意图

通过梯级过渡段合理的优化，可以使模型试验中非恒定流时间有所缩短，有效减轻水流流速和水位出现剧烈的波动。

第 10 章

槽蓄量对梯级过渡段影响数学模型研究

水流数学模型是针对某一具体问题，按一定方法将描述水流运动基本方程式进行数值离散并求解，来复演天然水流特征。数学模型的最大优点是易于进行多种状态的比较，可以大大地节省人力、物力和时间[94-96]。

梯级过渡段水流是在泥沙物理模型试验时为了解决时间变态问题出现的一种概化水流。本章数学模型模拟的对象是通过比尺缩放后的物理模型河段。考虑到水量守恒、动边界处理等问题[97-101]，采用 MIKE21FM 模块进行模拟。

10.1 平面二维水流数学模型

10.1.1 基本方程

在笛卡尔坐标系下，采用 Boussineq 假定、静压假定和刚盖假定，水流基本运动的 Navier - Stokes 方程可简化为沿水深平均的平面二维浅水方程[102-107]：

$$\frac{\partial U}{\partial t}+\nabla F(U)=\frac{\partial U}{\partial t}+\frac{\partial E(U)}{\partial x}+\frac{\partial G(U)}{\partial y}=S(U) \tag{10.1}$$

其中 $U=\begin{bmatrix} h \\ hu \\ hv \end{bmatrix}$，$E=\begin{bmatrix} hu \\ hu^2+\dfrac{gh^2}{2} \\ huv \end{bmatrix}$，$G=\begin{bmatrix} hv \\ huv \\ hv^2+\dfrac{gh^2}{2} \end{bmatrix}$，$S=\begin{bmatrix} 0 \\ gh(S_{ox}-S_{fx}) \\ gh(S_{oy}-S_{fy}) \end{bmatrix}$，$F=E\vec{i}+G\vec{j}$，

$S_{fx}=\dfrac{n^2u\sqrt{u^2+v^2}}{h^{\frac{4}{3}}}$，$S_{fy}=\dfrac{n^2v\sqrt{u^2+v^2}}{h^{\frac{4}{3}}}$

式中：h 为水深；u、v 分别为 x、y 方向流速；S_{ox}、S_{oy} 分别 x、y 方向底坡；S_{fx}、S_{fy} 分别为 x、y 方向摩阻坡降；n 为曼宁粗糙系数。

10.1.2 方程离散求解

采用有限体积法对方程进行离散，离散示意图见图 10.1。

对控制体积分方程（10.1），应用 Gauss - Green 公式，化为沿其周界的线积

分，得：

$$\int_{\Omega}\frac{\partial U}{\partial t}\mathrm{d}\Omega=\int_{s}(En_x+Gn_y)\mathrm{d}s+\int_{\Omega}S\mathrm{d}\Omega \tag{10.2}$$

对于 m 边凸多边形，式（10.2）等号右边第一项可离散成 m 项之和，在数值上等于被积函数在控制体各边上的法向值与该边长度的乘积，即

$$\int_{\Omega}\frac{\partial U}{\partial t}\mathrm{d}\Omega=\sum_{i=1}^{m}(E_n^i+G_n^i)L^i+\int_{\Omega}S\mathrm{d}\Omega \tag{10.3}$$

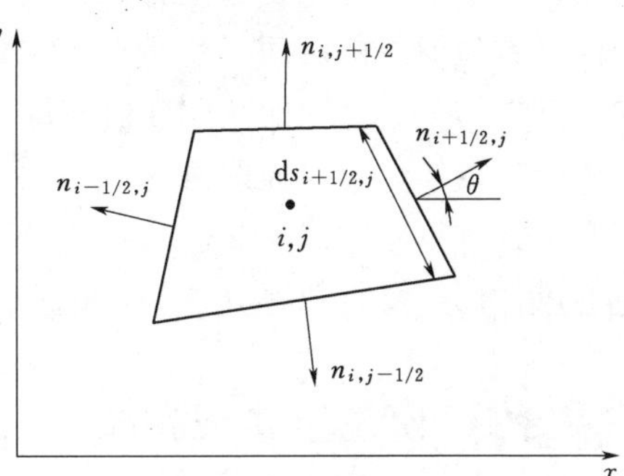

图 10.1　单元有限体积离散示意图

假定水力要素在各控制体内均匀分布，式（10.3）可以写成以下的离散形式：

$$A\frac{\partial U}{\partial t}=\sum_{i=1}^{m}(E_n^i+G_n^i)L^i+AS \tag{10.4}$$

由式（10.4）可知，只需知道边长及其方向，易用于无结构网格。

可利用欧拉方程的旋转不变性，使计算过程十分类似于一维问题：

$$F_n(U)=E(U)\cos\theta+G(U)\sin\theta \tag{10.5}$$

式中：$F_n(U)$ 为 $E(U)$ 和 $G(U)$ 投影到法向的通量。

式（10.5）写成：

$$A\frac{\partial U}{\partial t}=\sum_{i=1}^{m}F_n^i(U)L^i+AS \tag{10.6}$$

由于 $E(U)$ 与 $G(U)$ 的旋转不变性，因此 $E(U)$ 与 $G(U)$ 在法向上的投影，可以转换为先投影 U 到法向上，即满足关系：

$$T(\theta)F_n(U)=F[T(\theta)U]=F(\overline{U})\text{或 }F_n(U)=T^{-1}(\theta)F(\overline{U}) \tag{10.7}$$

旋转矩阵 $T(\theta)$ 和旋转逆矩阵 $T^{-1}(\theta)$ 分别为

$$T(\theta)=\begin{bmatrix}1 & 0 & 0\\ 0 & \cos\theta & \sin\theta\\ 0 & -\sin\theta & \cos\theta\end{bmatrix} \tag{10.8}$$

$$T^{-1}(\theta)=\begin{bmatrix}1 & 0 & 0\\ 0 & \cos\theta & -\sin\theta\\ 0 & \sin\theta & \cos\theta\end{bmatrix} \tag{10.9}$$

把式（10.7）代入式（10.6）中，便得无结构网格有限体积离散的基本方程：

$$A\frac{\partial U}{\partial t}=\sum_{i=1}^{m}T^{-1}(\theta)F(\overline{U})^iL^i+AS \tag{10.10}$$

常用形式的 FVM 方程为

$$A(U^{n+1}-U^n)=\Delta t\left[\sum_{i=1}^{m}T^{-1}(\theta)F(\overline{U})^iL^i+AS\right] \tag{10.11}$$

式（10.11）左边表示控制体内守恒变量在 Δt 内的变化，右边第一项表示沿第 i 边法向输出的平均通量乘以相应边长，第二项表示控制体内源项（入流及外力）在 Δt 内的作用；这反映了守恒物理量的守恒原理：守恒物理量在控制体内随时间的变化量等于各边法向数值通量的时间变化量和源项的时间变化量。二维问题的求解转化为沿 m 边法向分别求解一维问题的法向数值通量，并进行相应投影。

由于控制体单元界面两侧的 U 或 $\overline{U}$ 值可能不同，即存在 U 或 $\overline{U}$ 值不连续的现象，就存在估计计算单元边界法向通量 $F(\overline{U})$ 的问题。估算法向通量采用基于特征理论并具有逆风性的黎曼近似解（Osher 格式）。

10.2 模型建立与验证

10.2.1 模型建立

为了研究不同槽蓄量对梯级水流过渡段的影响，分别建立了 5 个模型，模型按照物理模型的几何比尺缩放。其中 1# 、2# 模型的地形、河道范围与第 9 章物理模型相同，2# 模型在八卦洲左汊道进口和出口设置两条坝，减小槽蓄量；3# 、4# 和 5# 模型在 1# 、2# 模型的基础上上延，模型上延地形采用 2008 年的实测地形。5 个数学模型的上下游控制边界方式相同，上游为流量，下游为水位。模型计算范围和地形概化见图 10.2。模型采用三角形无结构网格，图 10.3 为 1# 模型计算网格。各数学模型的基本参数见表 10.1。

表 10.1　　1# ～5# 数学模型基本参数

<table>
<tr><th rowspan="2">模型</th><th colspan="2">河段长度</th><th colspan="2">0m 以下槽蓄量</th><th colspan="3">计算单元</th><th rowspan="2">计算节点数
/个</th></tr>
<tr><th>原型
/km</th><th>模型
/m</th><th>原型
/$10^8 m^3$</th><th>模型
/m^3</th><th>数
/个</th><th>最小面积
/m^2</th><th>最大面积
/m^2</th></tr>
<tr><td>1#</td><td>43</td><td>89.6</td><td>0.216</td><td>34.22</td><td>4283</td><td rowspan="5">0.032</td><td rowspan="2">0.337</td><td rowspan="2">2568</td></tr>
<tr><td>2#</td><td>43</td><td>89.6</td><td>0.190</td><td>30.05</td><td>4283</td></tr>
<tr><td>3#</td><td>64.5</td><td>134.4</td><td>0.341</td><td>54.10</td><td>6351</td><td rowspan="3">0.399</td><td>3722</td></tr>
<tr><td>4#</td><td>86</td><td>179.2</td><td>0.461</td><td>73.09</td><td>9575</td><td>5511</td></tr>
<tr><td>5#</td><td>129</td><td>268.8</td><td>0.586</td><td>92.92</td><td>11676</td><td>6702</td></tr>
</table>

10.2.2 模型参数选取与验证

验证资料采用 2011 年 5 月 13 日（枯水）、2011 年 9 月 28 日（中水）和 2007 年 8 月 8 日（洪水）的水位、流速。验证点位置见图 9.5。

10.2.2.1 模型的参数

模型的参数是通过验证 1# 模型而确定的。

模型时间步长为 0.005s。紊动黏滞系数为 0.002。底摩阻系数 $c_f=\frac{g}{C^2}$，C 谢才系数

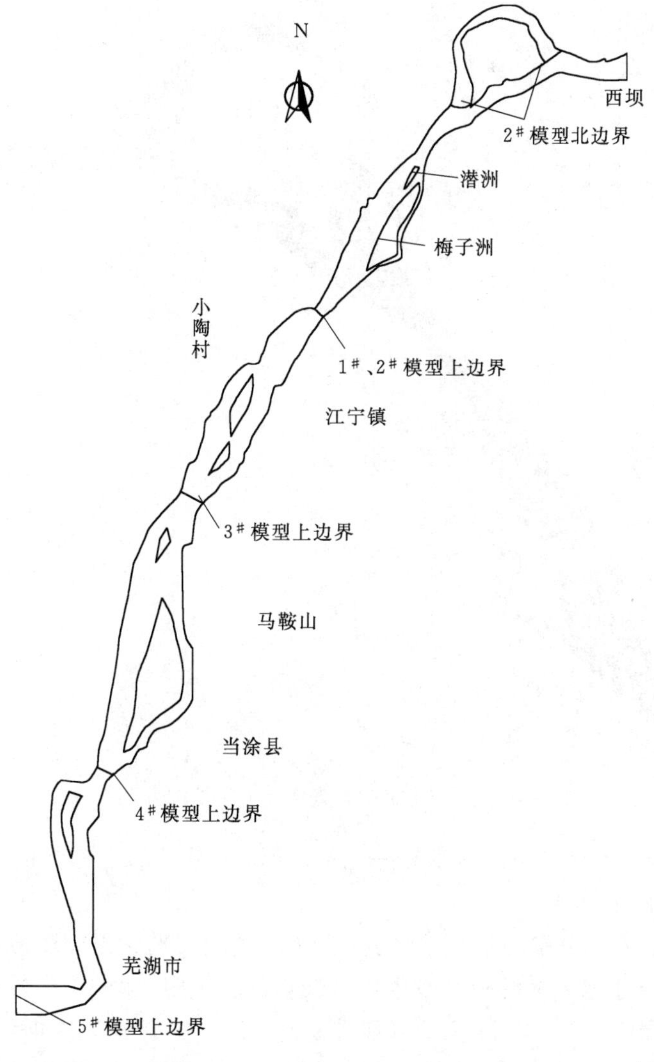

图 10.2　数学模型范围示意图

取 50。模型动边界采用干湿动边界法，干边界 0.001，半干半湿边界 0.005，湿边界 0.01。

10.2.2.2　模型定解条件

初始条件：

$$u(t,x,y)\big|_{t=t_0}=u_0(x,y)$$

$$v(t,x,y)\big|_{t=t_0}=v_0(x,y)$$

$$\zeta(t,x,y)\big|_{t=t_0}=\zeta_0(x,y)$$

式中：u_0、v_0、ζ_0 分别为初始流速、水位，通常取常数；t_0 为起始计算时间。

边界条件：

模型下游边界采用水位过程控制：$\zeta|_{\Gamma_0}=\zeta(t,x,y)$，上游边界给定流量过程。

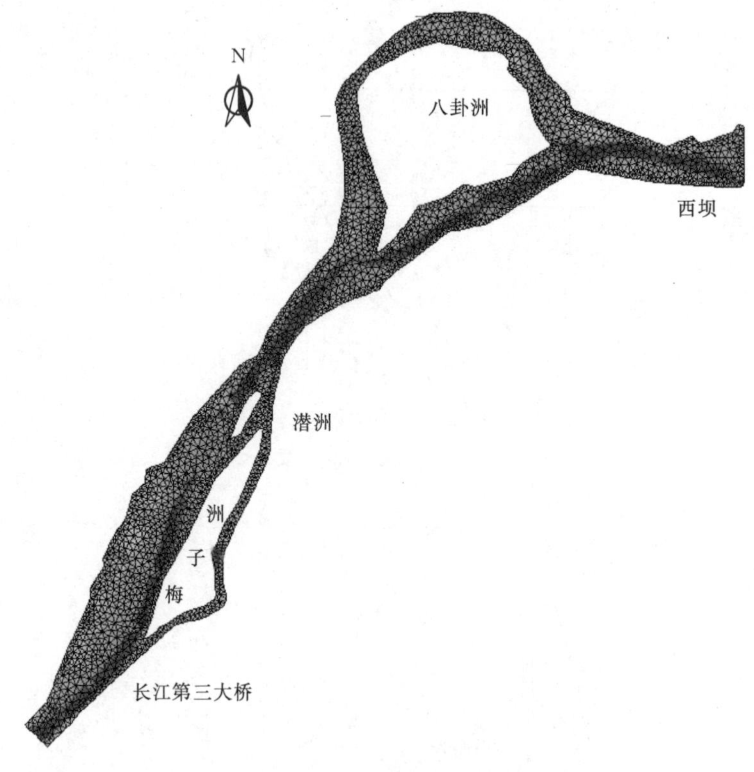

图 10.3 1# 模型计算网格

闭边界 Γ_c 采用不可入条件，即 $V_n=0$，法向流速为 0，n 为边界的外法向。

10.2.2.3 模型验证结果

图 10.4～图 10.6 分别为枯水、中水和洪水水面比降验证图。图 10.7 和图 10.8 分别为枯水和中水断面流速实测值和数学模型计算值验证图。图 10.9 为枯水、中水和洪水流态图。从图中可以看出，水面比降线和断面上测点流速实测值和模型计算值吻合较好，流态没有突变和发散现象，说明所建数学模型能够反映南京河段的水流特征，并具有研究槽蓄量对梯级水流影响的条件。

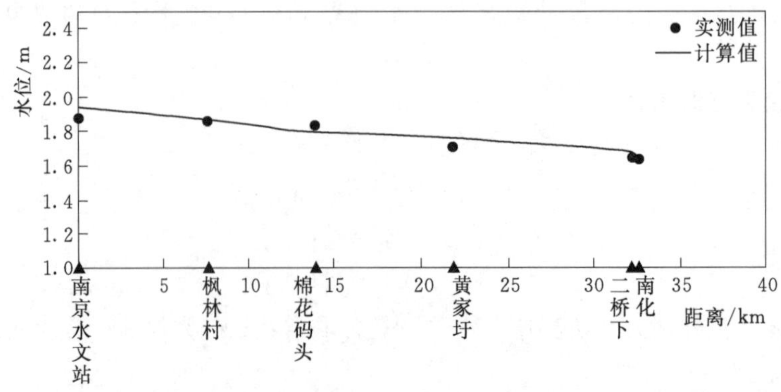

图 10.4 枯水水位数学模型验证

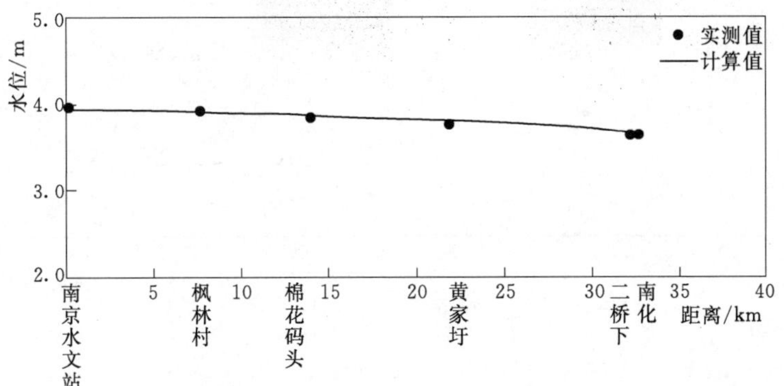

图 10.5　中水水位数学模型验证

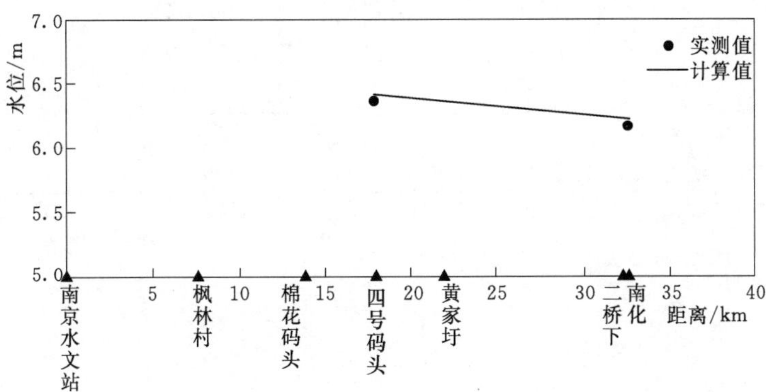

图 10.6　洪水水位数学模型验证

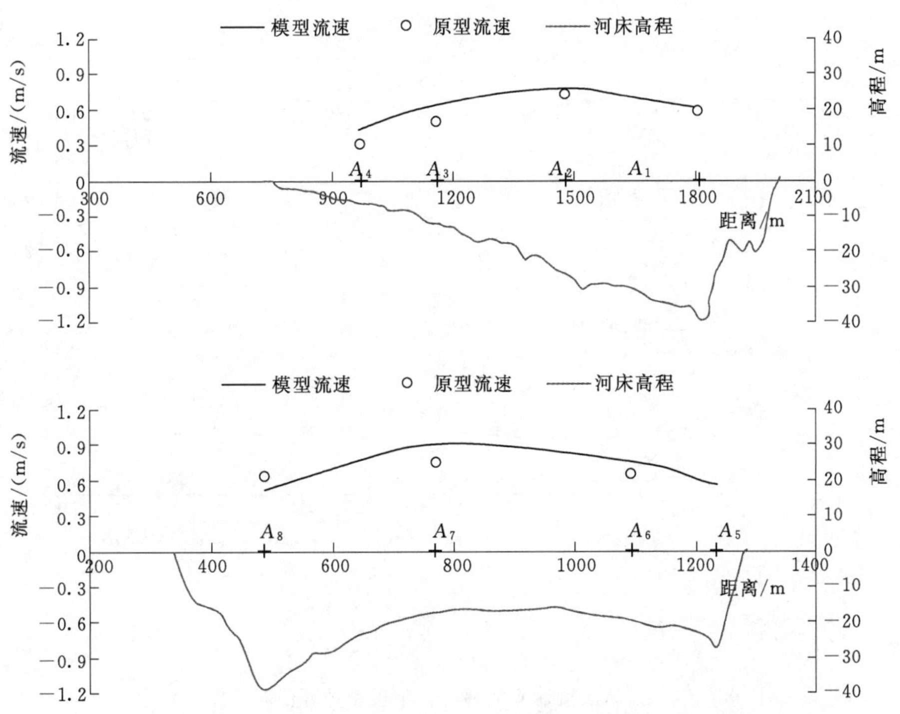

图 10.7（一）　断面流速实测值与数学模型计算值对比图（枯水）

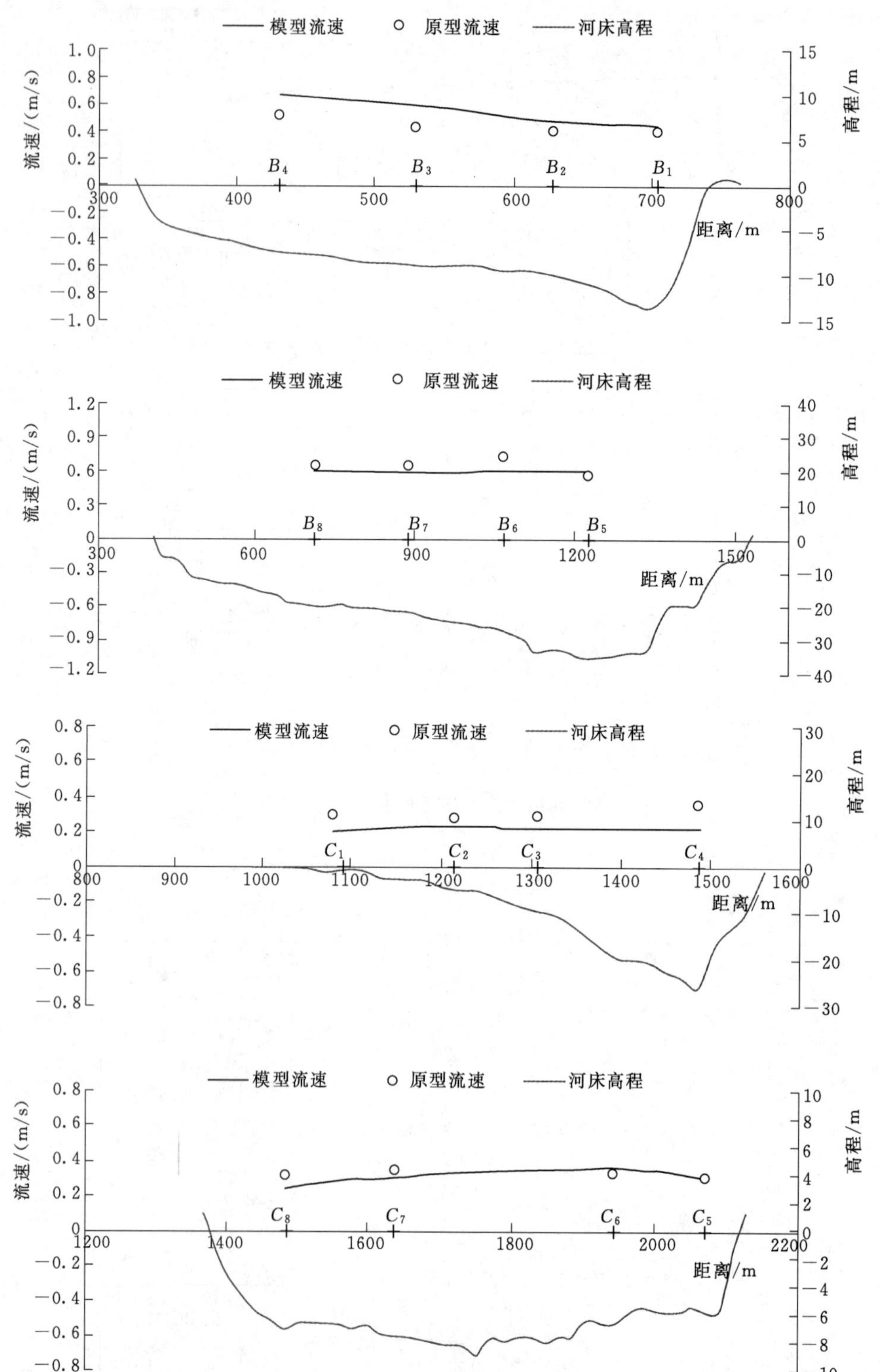

图 10.7（二） 断面流速实测值与数学模型计算值对比图（枯水）

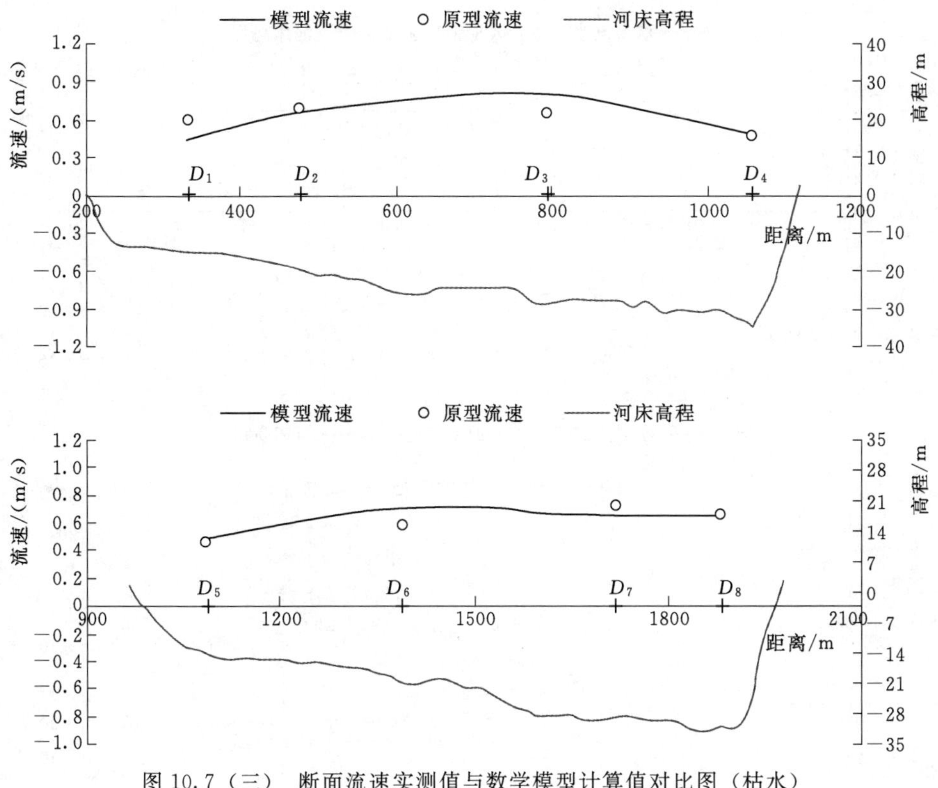

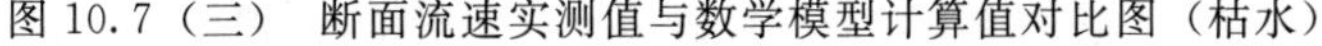

图 10.7（三） 断面流速实测值与数学模型计算值对比图（枯水）

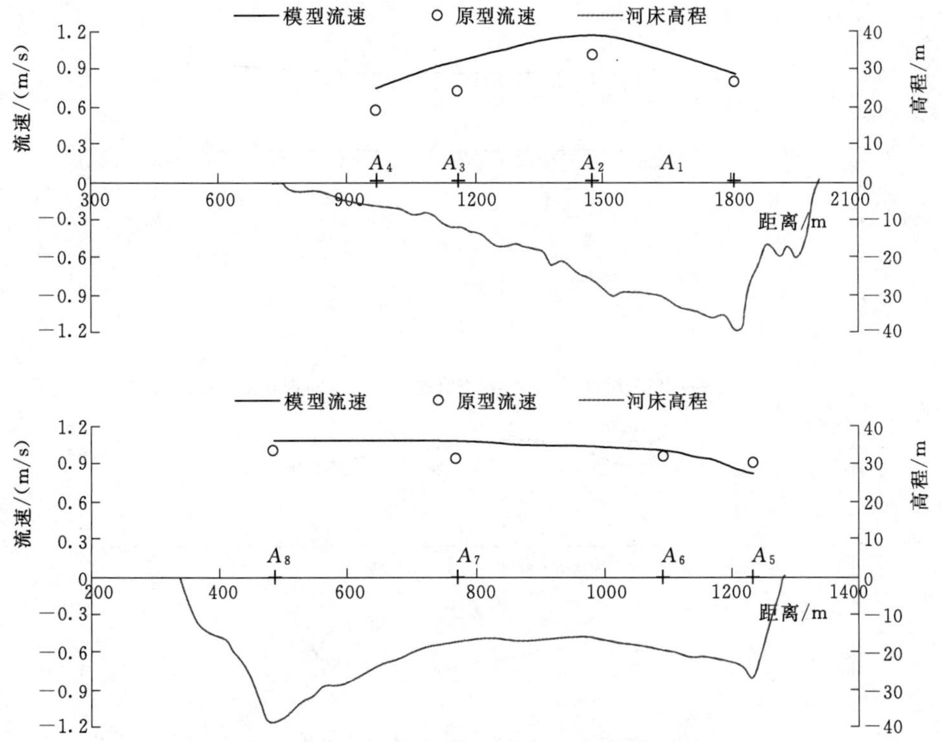

图 10.8（一） 断面流速实测值与数学模型计算值对比图（中水）

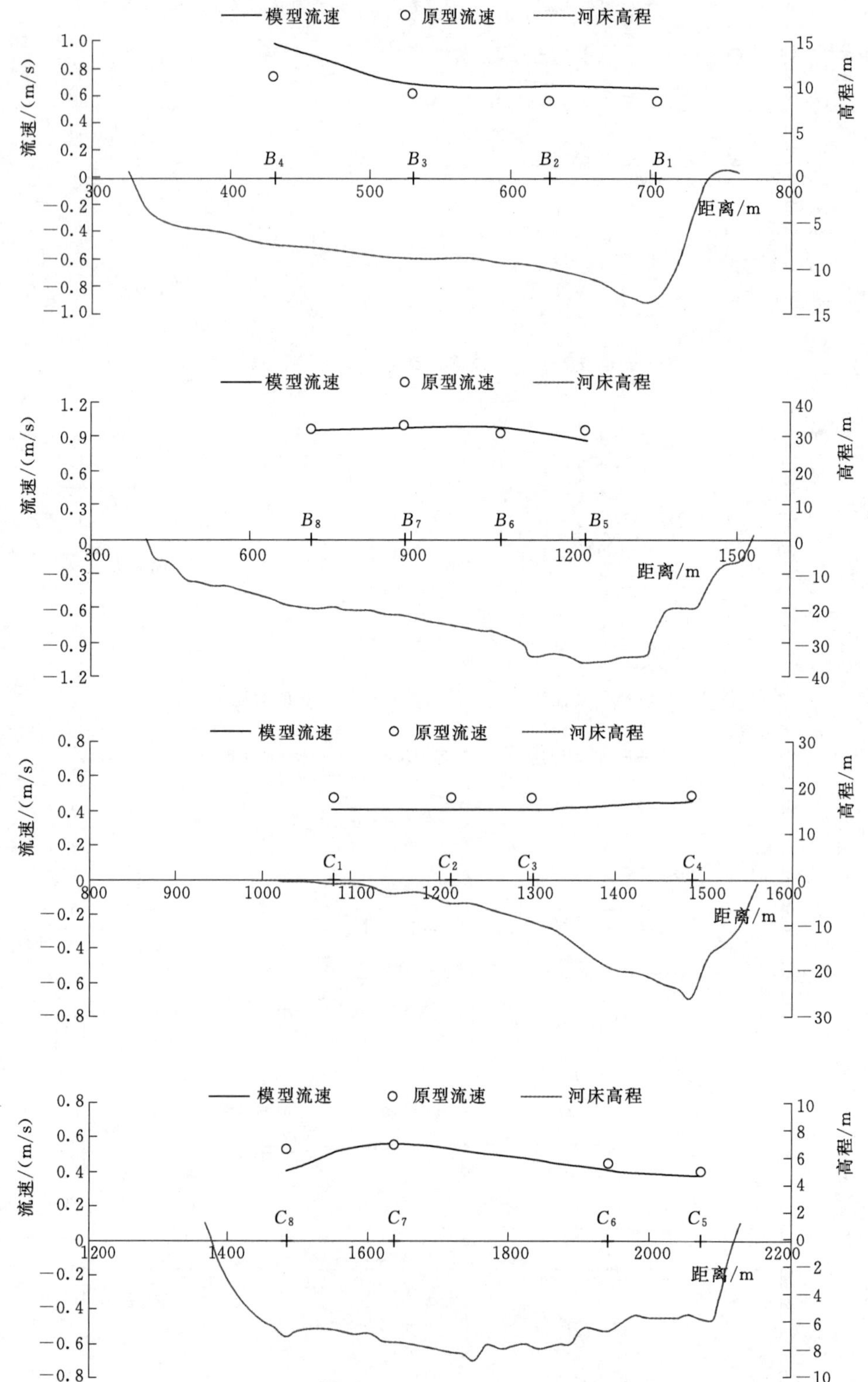

图 10.8（二） 断面流速实测值与数学模型计算值对比图（中水）

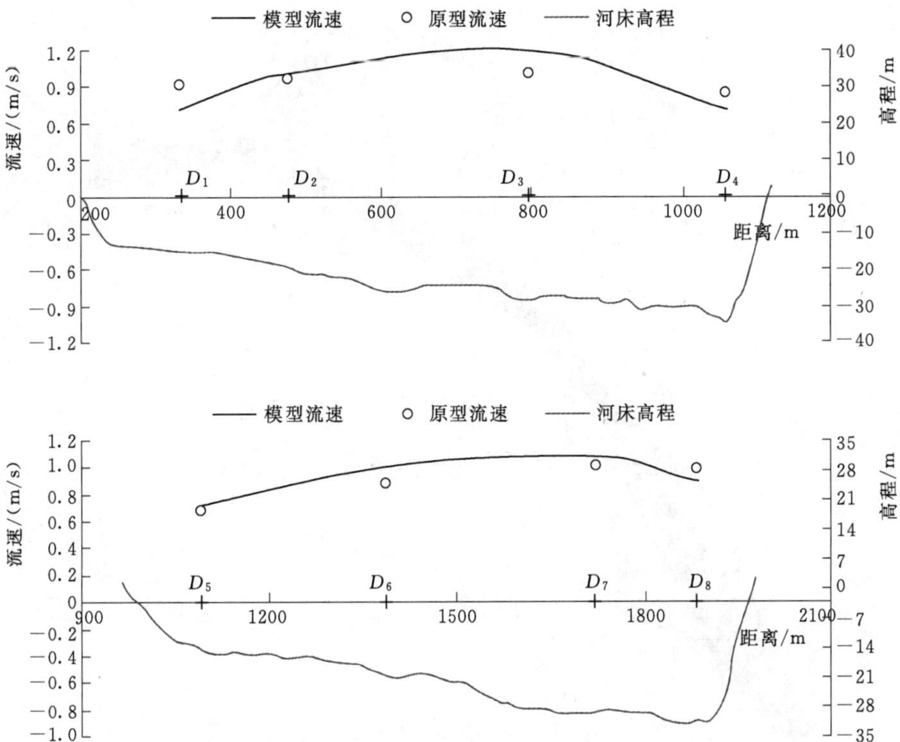

图 10.8（三） 断面流速实测值与数学模型计算值对比图（中水）

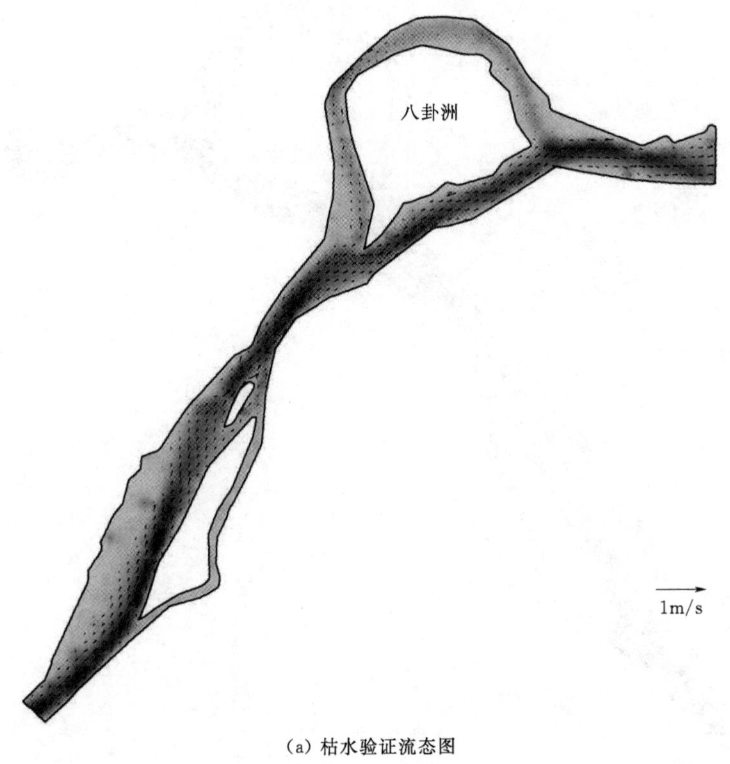

(a) 枯水验证流态图

图 10.9（一） 流态图

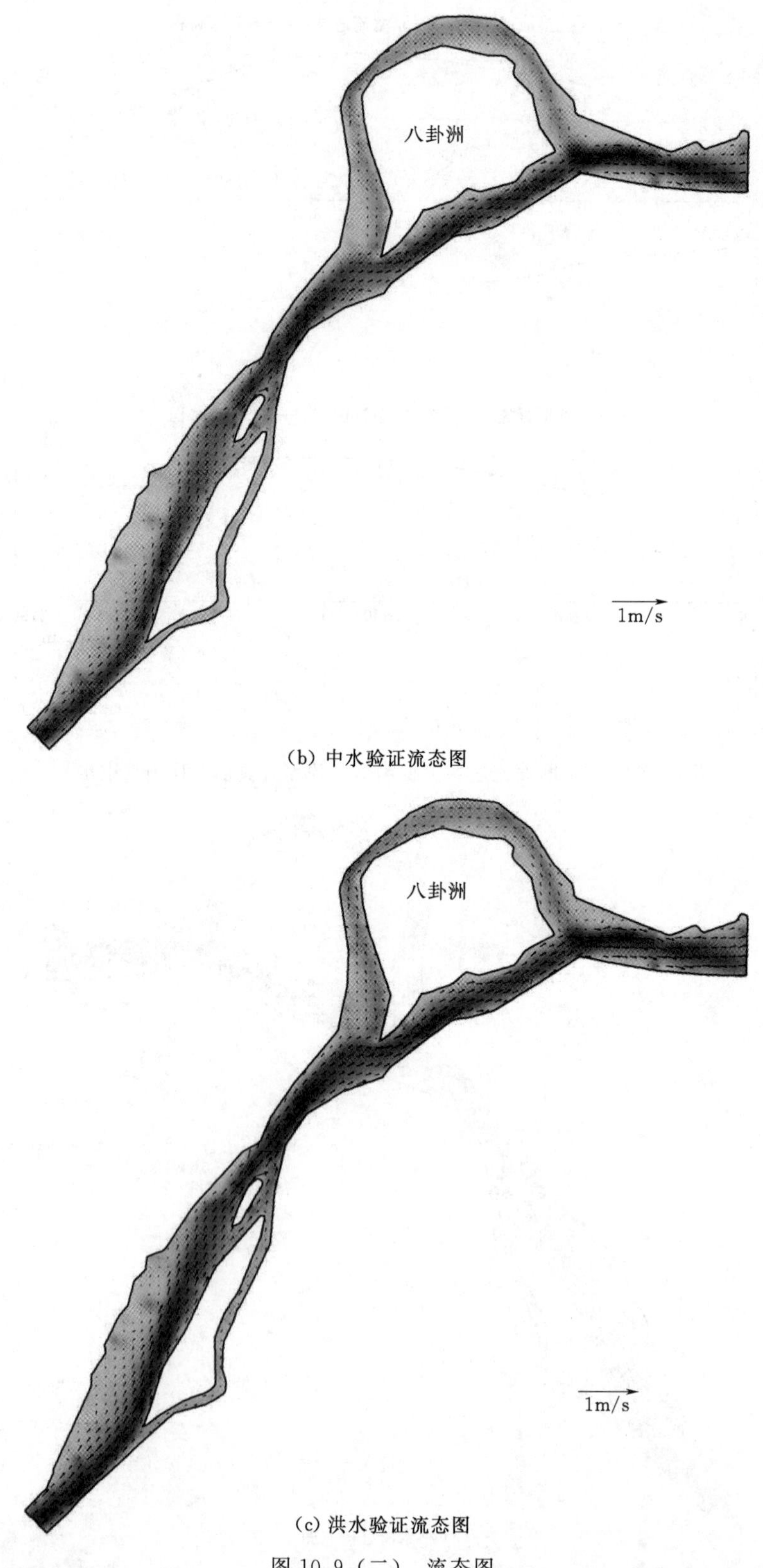

(b) 中水验证流态图

(c) 洪水验证流态图

图 10.9（二） 流态图

10.3 槽蓄量对水流的影响

表10.2为不同模型在所采用水流梯级（与物理模型试验的梯级一致）情况下的槽蓄量统计表。2#模型是在1#模型的基础上封堵了八卦洲左汊道，使河床槽蓄量减小约10%；3#、4#和5#模型分别是1#模型长度的1.5倍、2倍和3倍。

表10.2　　不同模型各级水位条件下槽蓄量统计表

模型	各级水位条件下的槽蓄量/m^3		
	1、5级	2、4级	3级
1#	44.72	51.42	58.36
2#	40.23	46.2	51.74
3#	76.04	87.96	100.38
4#	116.48	135.62	154.59
5#	152.65	177.66	202.57

表10.3～表10.7分别为5个模型5级水流受过渡段影响水位特征统计表。表10.8～表10.12分别为5个模型在过渡段非恒定时间统计表。图10.10～图10.14分别为数学模型计算5个模型过渡段不同处理方式时各站水位过程线对比图。

表10.3　　1#模型5级水流受过渡段影响水位特征统计表（cm）

过渡段方案	站位	2级			3级			4级			5级		
		恒定	最高	最低	恒定	最高	最低	恒定	最高	最低	恒定	最高	最低
2min	南京水文站	4.73	5.23	4.69	6.32	6.53	6.32	4.73	4.74	4.66	2.65	2.65	2.53
	黄家圩	4.28	4.59	4.26	5.75	5.90	5.75	4.28	4.28	4.22	2.31	2.33	2.21
	二桥下	3.99	4.15	3.98	5.35	5.44	5.35	3.99	3.99	3.96	2.12	2.21	2.07
5min	南京水文站	4.73	4.83	4.72	6.32	6.40	6.32	4.73	4.73	4.68	2.65	2.65	2.56
	黄家圩	4.28	4.34	4.28	5.75	5.80	5.75	4.28	4.28	4.24	2.32	2.33	2.24
	二桥下	3.99	4.01	3.99	5.34	5.38	6.34	3.99	3.99	3.96	2.13	2.21	2.09
5min非线性	南京水文站	4.73	4.83	4.73	6.32	6.39	6.32	4.73	4.73	4.69	2.65	2.65	2.56
	黄家圩	4.28	4.36	4.28	5.75	5.80	5.75	4.28	4.28	4.25	2.31	2.33	2.24
	二桥下	3.99	4.03	3.99	5.35	5.37	5.35	3.99	4.05	3.97	2.13	2.21	2.09

表10.4　　2#模型5级水流受过渡段影响水位特征统计表（cm）

过渡段方案	站位	2级			3级			4级			5级		
		恒定	最高	最低	恒定	最高	最低	恒定	最高	最低	恒定	最高	最低
2min	南京水文站	4.82	5.19	4.78	6.44	6.60	6.44	4.82	4.82	4.73	2.67	2.70	2.54
	黄家圩	4.38	4.66	4.36	5.90	6.04	5.89	4.38	4.39	4.32	2.36	2.38	2.24
	二桥下	3.98	4.10	3.97	5.33	5.41	5.29	3.98	4.08	3.95	2.12	2.14	2.06

续表

过渡段方案	站位	2级			3级			4级			5级		
		恒定	最高	最低	恒定	最高	最低	恒定	最高	最低	恒定	最高	最低
5min	南京水文站	4.82	4.90	4.81	6.44	6.50	6.44	4.82	4.82	4.77	2.68	2.70	2.60
	黄家圩	4.38	4.46	4.35	5.90	5.95	5.89	4.38	4.38	4.34	2.36	2.38	2.28
	二桥下	3.98	4.02	3.98	5.33	5.36	5.33	3.98	3.99	3.96	2.13	2.13	2.09
5min非线性	南京水文站	4.82	4.91	4.82	6.44	6.49	6.44	4.82	4.82	4.77	2.68	2.70	2.59
	黄家圩	4.38	4.46	4.38	5.90	5.93	5.90	4.38	4.38	4.35	2.36	2.37	2.28
	二桥下	3.98	4.03	3.94	5.33	5.36	5.31	3.98	4.02	3.96	2.12	2.18	2.08

表 10.5　　3# 模型 5 级水流受过渡段影响水位特征统计表（cm）

过渡段方案	站位	2级			3级			4级			5级		
		恒定	最高	最低	恒定	最高	最低	恒定	最高	最低	恒定	最高	最低
2min	南京水文站	4.73	4.88	4.73	6.32	6.32	6.32	4.73	4.73	4.73	2.65	2.65	2.65
	黄家圩	4.28	4.39	4.28	5.75	5.75	5.75	4.28	4.28	4.28	2.31	2.32	2.31
	二桥下	3.99	4.05	3.99	5.35	5.35	5.33	3.99	3.99	3.99	2.12	2.12	2.12
5min	南京水文站	4.73	4.73	4.73	6.32	6.32	6.32	4.73	4.73	4.73	2.65	2.65	2.65
	黄家圩	4.28	4.28	4.28	5.75	5.75	5.74	4.28	4.28	4.28	2.31	2.32	2.31
	二桥下	3.99	3.99	3.99	5.35	5.35	5.35	3.99	3.99	3.99	2.13	2.13	2.13
5min非线性	南京水文站	4.73	4.73	4.73	6.32	6.32	6.32	4.73	4.73	4.73	2.65	2.65	2.65
	黄家圩	4.28	4.28	4.28	5.75	5.75	5.74	4.28	4.28	4.28	2.31	2.31	2.31
	二桥下	3.99	3.99	3.99	5.35	5.35	5.35	3.99	3.99	3.99	2.13	2.13	2.13

表 10.6　　4# 模型 5 级水流受过渡段影响水位特征统计表（cm）

过渡段方案	站位	2级			3级			4级			5级		
		恒定	最高	最低	恒定	最高	最低	恒定	最高	最低	恒定	最高	最低
2min	南京水文站	4.73	4.73	4.72	6.32	6.32	6.31	4.74	4.76	4.74	2.65	2.67	2.65
	黄家圩	4.28	4.28	4.15	5.75	5.75	5.74	4.28	4.31	4.28	2.31	2.33	2.31
	二桥下	3.99	4.01	3.93	5.35	5.35	5.32	3.99	3.99	3.99	2.12	2.14	2.12
5min	南京水文站	4.73	4.73	4.72	6.32	6.32	6.31	4.74	4.76	4.74	2.65	2.67	2.65
	黄家圩	4.28	4.28	4.25	5.75	5.75	5.74	4.28	4.31	4.28	2.32	2.33	2.32
	二桥下	3.99	3.99	3.90	5.35	5.35	5.33	3.99	3.99	3.99	2.13	2.15	2.13
5min非线性	南京水文站	4.73	4.73	4.52	6.32	6.32	6.31	4.73	4.76	4.73	2.65	2.67	2.65
	黄家圩	4.28	4.28	4.15	5.75	5.75	5.74	4.28	4.31	4.28	2.32	2.33	2.32
	二桥下	3.99	3.99	3.93	5.34	5.34	5.33	3.99	3.99	3.99	2.13	2.14	2.13

表 10.7　　5# 模型 5 级水流受过渡段影响水位特征统计表（cm）

过渡段方案	站位	2 级			3 级			4 级			5 级		
		恒定	最高	最低	恒定	最高	最低	恒定	最高	最低	恒定	最高	最低
2min	南京水文站	4.73	4.73	4.38	6.33	6.33	6.31	4.74	4.76	4.74	2.66	2.67	2.66
	黄家圩	4.28	4.28	4.10	5.75	5.75	5.74	4.28	4.31	4.28	2.32	2.33	2.32
	二桥下	3.99	3.99	3.91	5.35	5.35	5.32	3.99	4.02	3.99	2.13	2.16	2.13
5min	南京水文站	4.73	4.73	4.71	6.33	6.33	6.31	4.73	4.76	4.73	2.67	2.69	2.67
	黄家圩	4.28	4.28	4.26	5.75	5.75	5.74	4.28	4.30	4.28	2.32	2.34	2.32
	二桥下	3.99	3.99	3.98	5.35	5.35	5.32	3.99	4.08	3.99	2.13	2.16	2.13
5min 非线性	南京水文站	4.73	4.73	4.39	6.33	6.33	6.31	4.73	4.75	4.73	2.66	2.69	2.66
	黄家圩	4.28	4.28	4.10	5.75	5.75	5.73	4.27	4.30	4.27	2.32	2.34	2.32
	二桥下	3.99	3.99	3.91	5.35	5.35	5.32	3.99	4.01	3.99	2.13	2.15	2.13

表 10.8　　1# 模型 5 级水流在过渡段非恒定时间（s）

过渡段方案	站位	1～2 级	2～3 级	3～4 级	4～5 级
2min	南京水文站	719	627	743	703
	黄家圩	712	509	638	630
	二桥下	615	487	694	703
5min	南京水文站	682	653	738	712
	黄家圩	525	623	734	704
	二桥下	724	778	568	781
5min 非线性	南京水文站	736	605	631	752
	黄家圩	757	754	593	760
	二桥下	769	559	536	694

表 10.9　　2# 模型 5 级水流在过渡段非恒定时间（s）

过渡段方案	站位	1～2 级	2～3 级	3～4 级	4～5 级
2min	南京水文站	691	622	594	690
	黄家圩	536	508	621	576
	二桥下	587	439	648	700
5min	南京水文站	591	597	714	731
	黄家圩	543	668	539	659
	二桥下	601	534	528	688
5min 非线性	南京水文站	680	610	632	724
	黄家圩	757	556	595	766
	二桥下	549	538	534	633

表 10.10　　3# 模型 5 级水流在过渡段非恒定时间（s）

过渡段方案	站位	1～2 级	2～3 级	3～4 级	4～5 级
2min	南京水文站	557	550	583	664
	黄家圩	532	463	581	543
	二桥下	524	420	577	666
5min	南京水文站	459	623	694	591
	黄家圩	507	589	629	765
	二桥下	497	650	621	743
5min 非线性	南京水文站	637	605	671	725
	黄家圩	579	662	634	696
	二桥下	537	581	643	617

表 10.11　　4# 模型 5 级水流在过渡段非恒定时间（s）

过渡段方案	站位	1～2 级	2～3 级	3～4 级	4～5 级
2min	南京水文站	1389	1285	1503	1314
	黄家圩	1270	1156	1384	1265
	二桥下	1252	1026	1426	1422
5min	南京水文站	1617	1551	1525	1675
	黄家圩	1453	1356	1495	1415
	二桥下	1326	1546	1365	1368
5min 非线性	南京水文站	1439	1456	1470	1383
	黄家圩	1499	1360	1461	1353
	二桥下	1359	1197	1541	1351

表 10.12　　5# 模型 5 级水流在过渡段非恒定时间（s）

过渡段方案	站位	1～2 级	2～3 级	3～4 级	4～5 级
2min	南京水文站	1765	1584	1799	1859
	黄家圩	1716	1504	1656	1960
	二桥下	1570	1386	1681	1979
5min	南京水文站	2061	2412	2340	2278
	黄家圩	2204	2394	2297	2030
	二桥下	1959	2030	2039	2048
5min 非线性	南京水文站	2183	1982	2251	2010
	黄家圩	2235	2364	2266	1977
	二桥下	1997	1638	2475	2118

从图表中可以看出：各模型基本都是 2min 处理梯级过渡段水体波动最大，5min 处理梯级过渡段水体波动较小；从 1 级到 3 级的过渡段比从 3 级到 5 级的过渡段水体波动

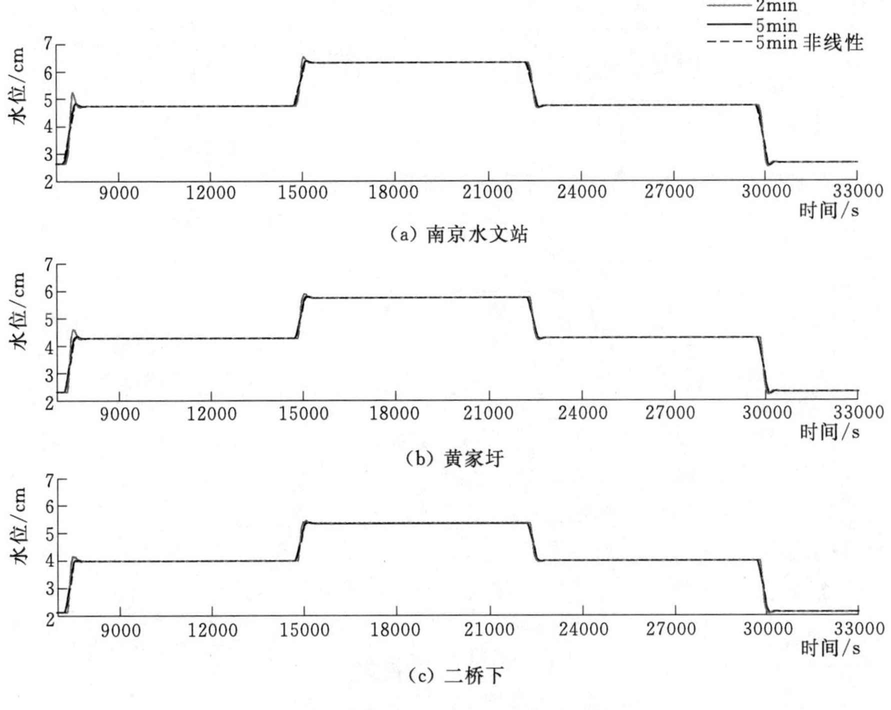

图 10.10 1# 模型数模计算水位过程线对比图

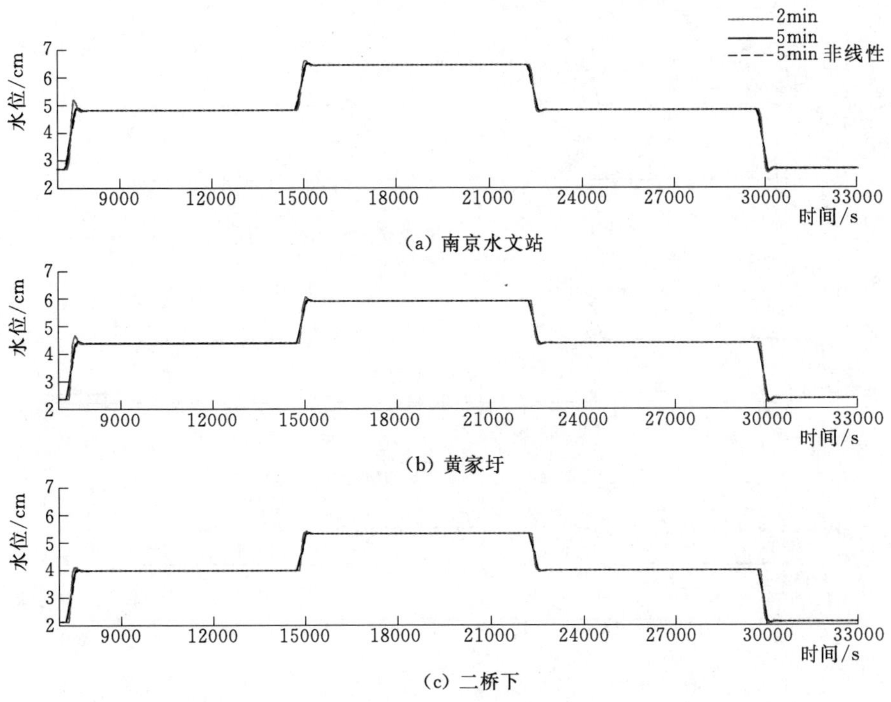

图 10.11 2# 模型数模计算水位过程线对比图

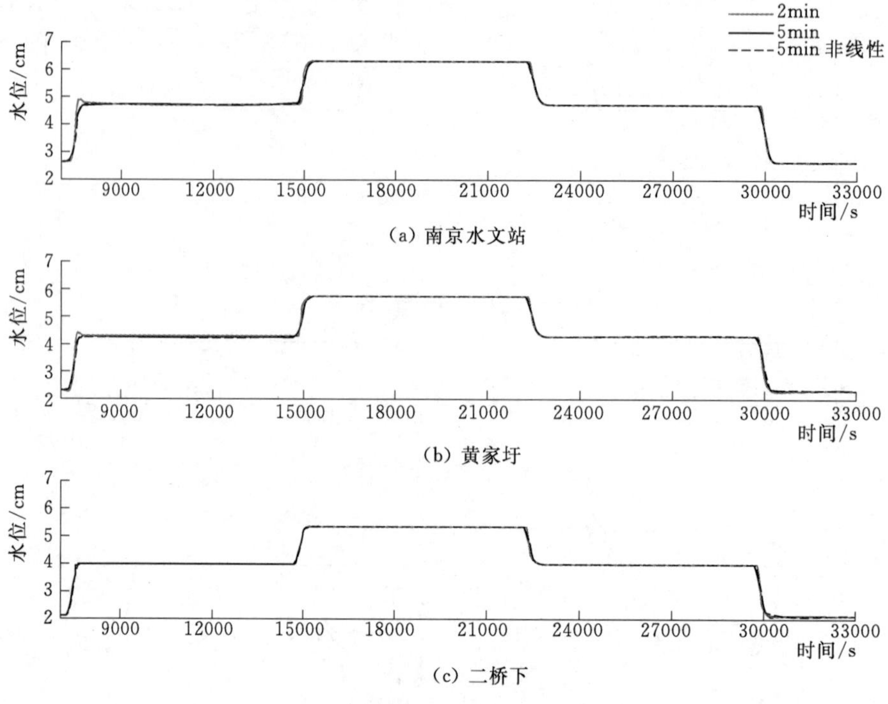

(a) 南京水文站

(b) 黄家圩

(c) 二桥下

图 10.12 $3^{\#}$模型数模计算水位过程线对比图

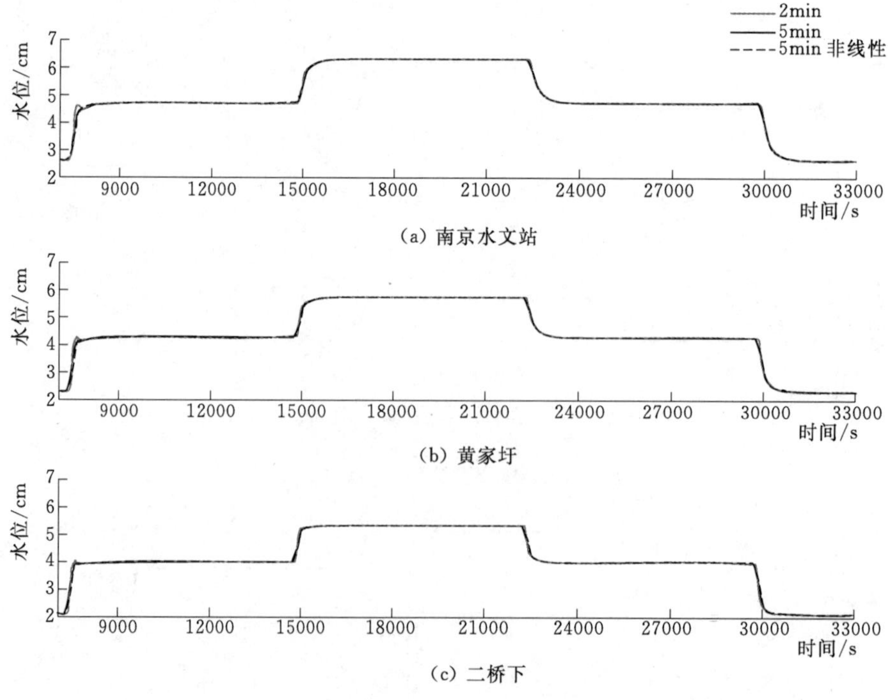

(a) 南京水文站

(b) 黄家圩

(c) 二桥下

图 10.13 $4^{\#}$模型数模计算水位过程线对比图

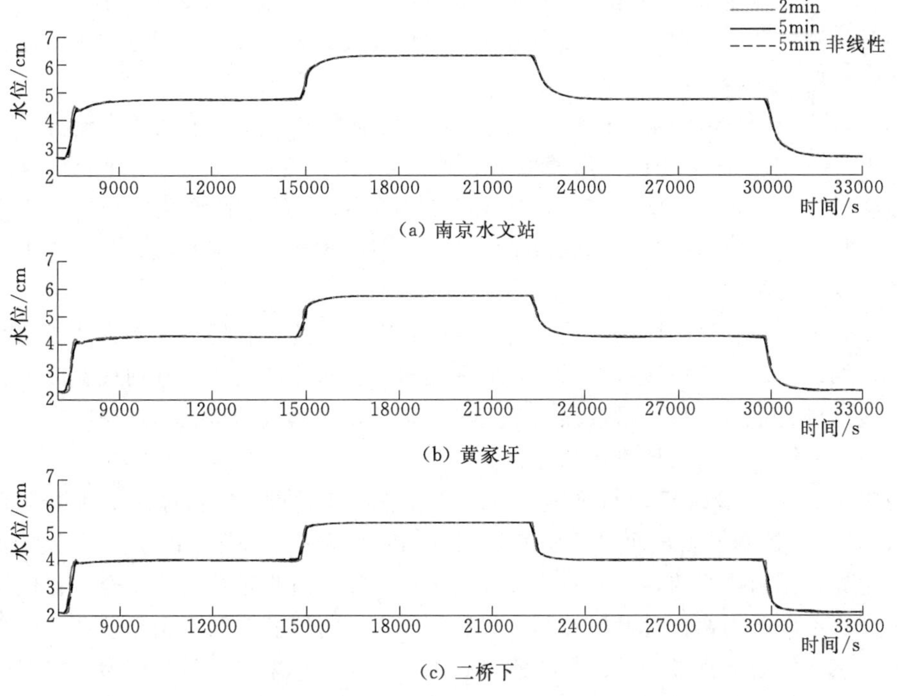

(a) 南京水文站

(b) 黄家圩

(c) 二桥下

图 10.14　5# 模型数模计算水位过程线对比图

大，过渡时间长。1 级到 2 级比 2 级到 3 级水体波动大，过渡时间长；4 级到 5 级比 3 级到 4 级水体波动大，过渡时间长。1# 模型与 2# 模型相比，模型长度相同，2# 模型封堵了八卦洲左汉道槽蓄量减小，水体波动减小，过渡段非恒定流时间缩短。1#、3#、4# 和 5# 模型相比，随着模型长度和槽蓄量增大，3# 模型试验河段内的 3 个水位站的水位偏离恒定水位的值小于 1# 模型的值，非恒定流时间也小；4# 和 5# 模型试验河段内的 3 个水位站的水位偏离恒定水位的值大于 3# 模型的值，非恒定流时间也大。这说明 1#、3#、4# 和 5# 模型中间有一较优的长度，使水位的偏差和非恒定流时间较小，可以通过选择合适的河段尺度达到减小过渡段非恒定时间。

槽蓄量增大到一定程度后，对于水位而言，小流量级过渡到大流量级或大流量级过渡到小流量级时，水位出现尖峰和深谷现象就会减弱或消失。

图 10.18 为 1# 模型 5 个断面过渡段不同处理方式的流速对比图，从图中可以看出：在距离进口段较近的 $A_{1\text{-}4}$ 断面，从小流量级到大流量级过渡时，流速变化特征为增大、减小、增大再减小最后达到恒定的波动过程；从大流量级到小流量级过渡时，正好相反，流速变化特征为减小、增大、减小再增大最后达到恒定。边界采用 2min 过渡控制波动最大，5min 过渡波动较小。断面 $A_{5\text{-}8}$ 上的流速变化特征与 $A_{1\text{-}4}$ 变化特征相似。断面 $B_{5\text{-}8}$～$D_{5\text{-}8}$ 流速变化特征基本相似，边界采用 2min 和 5min 线性过渡控制时，从小流量级到大流量级过渡时，流速变化特征为增大、减小、增大再减小最后达到恒定的波动过程；从大流量级到小流量级过渡时，正好相反，流速变化特征为减小、增大、减小再增大最后达到恒定；采用 5min 非线性控制，流速变化幅度明显减小。小流量到大流量

或从大流量到小流量过渡时进口段和出口段流速减小和增加的幅度都较小，基本在两级恒定流的流速之间。这说明在过渡段采用非线性过渡方式可以减小河道出现水流突变的特征。

1#模型和2#模型各断面的水流流速特征变化基本相似，2#模型的水流流速波动略小。和5#模型水流流速相比，随着模型的延长断面 A_{1-4} 和 A_{5-8} 上的流速变化由进口段流速变化转换为出口段的流速变化特征，断面 $B_{5-8} \sim D_{5-8}$ 的流速变化加强，水流非恒定时间也增加了。小流量级过渡到大流量级或大流量级过渡到小流量级时，流速出现尖峰和深谷现象更为明显。

从水位和流速在过渡段的变化来看，相同长度的河段，在边界控制方式相同时，槽蓄量小，两级恒定水流过渡段的非恒定时间相对小，水体波动小。在河段宽度不变，长度增大，即槽蓄量增大后，过渡段非恒定时间延长，水体波动增大。这说明时间变态对长河段模型或槽蓄量大的模型影响更大。

对于1#模型，物理模型和数学模型试验结果略有不同，如物理模型非恒定流时间是5min非线性控制最短，而数学模型是2min控制最短。主要是由于数学模型进行计算时，边界是强制执行的，计算时边界上的水位和流量过程都能完全吻合；物理模型受到实际试验条件限制，在过渡段控制边界和实际水流边界有时会有偏差，并且还有控制系统和自然条件的干扰影响。但从过渡段的水流变化特征来看，数学模型与物理模型基本一致。

10.4 槽蓄量、梯级流量和非恒定流时间关系分析

数学模型和物理模型试验研究结果表明：槽蓄量大，流量梯级间过渡段水流波动就大，非恒定时间也长。在相同条件下，小流量级和中流量级之间的过渡与中流量级和大流量级之间的过渡，水体波动和非恒定时间也不一样。这说明过渡段非恒定流时间与梯级流量的概化情况、槽蓄量具有一定的关系。在相同水流边界条件下，槽蓄量越大，非恒定流时间越长；对于同一河段，流量级转换不仅与流量梯级的差值有关，而且与本级流量的大小有关。5个模型河段的基本参量见表10.13。

表10.13　模型河段的基本参量

模型	长度/m	槽蓄量/m³				流量/(×10⁻³m³/s)		
		0m以下	1、5级	2、4级	3级	1、5级	2、4级	3级
1#	89.6	34.22	44.72	51.42	58.36	34.997	58.266	81.536
2#	89.6	30.05	40.23	46.20	51.74			
3#	134.4	54.10	76.04	87.96	100.38			
4#	179.2	73.09	116.48	135.62	154.59			
5#	268.8	92.92	152.65	177.66	202.57			

对于某一长度 L 的河段，0m以下槽蓄量 W 确定，假设从某一梯级流量 q_i 到下一梯级流量 q_{i+1}，流量变化量为 $\Delta q = q_{i+1} - q_i$，基本过渡非恒定时间为 T，达到流量 q_{i+1}

后槽蓄量变化量为 ΔW。把 $\Phi=\dfrac{\Delta q\Delta W}{q_iW}$ 作为综合因子，则在参数 L、W、ΔW、Δq 和 q_i 都确定后，则该河段就有一基本的非恒定过渡时间。采用数学模型试验结果，点绘在坐标上（图 10.15），通过拟合则 $\Phi\cdot L$ 与基本过渡非恒定时间 T 存在指数关系：

$$T=9.74e^{0.0108(\Phi\cdot L)} \tag{10.12}$$

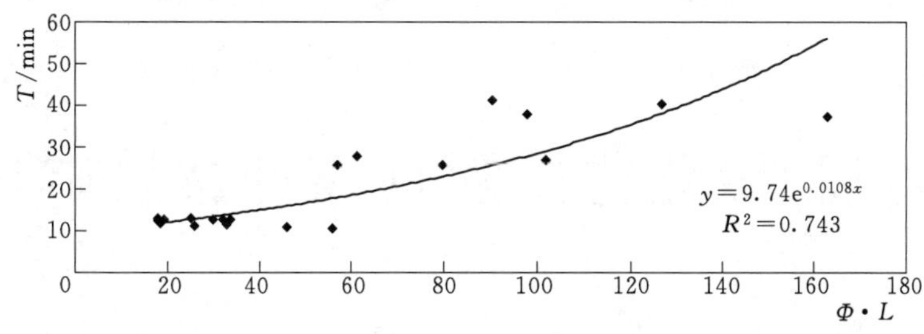

图 10.15　综合因子与基本非恒定时间的关系

从图 10.15 中可以看出，$\Phi\cdot L$ 与基本过渡非恒定时间 T 相关系数 R 为 0.86，属于高度正相关。关系式（10.12）和图 10.24 具体意义：①如果模型试验河段确定后要减小非恒定流时间，可以采用增大流量 q_i，减小与下一级流量的差值 Δq 措施，即通过优化梯级概化可以达到减小非恒定流时间；②如水沙梯级确定后，即 $\Phi\cdot L$ 确定，可以计算出基本非恒定时间；③在模型设计时，为了减小梯级过渡段非恒定流的影响，可以选择合适的河段长度 L；④关系式拟合时采用的非恒定时间是采用了最大值，还可以通过过渡段处理缩小非恒定流时间。

第 11 章

水沙过程概化方式对河床冲淤影响试验

本章在已建立典型河段定床物理模型的基础上，采用动床模型试验，研究水沙过程采用不同概化方式对河床冲淤的影响。

11.1 泥沙物理模型设计

11.1.1 相似条件

动床河工模型试验要达到河床变形的相似应满足三个方面的相似要求：水流运动的相似，泥沙输送的相似及输沙量沿程变化的相似。

泥沙物理模型试验对水流运动相似的要求与定床模型是一样的。水流相似条件为

重力相似：
$$\alpha_u=\alpha_v=\alpha_h^{1/2} \tag{11.1}$$

阻力相似：
$$\alpha_v=\alpha_c\sqrt{\alpha_h\frac{\alpha_h}{\alpha_l}} \tag{11.2}$$

泥沙（输沙量及输沙量沿程变化）相似条件为：

床沙活动性相似：
$$\alpha_{v_0}=\alpha_v \tag{11.3}$$

泥沙沉降相似：
$$\alpha_\omega=\alpha_v\frac{\alpha_H}{\alpha_L} \tag{11.4}$$

紊动悬浮相似：
$$\alpha_\omega=\alpha_v\left(\frac{\alpha_H}{\alpha_L}\right)^{1/2} \tag{11.5}$$

含沙量相似：
$$\alpha_S=\alpha_{S_*} \tag{11.6}$$

河床变形相似：
$$\alpha_{t_2}=\alpha_{\gamma_0}\frac{\alpha_{(\gamma_s-\gamma)}}{\alpha_{\gamma_s}}\alpha_{t_1} \tag{11.7}$$

11.1.2 泥沙代表粒径选择

11.1.2.1 悬移质及河床质级配

根据多年实测资料分析[108]，典型河段多年平均悬移质中值粒径为 0.01mm，河床质平均中值粒径为 0.15mm。据 2011 年 5 月汛前水文测验成果：干流河段河床平均中

值粒径为0.173mm，河段悬沙中值粒径为0.007mm。据2011年9月汛后水文测验成果：干流段河床平均中值粒径为0.215mm，河段悬沙中值粒径为0.008mm。可见，多年平均值略小于2011年实测平均值，选择河床质中值粒径0.15mm、悬移质中值粒径0.007mm，作为河床质及悬移质代表粒径。

11.1.2.2 床沙质与冲泻质分界粒径及床沙质中值粒径

根据床沙质与冲泻质的定义，床沙质为床沙中大量存在且是悬移质中较粗的部分。根据原型床沙级配曲线，$P<10\%$以内没有出现明显的拐点，采用$P=5\%$相应的粒径作为床沙质与冲泻质分界粒径，通过曲线可知该粒径为$d_c=0.04$mm。据此，悬移质中$d>d_c=0.04$mm的泥沙占全沙的5%，由此可以得到床沙质中值粒径为0.09mm，并可绘制床沙质级配曲线。

11.1.3 模型沙性质

研究的典型河段位于长江中下游，河床泥沙组成为中细沙，本次试验采用防腐处理后木屑作为模型沙。通过多次测量，模型沙干容重为0.40t/m^3。

11.1.3.1 床沙质粒径比尺

原型床沙质中值粒径$d_{50p}=0.09$mm，采用张瑞瑾泥沙沉降速度公式：

$$\omega=\sqrt{\left(13.95\frac{\upsilon}{d}\right)^2+1.09\frac{\gamma_s-\gamma}{\gamma}gd}-13.95\frac{\upsilon}{d} \tag{11.8}$$

式中：ω为泥沙沉降速度；d为泥沙中值粒径；γ_s为泥沙容重；γ为水容重；$\frac{\gamma_s-\gamma}{\gamma}$为泥沙有效重率；$\upsilon$为水的运动黏滞系数。

由式（11.8）可计算得到$\omega_p=0.499$cm/s。

悬移质运动相似条件，需满足泥沙沉降相似及紊动悬浮相似。

满足泥沙沉降运动相似条件式（11.4），可得

$$\alpha_\omega=2.7386 \tag{11.9}$$

因此，$\omega_m=0.182$cm/s。

模型沙沉降速度可按张瑞瑾泥沙沉降速度公式（11.8）计算，可得到$d_{50m}=0.18$mm，因此床沙质粒径比尺$\alpha_d=0.50$。

满足紊动悬浮相似条件式（11.5），可得

$$\alpha_\omega=5.477 \tag{11.10}$$

因此，$\omega_m=0.091$cm/s，$d_{50m}=0.13$mm，床沙质粒径比尺为$\alpha_d=0.714$。

为同时满足沉降相似及紊动悬浮相似，取粒径比尺的平均，即$\alpha_d=0.607$。因而，选取模型沙中值粒径$d_{50m}=0.15$mm。

11.1.3.2 床沙粒径比尺

原型床沙中值粒径$d_{50p}=0.15$mm，$\omega_p=1.316$m/s。

采用窦国仁公式计算原型和模型泥沙起动流速，即

$$U_C=0.32\left(\ln 11\frac{h}{K_s}\right)\left(\Delta gd+0.19\frac{gh\delta+\varepsilon_k}{d}\right)^{\frac{1}{2}} \tag{11.11}$$

式中：$K_s=0.5\text{mm}$，$\delta=0.213\times10^{-4}\text{cm}$，$\varepsilon_k=2.56\text{cm}^3/\text{s}^2$。

当 $d_m=0.20\text{mm}$，计算水深在 10.5～22.5m 时，得到 $\alpha_{v0}=8.12\sim10.51$，与水流流速比尺 $\alpha_v=10.95$ 比较接近。

综合悬移质运动和床沙活动性相似条件，选取模型沙的床沙中值粒 $d_m=0.20\text{mm}$，床沙质中值粒径 $d_m=0.15\text{mm}$。原型沙与模型沙级配曲线见图 11.1 和图 11.2。

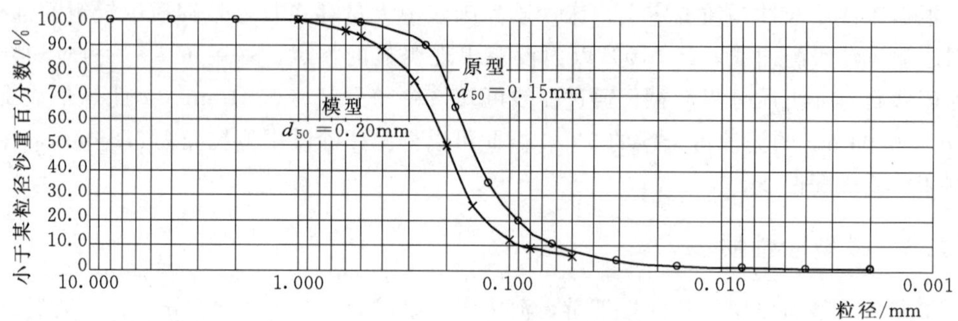

图 11.1 床沙级配曲线

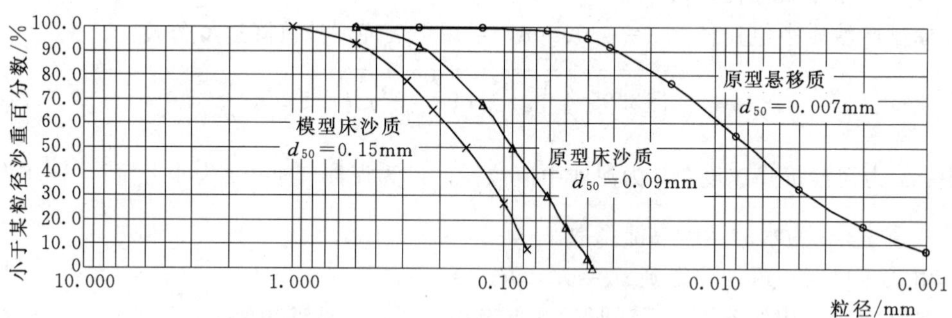

图 11.2 悬移质及床沙质级配曲线

11.1.4 含沙量和冲淤时间比尺

悬移质挟沙能力公式采用张瑞瑾公式为

$$S_*=K'\frac{\gamma_s}{\frac{\gamma_s-\gamma}{\gamma}}\cdot\frac{U^3}{gR\omega_s} \tag{11.12}$$

写为比尺关系：

$$\alpha_{S_*}=\alpha_{k'}\frac{\alpha_{\gamma_s}\alpha_\gamma}{\alpha_{(\gamma_s-\gamma)}}\cdot\frac{\alpha_u^3}{\alpha_g\alpha_h\alpha_{\omega_s}} \tag{11.13}$$

计算得到 $\alpha_{S_*}=0.62\alpha_{k'}$，取 $\alpha_{k'}=0.338$[157]，最后确定含沙量比尺 $\alpha_{S_*}=0.21$。

河床冲淤时间比尺为

$$\alpha_{t_2}=\frac{\alpha_{\gamma_0}\alpha_L}{\alpha_S\alpha_v}=\frac{\alpha_{\gamma_0}}{\alpha_S}\alpha_{t_1} \tag{11.14}$$

由 $\gamma_{0p}=1460\text{kg/m}^3$、$\gamma_{0m}=400\text{kg/m}^3$、$\alpha_{S_*}=0.21$ 和水流时间比尺最后计算得到冲

淤时间比尺为 $\alpha_{t_2}=762$。

泥沙物理模型采用的具体比尺参数见表 11.1。

表 11.1　　泥沙物理模型比尺汇总表

比　　尺	数值	比　　尺	数值
平面比尺 α_l	480	沉降速度比尺 α_ω	3.87
垂直比尺 α_h	120	悬沙粒径比尺 α_{d_s}	0.607
水流流速比尺 α_v	10.95	床沙粒径比尺 α_{d_b}	0.652
流量比尺 α_Q	630976	干容重比尺 α_γ	3.244
糙率比尺 α_n	1.11	含沙量比尺 α_S	0.21
水流时间比尺 α_{t_1}	43.84	输沙率比尺 α_{Q_S}	126366
起动流速比尺 α_{v_0}	10.46	河床冲淤时间比尺 α_{t_2}	762

11.2　泥沙物理模型制作

11.2.1　动床范围

泥沙物理模型在定床模型基础上进行，将长江第三大桥—石埠桥河段改造为动床，模型两岸除较高的滩地为定床外，滩地以下为动床，地形采用 2009 年 3 月实测地形，动床地形制作时，采用铁丝断面，断面间的宽度与定床一致。泥沙物理模型平面布置见图 11.3。

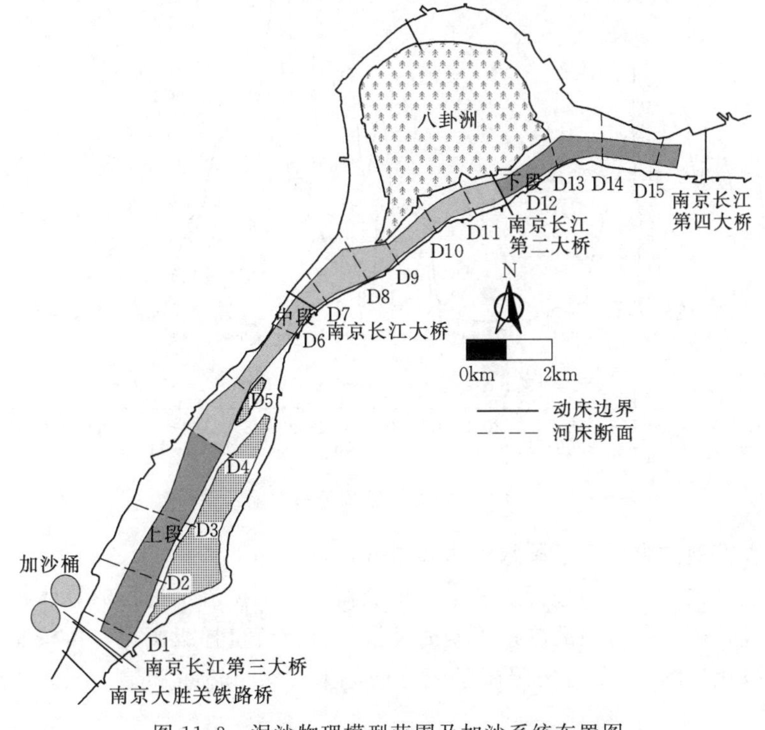

图 11.3　泥沙物理模型范围及加沙系统布置图

11.2.2 浑水加沙系统

根据泥沙物理模型设计结果和本河段水流泥沙运动的特点，本河段模拟悬移质中较粗的床沙质，因此动床加沙系统的设计考虑了同时模拟底沙和床沙质泥沙运动。加沙的断面选择在泥沙物理模型进口断面南京长江第三大桥下面，加沙的方式采用配制高含沙量的水流，沿进口断面均匀加沙，加沙量以概化时段内模型输沙总量为依据，模型沙的级配与设计要求相符。制作了两个加沙桶，通过控制加沙桶水量和施放时间，达到在每级水流与沙量基本相匹配。模型的每级水流放水时间的长度按照冲淤时间比尺 $\alpha_{t_2}=762$ 控制。

模型的其他控制方式和测量系统与第 9 章定床模型一致。图 11.3 为泥沙物理模型范围及加沙系统布置图。

11.3 水沙边界选取与概化

根据 2009 年 3 月和 2011 年 6 月两次实测地形资料，泥沙物理模型试验时间为 2009 年 3 月 1 日—2011 年 5 月 31 日。图 11.4 为这段时间大通站实测流量和输沙率，从图中可以看出，总体上输沙率和流量具有一定关系，即大水带大沙，小水带小沙。但在个别时间段，沙量特大，如图 11.4 中的 1 区和 2 区时间段。

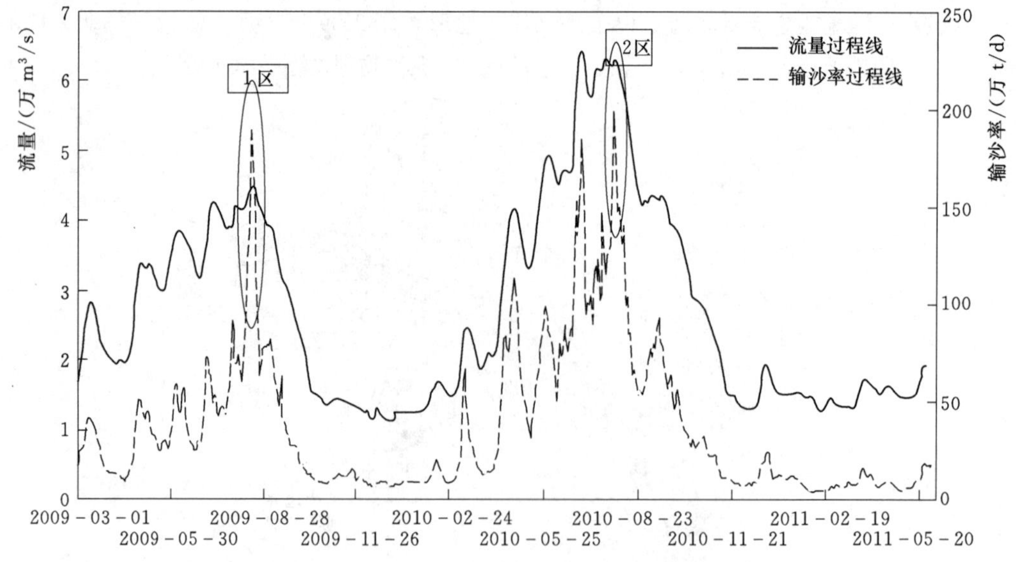

图 11.4 大通站日平均流量和输沙率

泥沙物理模型试验采用三种水沙边界条件，具体如下：

(1) 按照公式 (11.5) 进行边界水沙梯级概化，根据流量过程的具体特征，首先顺着流量过程线，按一定间距的流量确定时间段，进行流量梯级概化，再按照该时间段进行沙量梯级概化。图 11.5 为按照流量概化的原型梯级（流量和输沙量）（称为按流量概化）。

$$\int_{T_1}^{T_2} q_t \mathrm{d}t = \overline{Q}(T_2 - T_1) \tag{11.15}$$

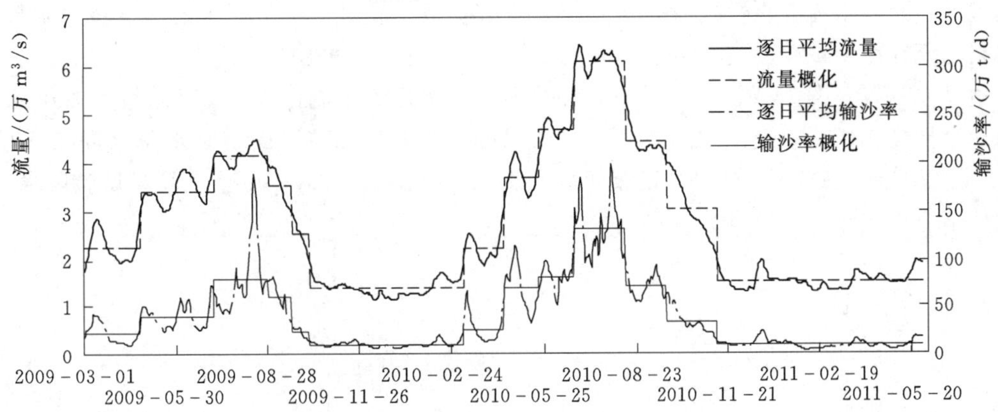

图 11.5　按照流量概化原型梯级

（2）按照公式（11.16）进行边界水沙梯级概化，首先顺着输沙率过程线，按一定的输沙率变化幅度值确定时间段，进行输沙率梯级概化，再按照该时间段进行流量梯级概化。图 11.6 为按照输沙率概化的原型梯级（流量和输沙率）（称为按沙量概化）。

$$\int_{T_1}^{T_2} s_t \mathrm{d}t = \overline{S}(T_2 - T_1) \tag{11.16}$$

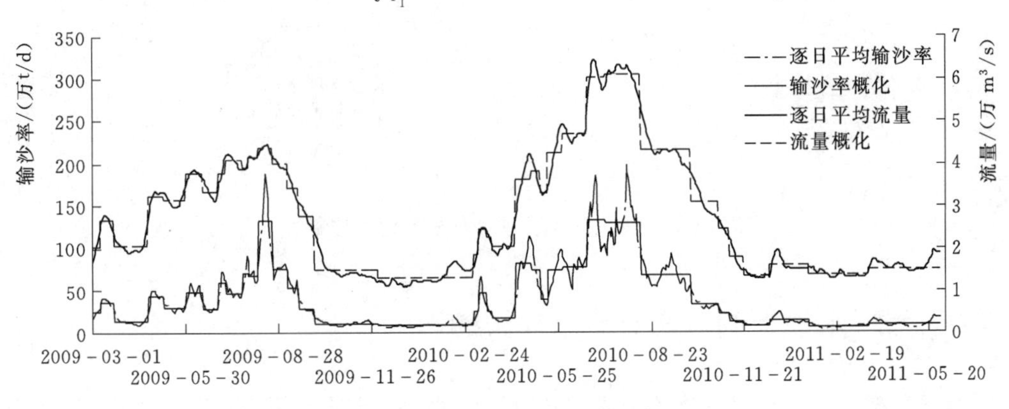

图 11.6　按照输沙率概化的原型梯级

（3）按照大通站实测流量和输沙率日平均量过程确定水沙边界（称为按逐日平均概化）。

水流按照水流相似比尺，输沙率按照河床冲淤相似比尺（计算值 762），采用第 8 章图解法处理的方式（图 8.1～图 8.5），确定模型的边界控制条件。按流量和输沙率概化的梯级过渡段采用第 8 章和第 9 章的处理方式连接起来，逐日平均过渡段直接相连。小流量和小沙量对河床冲淤变形影响较小，在模型试验时，可以去掉部分时间[14]。三种方式去掉的小流量时间段相同，模型试验的沙量和水量一致。图 11.7 为三种不同方式概化模型边界控制线。

在第 9 章和第 10 章中分析了梯级过渡段对水流的影响，梯级间 $\Delta q(\Delta h)$ 越大水流波动越强，在过渡段水流发生突变（尖峰和深谷现象）。边界上采用梯级概化后，定床模型试验时，水流存在恒定流时间段；而动床模型试验时，由于河床地形不停的调整，严格地说在模型试验段完全恒定流时间段很少，基本都为非恒定流。从三种不同方式概化边界控制线（图 11.7）可以看出，沙量概化梯级比流量概化多，梯级间最大 $\Delta q(\Delta h)$ 值比流量概化的大。逐日概化方式一级流量时间约 2min，尾门控制水位级间最大值 $\max(|\Delta h|)=0.26\text{cm}$，进口流量级间最大值 $\max(|\Delta q|)=0.006\text{m}^3/\text{s}$。模型试验段水流虽然是非恒定流，但没有突变水流发生。

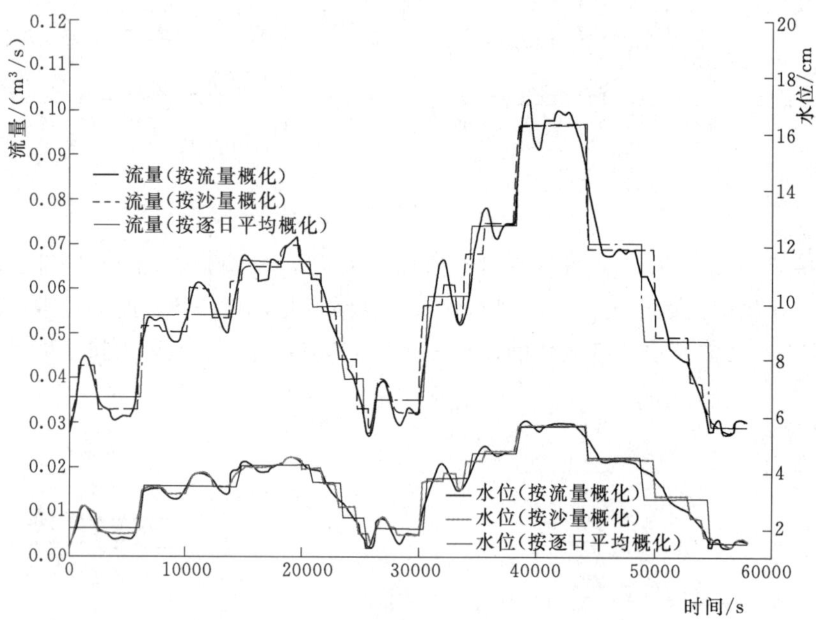

图 11.7　三种不同方式概化模型边界控制线

11.4　水沙控制方式对河床冲淤的影响

为了比较分析三种概化水沙边界方式对河床冲淤的影响，模型试验时采用相同的河床冲淤时间比尺（762）和造床的沙量比例（10%）。在模拟河段范围内布置了 15 条断面，河段分为上段、中段和下段（图 11.3）。

研究河段 2009—2011 年地形冲淤断面变化为：$D_1 \sim D_4$ 断面主要表现为深槽冲，滩面冲淤幅度不大，略有淤积；$D_5 \sim D_7$ 靠左岸深槽略有冲刷，右岸河床略有淤积；$D_8 \sim D_9$ 靠左岸略有淤积，右岸河床略有冲刷；$D_{10} \sim D_{15}$ 冲淤幅度不大，左岸略有冲刷，右岸河床略有淤积；总体上河床呈略有冲刷状态。

采用三种水沙边界处理方式模拟地形冲淤变化，模拟所得等值线与实测等值线基本一致，河床冲淤断面形态和河床冲淤变形总体特征相同。图 11.8 为各断面三种水沙边界处理方式情况下河床冲淤断面对比图。图 11.9～图 11.11 为冲淤形态照片。

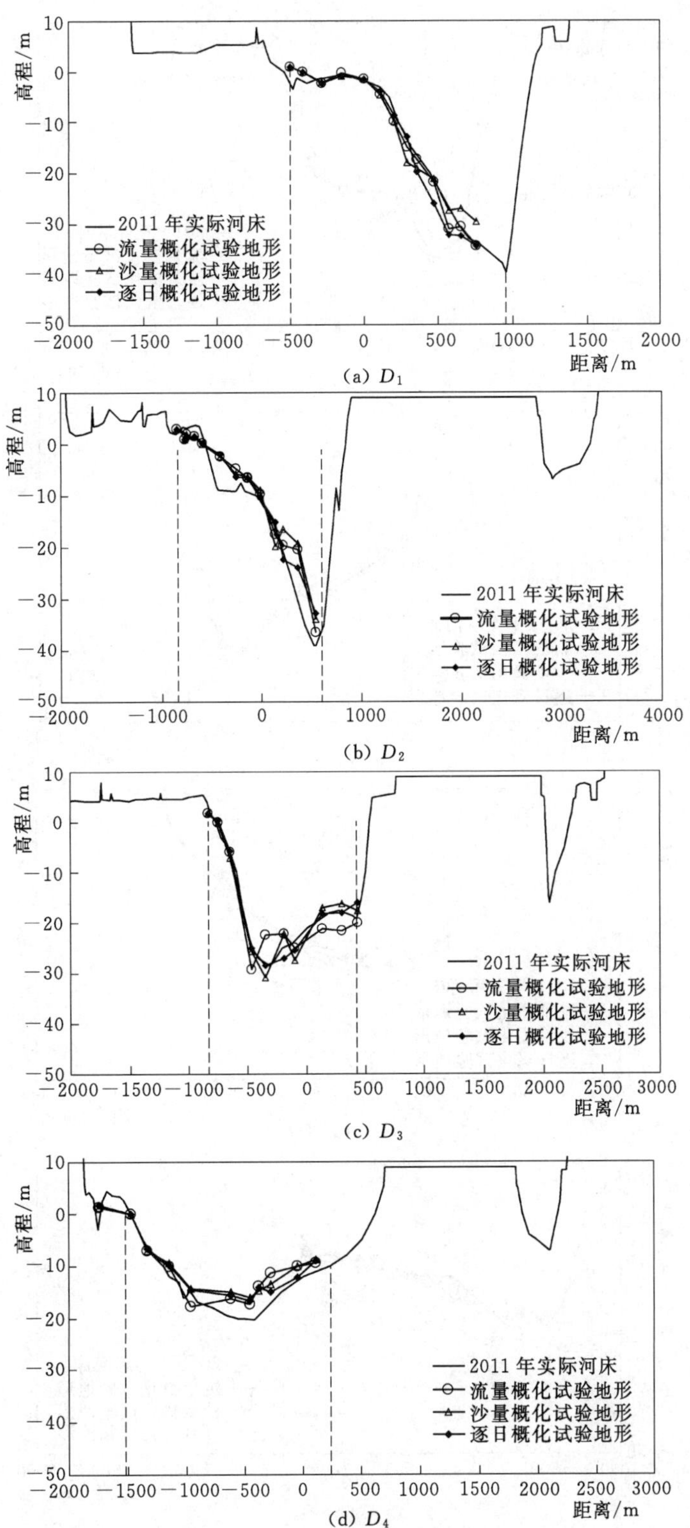

(a) D_1

(b) D_2

(c) D_3

(d) D_4

图 11.8（一） 河床冲淤断面对比图

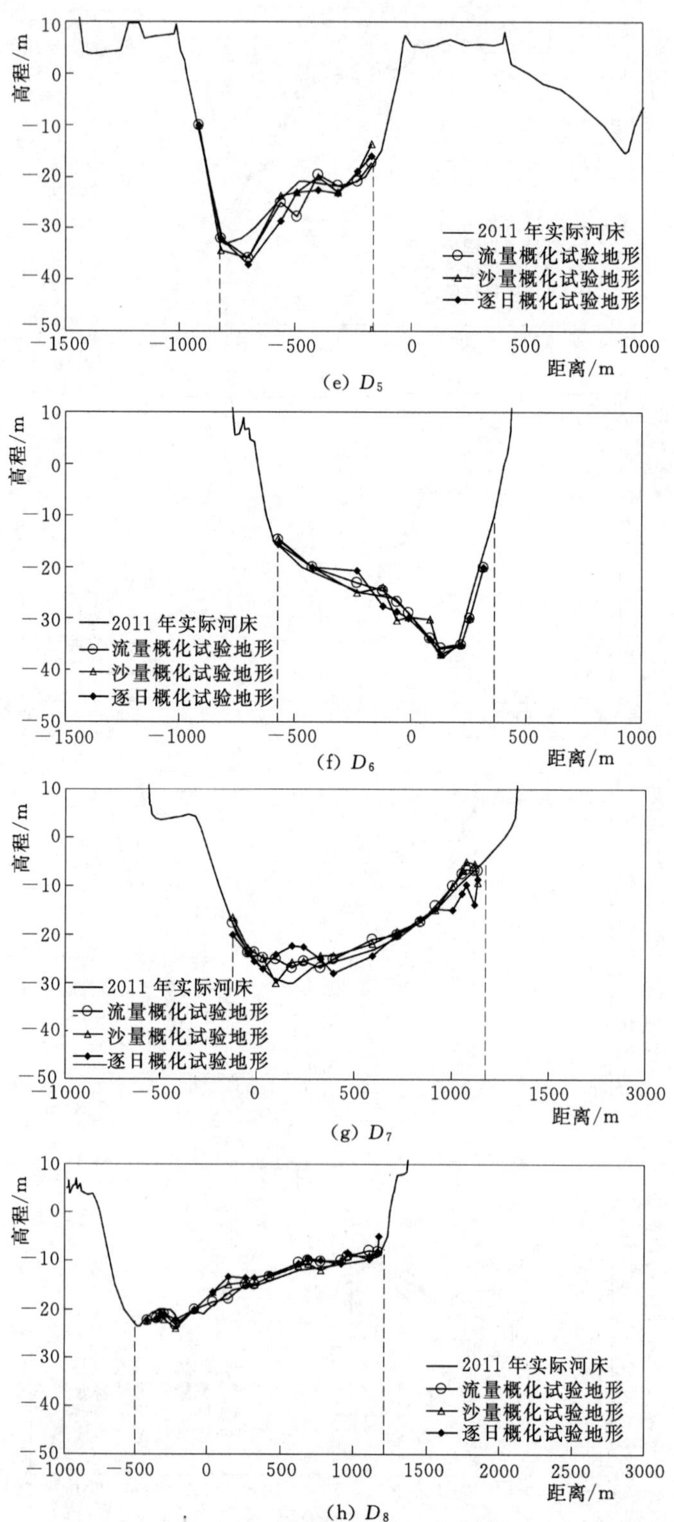

图 11.8（二） 河床冲淤断面对比图

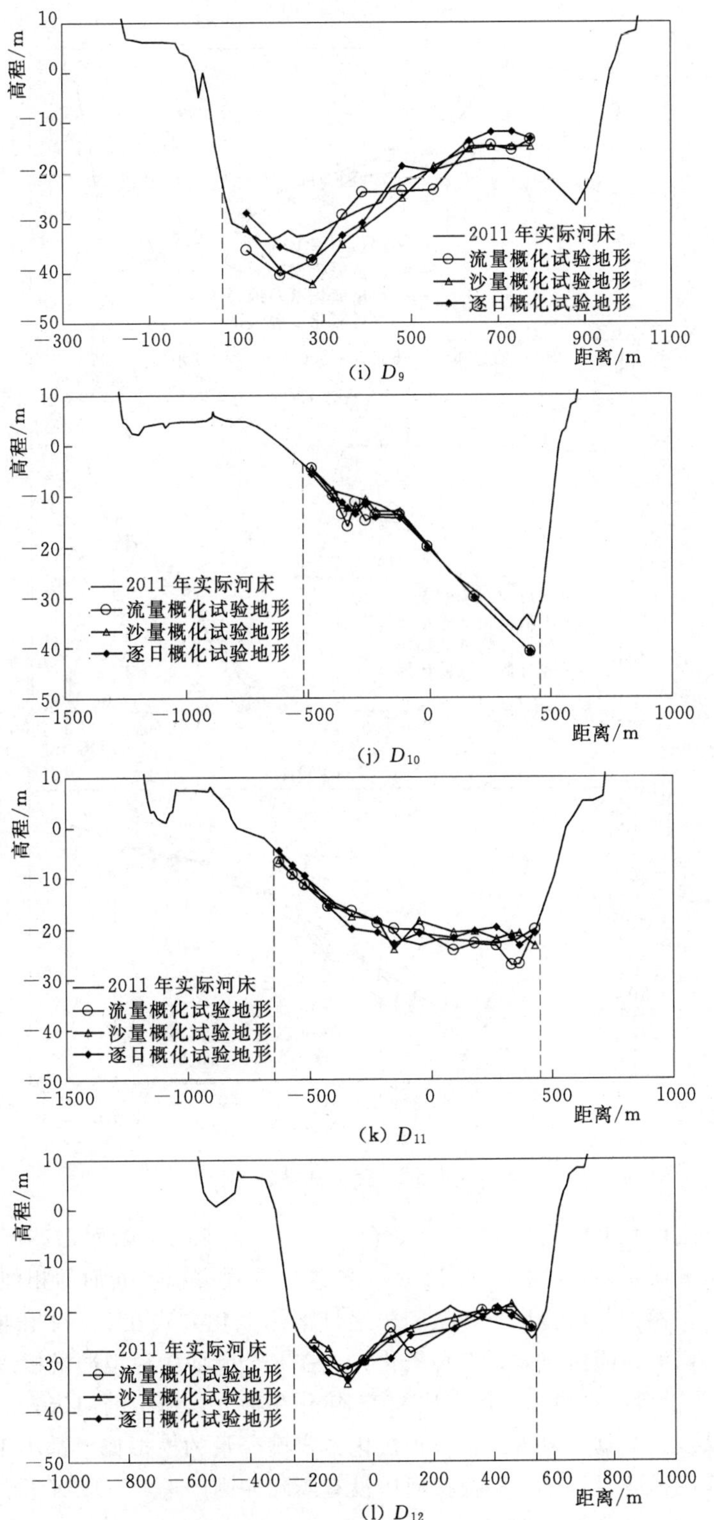

(i) D_9

(j) D_{10}

(k) D_{11}

(l) D_{12}

图 11.8（三） 河床冲淤断面对比图

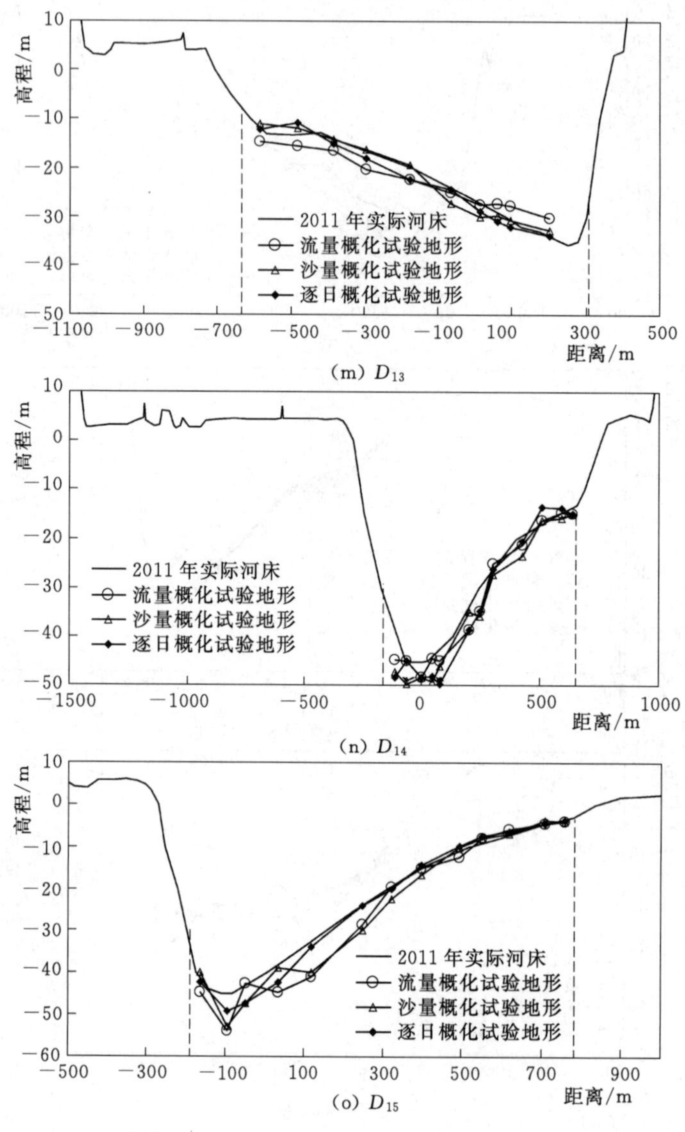

图 11.8（四） 河床冲淤断面对比图

选取冲淤幅度相对较大的 $D_1 \sim D_4$、D_8、D_{10}、D_{14} 和 D_{15} 断面，进行各概化条件下单位长度河床冲淤量对比分析。表 11.2 为各概化方式模拟各断面的相似性统计表，从表中可以看出，模拟相似程度按沙量和按逐日平均概化方式在上、中段能够模拟较好，在下段靠近尾门河段模拟略差。三种概化方式在 8 个断面中模拟冲淤相似有 5 个断面。

表 11.3 为上段、中段和下段河床 2011 年和三种方式模拟的河床 0m 以下河床槽蓄量统计表。从表中数据可以看出：三种概化方式槽容量的模拟偏差都小于 5%，上、中段河床都比实际槽容量略小，即模拟河床没有实际冲刷严重，下段河床槽容量大于实际河床，模拟比实际冲刷量略大。

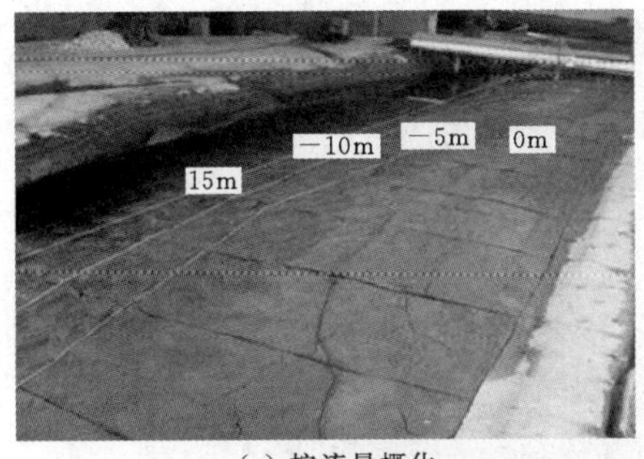

(a) 按流量概化

(b) 按沙量概化

(c) 按逐日概化

图 11.9　模型上段河床冲淤结果对比图

(a) 按流量概化

(b) 按沙量概化

(c) 按逐日概化

图 11.10　模型中段河床冲淤结果对比图

(a) 按流量概化

(b) 按沙量概化

(c) 按逐日概化

图 11.11　模型下段河床冲淤结果对比图

表 11.2　　各概化方式模拟各断面的相似性统计表

断面位置		实际	按流量概化	按沙量概化	按逐日平均概化
上段	D_1	冲	√	√	√
	D_2	冲	√	√	√
	D_3	淤	—	√	√
	D_4	冲	—	—	—
中段	D_8	冲	√	√	√
	D_{10}	淤	—	√	√
下段	D_{14}	淤	√	—	—
	D_{15}	淤	√	—	—

表 11.3　　0m 以下河床槽容量的变化

位置	2011 年实测	按流量概化		按沙量概化		按逐日平均概化	
	槽容量/亿 m³	槽容量/亿 m³	偏差/亿 m³	槽容量/亿 m³	偏差/亿 m³	槽容量/亿 m³	偏差/亿 m³
上段	22.34	21.98	−1.61%	21.61	−3.27%	22.27	−0.31%
中段	37.45	36.77	−1.82%	36.54	−2.43%	37.41	−0.11%
下段	25.41	26.65	4.88%	26.28	3.42%	26.45	4.09%

从三种概化方式对河床断面冲淤量模拟的相似性、断面冲淤形态和河床槽容量的变化来看，逐日平均概化方式也可以较好的模拟河床冲淤分布。边界水沙用逐日概化控制的精度高于按照流量概化的精度，按照流量概化的精度又高于按照输沙量概化的精度。

参 考 文 献

[1] 张瑞瑾，谢鉴衡，王明甫，等. 河流泥沙动力学 [M]. 北京：水利电力出版社，1989.

[2] 中国水利学会泥沙专业委员会. 泥沙手册 [M]. 北京：中国环境科学出版社，1992.

[3] 张红武. 河工动床模型相似律研究进展 [J]. 水科学进展，2001，12 (2)：256-263.

[4] 李昌华. 论动床河工模型的相似律 [J]. 水利学报. 1966，(2)：1-9.

[5] 窦国仁. 全沙模型相似律及设计实例 [J]. 水利水运科技情报，1977，(3)：1-20.

[6] 屈孟浩. 黄河动床河道模型的相似原理及设计方法 [J]. 泥沙研究，1981，(3)：29-42.

[7] 武汉水利电力学院. 河流泥沙工程学 [M]. 北京：水利出版社，1982.

[8] 胡春宏. 河流泥沙模拟技术进展与展望 [J]. 水文，2006，26 (3)：37-41+84.

[9] 张红武，冯顺新. 河工动床模型存在问题及其解决途径 [J]. 水科学进展，2001，12 (3)：418-423.

[10] 李远发，陈俊杰，朱超，等. 河工模型试验模拟技术探讨 [J]. 人民黄河，2005，27 (12)：18-25.

[11] 惠遇甲，王桂仙. 河工模型试验 [M]. 北京：中国水利水电出版社，1999.

[12] Einstein, H. A. &Chien Ning. Similarity of Distorted River Models with Movable Bed [J]. ASCE Proc. 1954，80：566.

[13] 李昌华，金德春. 河工模型试验 [M]. 北京：人民交通出版社，1981：83-184.

[14] 左东启. 模型试验的理论与方法 [M]. 北京：水利电力出版社，1984：96-136.

[15] 钱宁. 在三峡工程泥沙科研工作协调会上的讲话 [A]. 见：水利部科技教育司，三峡工程论证泥沙专家工作组主编. 长江三峡工程泥沙研究文集 [C]. 北京：中国科学技术出版社，1990：654-662.

[16] 谢鉴衡. 河流模拟 [M]. 北京：水利电力出版社，1990：191-237.

[17] Jaggar, T. A. Jr. Experiments illustrating erosion and sedimenflation, Bull [A]. Museum of Comparatives Zoology Havoc College 49 (Geological Series , V. 8)，1908：285-305.

[18] Gilbert, G. K. Hydraulics mining debris in the Sierra Nevada, U. S. Geol [C]. Survey prof. 1917：105.

[19] 姚文艺. 美国物理模型试验考察报告 [R]. 郑州：黄河水利科学研究院，2002.

[20] 尚宏琦，鲁小新，高航. 国内外典型江河治理经验及水利发展理论研究 [M]. 郑州：黄河水利出版社，2003.

[21] Friedkin, J. F. A laboratory study of the meandering of alluvial rivers. U. S [M]. Water EXP. Sta. 1945.

[22] Brush, L. M. and Wolman, M. G. Knick point behavier in nonhesiVe material: a laboratory study'Bull [M]. Geol. Soc. Amer. 1960，71：1.

[23] Leoplod, L. B. , Wotman, M. G. & Miller, J. P. Fluvial Processes in Geomorphology [M]. Freeman and Copany. 1964：522.

[24] 张瑞瑾. 关于河道挟沙水流比尺模型相似律问题 [M]. 北京：中国水利水电出版社，1996.

[25] 金德生. 地貌实验与模拟 [M]. 北京：地震出版社，1995：5-6.

[26] Thomas Blench. Scale relations among sand - bed rivers included models [J]. ASCE Proc，1955，81 (4)：1-16.

[27] Einstein, H. A. and Chien. N. Similarity of distorted river model with movable beds Transactions [J]. ASCE Proc, 1956, 121: 440-462.
[28] Birkhoff G. Hydrodynamics [M]. 2nd Edition. Princeton: Princeton University Press. 1960.
[29] 清华大学水利系泥沙研究室泽. 水力模拟 [M]. 北京：清华大学出版社，1989：23-67.
[30] Foster. James E. Physical modeling techniques used in river models [C]. Modeling Techniques, 2010: 540-559.
[31] Hartung, F. Scheuerlein, H. Mathematical and physical modeling of sedimentation at the junction of a river and a navigation canal [A]. SAE Special publications [C]. 1975, 2: 33-39.
[32] Song, Charles C. S. Yang, chin Ted. Modeling of river with sediment transport [A] Proc of the Spec Conf on Conserv and Util of water and Energy Resour [C], San Francisco, CA. USA, Aug 8-11, 1979: 50-56.
[33] Yalin, M. Selim. On the similarity of physical models [A]. Hydraulic Modeling in Maritime Engineering [C]. London, Engl Sponsor: ICE, London, Engl, 1982: 1-14.
[34] Pokfefke, Tom. Physical river model results and pfototy response [A], proceedings of the 1988 National Conference On Hydraulic Engineering [C], Colorado Springs, CO., 1988: 758-763.
[35] Yalin, M. selim, da Silva, and Maria Ferreira. Physical modeling of self forming alluvial channels [A]. Hydraulic Engineering. Proceedings of the 1990 National Conference [C], 1990: 311-316.
[36] Alam. Sultan, Laukhuff. Ralph L. Jr. Simulalion on hydraulic scale model of sand and silt transport in the Lower Mississipppi River [A]. Proceedings of the international Conference on Hydropowrt-Waterpower [C], San Francisco, CA, USA. 1995, 3: 1931-1940.
[37] Gregory H. Sambrook Smitha and Robert L. Fergusonb. The gravel sand transition: flume study of channel response to reduced slope [J]. Geomorphology, 1996, 16 (2): 147-159.
[38] Thomas E., Lisle and Bonnie Smith. Dynamic transport capachy in gravel-bed river system [J]. Proc. Int. workshop "source-to-link" sediment Dynamics in Catchment Scale. Sapporo, Hokkaido University, 2003: 16-20.
[39] Sellin, Robert H. J., Bryant, Thomas B, Loveless, John H. An improved for roughening floodplains on physical river models [J]. Journal of Hydraulic Research, 2003, 41 (1): 3-14.
[40] 姚文艺. 河道实体模拟若干设计理论及应用 [D]. 南京：河海大学，2005.
[41] 郑兆珍. 挟沙河流的模型试验定律之研究 [R]. 郑州：黄河水利委员会黄河水利科学研究院，1953.
[42] 钱宁. 动床变态河工模型定律 [M]. 北京：科学出版社，1957.
[43] 李昌华. 论悬沙水流模型试验的相似律 [J]. 水利水运科技情报. 1977，(4)：1-8.
[44] 谢鉴衡. 河流泥沙工程学（下册）[M]. 北京：水利出版社，1981：212-223.
[45] 张红武. 复杂河型河流物理模型的相似律 [J]. 泥沙研究，1992，(4)：1-13.
[46] 张红武，江恩惠，白咏梅，等. 黄河高含沙洪水模型的相似律 [M]. 郑州：河南科学技术出版社，1994.
[47] 李保如. 我国河流泥沙物理模型的设计方法 [J]. 水动力学研究与进展. 1991，(6)：113-122.
[48] 魏炳乾，内岛邦秀. 中尺度动床变态模型相似律的研究 [J]. 水力发电学报. 2004，23 (6)：92-97.
[49] 廖小永，卢金友. 悬移质泥沙运动相似条件探讨 [J]. 长江科学院院报，2010，27 (6)：1-4.
[50] 窦希萍. 河流水沙观测与模拟研究概述 [A]. 第十六届中国海洋（岸）工程学术讨论会论文集 [C]. 2013：1344-1352.

[51] 徐国宾，练继建. 河工泥沙物理模型相似律研究现状及其存在的问题 [J]. 水利水电技术，2004，35 (2)：20-23，30.
[52] 张红武. 悬移质泥沙相似律的研究现状 [A]. 见：李义天. 河流模拟理论与实践 [M]. 武汉：武汉水利电力大学出版社，1998：1-9.
[53] 张耀哲. 悬移质动床模型设计中的时间比尺和含沙量比尺 [J]. 西北水资源与水工程，1996，7 (6)：44-48.
[54] 张羽，张红武，钟德钰. 时间变态对悬移质动床模型河床变形相似影响的研究 [J]. 水力发电学报，2007，26 (3)：82-87.
[55] 惠遇甲，王桂仙，等. 长江葛洲坝枢纽回水变动区泥沙问题的模型实验研究 [R]. 北京：清华大学水利系，1980.
[56] 王兆印，黄金池. 泥沙物理模型试验中的时间变态问题及其影响 [J]. 水利学报，1987，(10)：48-53.
[57] 府仁寿. 河工模型试验中的时间比尺 [R]. 北京：清华大学水利系，1988.
[58] 谢鉴衡. 论三峡工程泥沙问题的研究方法 [J]. 水力发电，1989，(12)：40-44.
[59] 吕秀贞，戴清. 泥沙河工模型时间变态的影响及其误差校正途径 [J]. 泥沙研究，1989，(2)：12-23.
[60] 陈稚聪，安毓琪. 河工模型中时间变态与水流挟沙力关系的试验研究 [J]. 人民长江，1995，26 (8)：51-54.
[61] 熊绍隆. 潮汐河口泥沙物理模型设计方法 [J]. 水动力学研究与进展，1995，10 (4)：398-404.
[62] 张俊华，赵连军，张红武. 数学模型论证河工动床模型时间变态影响的研究 [R]. 郑州：黄河水利科学研究院，1997.
[63] 张丽春，周建军，府仁寿. 时间变态对水流泥沙运动影响的初步分析 [J]. 泥沙研究，2000，(5)：37-44.
[64] 张丽春. 泥沙物理模型试验时间变态问题的研究 [D]. 北京：清华大学，2000.
[65] 虞邦义，吕列民，俞国青. 河工模型时间变态问题试验研究 [J]. 泥沙研究，2006，(2)：22-28.
[66] 渠庚. 实体模型时间变态问题研究 [D]. 武汉：长江科学院，2006.
[67] 邵学军，王睿禹，李俊凯. 非恒定流冲沙模型时间比尺变态及其修正方法 [J]. 水力发电学报，2007，26 (6)：97-100，82.
[68] 王睿禹. 冲沙模型试验中时间比尺变态问题的数值模拟研究 [D]. 北京：清华大学，2007.
[69] 渠庚，郭熙灵，龙超平，等. 泥沙实体模型时间变态问题的研究 [J]. 水利学报，2007，38 (11)：1318-1323.
[70] 曾乐. 河工模型中时间变态的影响初步研究 [D]. 南京：河海大学，2007.
[71] 渠庚，唐峰，孙贵洲，等. 时间变态对模型水流运动相似影响试验研究 [J]. 西安理工大学学报，2009，25 (4)：487-493.
[72] 熊绍隆，曾剑，韩海骞. 潮汐河口泥沙物理模型若干问题探讨 [J]. 水利水电科技进展，2010，30 (1)：19-23，64.
[73] 李发政，孙贵洲，渠庚. 长河段河工模型时间变态影响及水沙过程控制方式研究 [J]. 长江科学院院报，2011，28 (3)：75-80.
[74] 朱鹏程. 论变态动床河工模型及变率的影响 [J]. 泥沙研究，1986，(1)：14-29.
[75] 廖小永，卢金友. 水工水体模型变态问题研究现状与展望 [J]. 人民长江，2008，39 (24)：57-60，88.
[76] Wang Z. Kron W. Time distortion in large sediment model tests [J]. Journal of Hydraulic Research，1991，29 (2)：161-178.

[77] 虞邦义. 河工模型相似理论和自动测控技术的研究及其应用 [D]. 南京：河海大学，2003.
[78] 张红武，钟绍森，王国栋，等. 黄河花园口至东坝头河道整治模型的设计 [R]. 河南：黄科院研究报告，1990.
[79] 窦国仁. 全沙河工模型试验的研究 [J]. 科学通报. 1979，24 (14)：659-663.
[80] 茅春浦. 流体力学 [M]. 上海：上海交通大学出版社，1995.
[81] 窦国仁. 紊流力学 [M]. 北京：人民教育出版社. 1983.
[82] 窦国仁，河道二维全沙数学模型的研究 [J]. 水利水运科学研究，1987，(2)：1-12.
[83] 张羽，李想，吴腾，等. 悬移质动床模型试验含沙量比尺计算方法研究 [J]. 人民黄河，2007，29 (12)：33-35.
[84] 张红武，江恩惠，白咏梅，等. 黄河高含沙洪水模型的相似律 [M]. 郑州：河南科学技术出版社，1994.
[85] 王玲玲，刘兰玉，姚文艺. 水流挟沙力计算公式比较分析 [J]. 水资源与水工程学报. 2008，19 (4)：33-35.
[86] 张红武，张清. 黄河水流挟沙力的计算公式 [J]. 人民黄河，1992，14 (11)：7-10.
[87] 舒安平. 水流挟沙力公式的验证与评述 [J]. 人民黄河，1993，(1)：7-9.
[88] 陈雪峰，陈立，李义天. 高、中、低浓度挟沙水流挟沙力公式的对比分析 [J]. 武汉水利电力大学学报，1999，32 (5)：1-5.
[89] 李昌华. 明渠水流挟沙能力初步研究 [J]. 水利水运科学研究，1980，(3)：76-83.
[90] 李瑞杰，罗峰，周华民. 水流挟沙力分析与探讨 [J]. 海洋湖沼通报，2009，(1)：88-94.
[91] 窦希萍. 潮流波浪泥沙物理模型变率影响研究 [D]. 南京：南京水利科学研究院，2005.
[92] 杨志达. 泥沙输送理论与实践 [M]. 李文学，姜乃迁，张翠萍，译. 北京：中国水利水电出版社，2000.
[93] 王建中，范红霞，朱立俊. 长江南京河段八卦洲汊道河道整治工程定床河工模型试验研究报告 [R]. 南京：南京水利科学研究院，2011.
[94] 陶建华. 水波的数值模拟 [M]. 天津：天津大学出版社，2005.
[95] 李义天，赵明登，曹志芳. 河道平面二维水沙数学模型 [M]. 北京：中国水利水电出版社，2001.
[96] 郑邦民，赵昕. 计算水动力学 [M]. 武汉：武汉大学出版社，2001.
[97] 李大鸣，林毅，徐亚男，等. 河道、滞洪区洪水演进数学模型 [J]. 天津大学学报，2009，42 (1)：47-55.
[98] 肖玉红. 蓄滞洪区洪水演进模拟及设计洪水演进模型的验证 [J]. 安徽农业科学. 2012，40 (33)：16497-16500.
[99] 郭凤清，屈寒飞，曾辉，等. 基于 MIKE21FM 模型的蓄洪区洪水演进数值模拟 [J]. 水电能源科学，2013，31 (5)：34-37.
[100] 李大鸣，管永宽，李玲玲，等. 蓄滞洪区洪水演进数学模型研究及应用 [J]. 水利水运工程学报，2011，(3)：27-35.
[101] 白玉川，张效先，顾元棪，等. 河道及泛区水流数学模型的研究与应用 [J]. 水利水电技术，1998，29：45-50.
[102] 高祥宇，高正荣，窦希萍. 淮河江苏段入湖航道整治后泥沙回淤分析 [J]. 人民长江，2013，44 (21)：24-27.
[103] 王志力，耿艳芳，金生. 带源项浅水方程的通量平衡离散 [J]. 水科学进展，2005，16 (3)：373-379.
[104] LeVeque R J. Balancing source terms and flux gradients in high-resolution Go dunovmethods：The quasisteady wave propagation lgorithm [J]. J Comput Phys，1998，146 (1)：346-365.

[105] Hubbart M E，Garcia - Navarro P. Flux Difference Splitting and the Balancing of Source Terms and Flux Gradients [J]. J Comput Phys，2000，165：89 - 125.
[106] Jenny P，Muller B. Rankine Hugoniot Riemann solver considering source terms and multidimensional effects [J]. J Comput Phys，1998，145：575 - 610.
[107] Garcia - Navarro P. Vazquez - Cendon M E. On numerical treatment of the source terms in the shallow water equations [J]. Computers & Fluids，2000，29：951 - 979.
[108] 王建中，范红霞，朱立俊. 长江南京河段八卦洲汊道河道整治工程动床河工模型试验研究报告 [R]. 南京：南京水利科学研究院，2012.